电网企业生产人员**技能提升**培训教材

继电保护

国网江苏省电力有限公司
国网江苏省电力有限公司技能培训中心 **组编**

中国电力出版社
CHINA ELECTRIC POWER PRESS

内 容 提 要

为进一步促进电力从业人员职业能力的提升,国网江苏省电力有限公司和国网江苏省电力有限公司技能培训中心组织编写《电网企业生产人员技能提升培训教材》,以满足电力行业人才培养和教育培训的实际需求。

本分册为《继电保护》,内容分为五章,包括线路保护原理、调试和故障处理,变压器保护原理、调试和故障处理,母线保护原理、调试和故障处理,二次回路原理及异常处理,智能变电站原理、调试及案例分析。

本书可供从事继电保护专业相关技能人员、管理人员学习,也可供相关专业高校相关专业师生参考学习。

图书在版编目(CIP)数据

继电保护 / 国网江苏省电力有限公司,国网江苏省电力有限公司技能培训中心组编. —北京:中国电力出版社,2023.4(2025.10 重印)
电网企业生产人员技能提升培训教材
ISBN 978-7-5198-7247-2

Ⅰ. ①继… Ⅱ. ①国…②国… Ⅲ. ①继电保护–技术培训–教材 Ⅳ. ①TM77

中国版本图书馆 CIP 数据核字(2022)第 220526 号

出版发行:中国电力出版社
地 址:北京市东城区北京站西街 19 号(邮政编码 100005)
网 址:http://www.cepp.sgcc.com.cn
责任编辑:罗 艳(010-63412315) 高 芬 马雪倩
责任校对:黄 蓓 王海南
装帧设计:张俊霞
责任印制:石 雷

印 刷:固安县铭成印刷有限公司
版 次:2023 年 4 月第一版
印 次:2025 年 10 月北京第三次印刷
开 本:710 毫米×1000 毫米 16 开本
印 张:17.5
字 数:311 千字
印 数:2001—2500 册
定 价:89.00 元

编 委 会

序 Preface

技能是强国之基、立业之本。技能人才是支撑中国制造、中国创造的重要力量。党的二十大报告明确提出要深入实施人才强国战略，要加快建设国家战略人才力量，努力培养造就更多大师、战略科学家、一流科技领军人才和创新团队、青年科技人才、卓越工程师、大国工匠、高技能人才。习近平总书记也对技能人才工作多次作出重要指示，要求培养更多高素质技术技能人才、能工巧匠、大国工匠，为全面建设社会主义现代化国家提供坚强的人才保障。电力是国家能源安全和国民经济命脉的重要基础性产业，随着"双碳"目标的提出和新型电力系统建设的推进，持续加强技能人才队伍建设意义重大。

国网江苏电力始终坚持人才强企和创新驱动战略，持续深化"领头雁"人才培养品牌，创新构建五级核心人才成长路径，打造人才成长四类支撑平台，实施人才培养"三大工程"，建设两个智慧系统，打造一流人才队伍（即"54321"人才培养体系），不断拓展核心人才成长宽度、提升发展高度、加快成长速度，以核心人才成长发展引领员工队伍能力提升，形成人才脱颖而出、竞相涌现的良好氛围和发展生态。

近年来，国网江苏电力立足新发展阶段，贯彻新发展理念，紧跟电网发展趋势，紧贴生产现场实际，聚焦制约青年技能人才培养与管理体系建设的现实问题，遵循因材施教、以评促学、长效跟踪、智慧赋能、价值引领的理念，开展核心技能人才培养工作。同时，从制度办法、激励措施、平台通道等方面，为核心技能人才快速成长提供坚强保障，人才培养成效显著。

有总结才有进步，国网江苏电力根据核心技能人才培养管理的实践经验，组织行业专家编写《电网企业生产人员技能提升培训教材》（简称《教材》）。《教材》涵盖电力行业多个专业分册，以实际操作为主线，汇集了核心技能工作中的典型案例场景，具有针对性、实用性、可操作性等特点，对技能人员专业与管理的双提升具有重要指导价值。该书既可作为核心技能人才的培训教材，也可作为电力行业一般技能人员的参考资料。

本《教材》的编写与出版是一项系统工作，凝聚了全行业专家的经验和智慧，希望《教材》的出版可以推动技能人员专业能力提升，助力高素质技能人才队伍建设，筑牢公司高质量发展根基，为新型电力系统建设和电力改革创新发展提供坚强的人才保障。

编委会

2022 年 12 月

前 言 Foreword

随着电力体制改革的深入推进、电力技术的不断更新，对电力从业人员的岗位胜任力提出了更高的要求。为加强对技能员工的培养和教育工作，帮助技能员工更熟练获得知识、掌握专业技术，推动培训资源建设就显得尤为重要。电力系统继电保护专业工作人员面向电力行业生产第一线，既要求具有与本专业相适应的文化科学知识和专业理论知识，又需要具备综合职业技术应用能力，全面素质和创新精神的科学基础理论。

为适应电力企业人才培养的需求，国网江苏省电力有限公司技能培训中心基于已开展的技能人才菁英班的经验沉淀，依托本中心所建成的继电保护实训室，吸纳以往工作成果和经验，开发配套的教材，完善培训资源体系，满足培训需求，以发挥培训作用最大化，加速继电保护专业技能菁英的成长成才。力求为生产一线输送优秀的技能人才。

本书共分五章，前四章分别从保护原理、调试及故障处理、实际案例等方面对线路、变压器、母线、二次回路进行了讲解。第五章从原理、调试及案例分析对智能变电站进行了详细讲解。

本书是国网江苏省电力有限公司菁英班使用的系列教材之一，经过多次调研，广泛征集一线的专业年轻骨干的意见，结合当前现场设备的实际情况，翻阅了大量的参考书籍及各类规程规范，进行了系统的总结和分析，保证了教材的针对性和实用性；以服务一线工作为核心，系统总结各类型设备工作原理、调试方法，通过案例加深印象，使读者可快速了解、掌握继电保护各类型设备的原理、常见异常及处理方法；全书数表结合、图文并茂，准确而直观地将内容呈现，使读者一目了然，便于参考。但电力行业不断发展，电力培训内容繁杂，书中所写的内容可能存在一定的偏差，恳请读者谅解，并衷心希望读者提出宝贵的意见。

编　者
2022 年 11 月

目　录 Contents

习题答案

第一章

线路保护原理、调试和故障处理

第一节　220kV 线路微机保护配置

📋 知 识 点

一、220kV线路微机保护配置基本要求

符合 GB/T 14285—2006《继电保护和安全自动装置技术规程》的相关规定。

电力系统中的电力设备和线路，应装设短路故障和异常运行的保护装置。保护应包括主保护和后备保护，必要时可增设辅助保护。主保护是满足系统稳定和设备安全要求，能以最快速度有选择地切除被保护设备和线路故障的保护。后备保护是主保护或断路器拒动时，用以切除故障的保护。继电保护装置应满足可靠性、选择性、灵敏性和速动性的要求。

根据规定，220kV 线路保护装置应配置全线速动的光纤差动保护作为主保护，当主保护拒动时，距离保护Ⅰ段和工频变化量距离保护对线路首端和中间故障也能无时延快速动作，而对于线路末端的故障，采用距离保护和零序保护的延时段来保证选择性和灵敏性，在不能兼顾选择性和灵敏性要求的情况下，优先保证灵敏性。即可使保护无选择动作，但必须采取补救措施，例如采用自动重合闸。

220kV 线路保护一般采用近后备保护方式。即当故障线路的一套继电保护拒动时，由相互独立的另一套继电保护装置动作切除故障。而断路器拒动时，启动断路器失灵保护断开与故障元件相连的所有其他连接电源的断路器。需要时，可采用远后备保护方式，即故障元件的继电保护或断路器拒动时，由电源侧最近故障元件的上一级继电保护装置动作切除故障。

二、220kV线路微机保护的配置原则

符合 Q/GDW 161—2007《线路保护及辅助装置标准化设计规范》的相关规定。

（1）220kV 线路保护装置应双重化配置，即两套完全独立的全线速断保护。为防止装置家族性缺陷可能导致的双重化配置的两套继电保护装置同时拒动的问题，宜由不同的保护动作原理、不同厂家的硬件结构构成。220kV 线路两侧对应的保护装置应采用同一原理、同一型号、同一软件版本的保护。

（2）每套保护除了全线速断的光纤差动保护外，还应具有完整阶段式相间距离、接地距离保护及必需的方向零序后备保护。每套完整、独立的保护装置应能处理可能发生的所有类型的故障。

（3）两套保护之间不应有任何电气的联系，当一套保护退出时不应影响另一套保护的运行；两套保护装置的跳闸回路应分别作用于断路器的两个跳闸线圈；两套保护装置与其他保护、设备配合的回路应遵循相互独立的原则；应配置两套独立的通信设备。第一套保护接第一跳闸回路，第二套保护接第二跳闸回路，其他保护宜采用第一跳闸回路。与线路断路器控制单元（重合闸、失灵电流判别元件等）组屏在一起的保护为第一套线路保护，与保护操作箱组屏在一起的保护为第二套线路保护。

（4）合理分配保护所接电流互感器二次绕组，对确无办法解决的保护动作死区，可采取启动失灵及远方跳闸等措施加以解决。两套保护装置的交流电流应分别取自电流互感器互相独立的绕组；交流电压应分别取自电压互感器互相独立的绕组。对原设计中电压互感器仅有一组二次绕组，且已经投运的变电站，应积极安排电压互感器的更新改造工作，改造完成前，应在开关场的电压互感器端子箱处，利用具有短路跳闸功能的两组分相空气开关将按双重化配置的两套保护装置交流电压回路分开。

（5）两套保护装置的直流电源应取自不同蓄电池组连接的直流母线段。每套保护装置与其相关设备（互感器、操作箱、跳闸线圈等）的直流电源均应取自与同一蓄电池组相连的直流母线，避免因一组站用直流电源异常对两套保护功能同时产生影响而导致的保护拒动。

（6）两套保护装置与其他保护、设备配合回路应遵循相互独立原则，应保证每一套保护装置与其他相关装置（如通道、失灵保护）联络回路正确，防止因交叉停用导致保护功能缺失。

（7）220kV 线路按双重化配置的两套保护装置的通道应遵循相互独立的原则，采用双通道方式的保护装置，其两个通道应相互独立。保护装置及通信设备电源配置时应注意防止单组直流电源系统异常导致双重化快速保护同时失去作用的问题。纵联保护应优先采用光纤通道。分相电流差动保护收发通道应采用同一路由，确保往返延时一致。在回路设计和调试过程中应采取措施防止双重化配置的线路保护或双回线的线路保护通道交叉使用。

（8）当保护采用双重化配置时，其电压切换箱（回路）隔离开关辅助触点应采用单位置输入方式。单套配置保护的电压切换箱（回路）隔离开关辅助触点应采用双位置输入方式。电压切换直流电源与对应保护装置直流电源取自同一段直流母线且共用直流空气开关。

（9）220kV 及以上电压等级断路器的压力闭锁继电器应双重化配置，防止其中一组操作电源失去时，另一套保护和操作箱无法跳闸出口。

（10）两套线路保护的外部输入、输出回路、压板设置、端子排排列应完全相同。

（11）线路保护装置应具有 GPS 对时功能，具有硬对时和软对时接口，一般采用 RS-485 串行数据通信接口接收 GPS 发出 IRIG-B（DC）时码作为对时信号源，对时误差小于 1ms。保护采用以太网口与计算机监控系统和故障信息管理子站通信，规约采用 IEC 61850。

（12）220kV 线路重合闸按断路器独立配置，应具有单重、三重、综重功能；宜采用单相重合闸。对单侧电源终端线路：电源侧采用任何故障三跳，仅单相故障三合的特殊重合闸，采用检无压方式；无电源或小电源侧保护和重合闸停用。当终端负荷变电站线路保护采用带有弱馈功能的线路保护或线路两侧为分相电流差动保护时，线路重合闸可采用单相重合闸。对同杆双回线不采用多相重合闸方式：正常单线送三台变压器运行时，线路重合闸停用。220kV 电缆线路重合闸正常应停用。电缆架空混合线路重合闸宜正常停用，在运行单位提出要求时也可投入重合闸。

三、220kV线路微机保护装置的典型配置

220kV 线路微机保护装置一般配置的主保护为全线速动的纵联保护，后备保护为阶段式相间距离和接地距离保护、阶段式零序保护（方向可投退），重合闸。根据原理，纵联保护可分为分相差动、纵联方向和纵联距离，根据通道可分为光纤通道和高频通道。目前光纤分相电流差动保护的典型产品为 PCS−931G−D、PSL−603U、CSC−103B 等。高频保护的典型产品为 PCS−901G、CSC−101B、PSL−601U 等。

220kV 线路微机保护装置典型配置举例：

PCS 系列。PCS−901 包括以纵联变化量方向和零序方向元件为主体的快速主保护，由工频变化量距离元件构成的快速Ⅰ段保护，由三段式相间和接地距离及阶段式零序保护（方向可投退）构成全套后备保护。PCS−901A/B 保护有分相出口，配有自动重合闸功能，对单或双母线接线的断路器实现单相重合、三相重合和综合重合闸。

PCS−931 保护包括以分相电流差动和零序电流差动为主体的快速主保护，由工频变化量距离元件构成的快速Ⅰ段保护，由三段式相间和接地距离及阶段式零序保护（方向可投退）构成的全套后备保护，PCS−931 系列保护有分相出口，配有自动重合闸功能，对单或双母线接线的断路器实现单相重合、三相重合和综合重合闸。

习　题

1. 简述 220kV 线路保护的具体配置。
2. 简述 220kV 线路保护双重化配置相互独立原则及具体是怎么实施的。

第二节　220kV 线路保护装置的原理

学习目标

理解线路光纤电流差动保护、距离保护、零序保护、重合闸的具体原理。

知识点

一、线路光纤差动保护

输电线路纵联保护采用光纤通道后可以做成具有天然选相功能的分相电流差动保护。在同杆并架线路上发生跨线故障时能准确选相。输电线路两侧的传输信号可以是该侧电流采样的瞬时值（包含幅值和相位）。保护装置收到对侧传来的电流信号再与本侧的电流信号构成纵差保护。当然通过光纤传送的也可以是该侧阻抗继电器、方向继电器动作行为的逻辑信号，用于构成光纤纵联距离保护、光纤纵联方向保护。其中光纤纵联电流差动保护应用广泛。

（一）纵联电流差动继电器的原理。

如图 1-1（a）所示，规定流过两侧保护的电流 $\dot{I}_\mathrm{M}$、$\dot{I}_\mathrm{N}$ 以母线流向被保护线路的方向为正。以两侧电流的相量和作为继电器的动作电流 I_d。$I_\mathrm{d} = |\dot{I}_\mathrm{M} + \dot{I}_\mathrm{N}|$ 也称为差电流，以两侧电流的相量差作为继电器的制动电流 I_r。$I_\mathrm{r} = |\dot{I}_\mathrm{M} - \dot{I}_\mathrm{N}|$。纵联电流差动继电器的动作特性如图 1-1（b）所示，阴影区为动作区。图中 I_qd 为差动继电器的启动电流；K_r 是该斜线的斜率，也称作制动系数，为动作电流与制动电流的比，$K_\mathrm{r} = I_\mathrm{d} / I_\mathrm{r}$。图 1-1（b）的动作特性以数学形式表述为

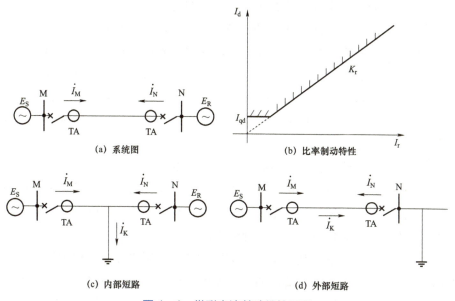

（a）系统图　　　　　　　　　　（b）比率制动特性

（c）内部短路　　　　　　　　　（d）外部短路

图 1-1　纵联电流差动保护原理

$$\left.\begin{array}{l} I_\mathrm{d} > I_\mathrm{qd} \\ I_\mathrm{d} > K_\mathrm{r} I_\mathrm{r} \end{array}\right\} \qquad (1-1)$$

线路内部短路如图 1-1（c）所示，此时动作电流等于短路点的电流 I_k，其值很大。制动电流较小，差动继电器动作。线路外部短路如图 1-1（d）所示，此时动作电流是零，制动电流是二倍的短路电流，差动继电器不动作。所以这样的差动继电器可以区分线路外部短路（含正常运行）和线路内部短路。继电器的保护范围是两侧 TA 之间。

（二）输电线路光纤电流差动保护存在的主要问题。

理想状态下线路外部短路时差动继电器里的动作电流为零，但是实际上在外部短路（含正常运行）时动作电流不为零，一般把这种电流称作不平衡电流。

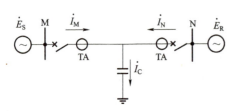

图 1-2 本线路电容电流

（1）输电线路的电容电流。本线路电容电流如图 1-2 所示。

如图 1-2 所示，本线路的电容电流构成差动继电器的动作电流，可能造成保护的误动。电压等级越高，输电线路越长，采用分裂导线时线路的电容电流越大，它对纵联电流差动保护的影响也越大。

在发生线路外部短路、外部短路切除和线路空充的初瞬阶段高频分量的电容电流和工频分量的电容电流叠加，其最大的电容电流幅值可能很大，为与稳态分量电容电流（只有 50Hz 的工频分量）区别，这个电流称作暂态分量电容电流。当短路发生在电动势最大值瞬间时，这暂态分量电容电流能达到正常运行下的电容电流的若干倍。该线路电容电流为动作电流，保护可能误动。

（2）外部短路或外部短路切除时，由于两侧电流互感器的变比误差不一致、短路暂态过程中由于两侧电流互感器的暂态特性不一致、二次回路的时间常数的不一致产生的不平衡电流。

（3）重负荷线路区内经高电阻接地时灵敏度不足。在重负荷线路内部发生经高阻接地时，短路点的短路电流 I_k 并不大，动作电流不大，又是重负荷的线路负荷电流比较大，所以制动电流较大，这样继电器的灵敏度可能不够。如果短路点两侧系统不对称更会加剧这种缺陷。

（4）正常运行时电流互感器（TA）断线造成纵联电流差动保护误动。在单侧电源线路上短路，如果负荷侧的变压器中心点不接地，短路后负荷侧的电流为零。此时动作电流与制动电流相等。为了使差动继电器动作，图 1-1（b）所示的比率制动特性曲线中斜线的斜率 K_r 应小于 1。当正常运行发生 TA 断线时，动作电流与制动电流相等，均为 TA 未断线一侧的负荷电流，而差动继电器的启动电流 I_{qd} 又躲不过最大负荷电流，造成差动继电器误动。

（5）输电线路两侧保护采样时间不一致，产生的不平衡电流，导致差动继电器误动。两侧电流的采样是由两套装置分别完成的，它们的采样时间并不相同。如果两侧装置不是同一时刻采样的话，得到的两侧电流瞬时值不相等而相位也不是相差 $180°$，其相量和不可能为零，产生不平衡电流。

（三）防止光纤差动保护误动的措施

1. 提高启动电流定值

提高图 1−1（b）所示的差动继电器比率制动特性曲线中的启动电流 I_{qd} 的定值来躲电容电流的影响。考虑到由于高频分量电容电流使暂态电容电流增大的影响，I_{qd} 值可取为正常运行情况下本线路电容电流值的 4～6 倍。

2. 加短延时

如果保护动作能加一个例如 40ms 的短延时，经过这个延时高频分量的电容电流已经得到很大的衰减，这样比率制动特性曲线中的启动电流 I_{qd} 的定值就可以降低，例如降低到 1.5 倍的正常运行情况下的本线路电容电流。

3. 进行电容电流的补偿

如果能用某种方法计算出本线路的电容电流 i_C，然后在求动作电流时将该电流减去，实现电容电流的补偿，也就是将动作电流计算改成：

$$I_d = \left| I_M + I_N - I_C \right|$$

基于时域的电容电流补偿。

由电路的基本知识可知：

$$i_C = C \frac{du}{dt} \qquad\qquad （1-2）$$

式（1−2）对各种频率的信号都是适用的，因此用这公式计算出的电容电流包含了各种频率分量。所以本方法既可补偿稳态分量的电容电流，也可补偿暂态分量的电容电流。

（四）输电线路纵联电流差动保护中所用的差动继电器的种类

输电线路纵联电流差动保护中所用的差动继电器的动作特性一般是如图 1−1（b）所示的比率制动特性。构成的差动继电器有如下几种类型：

1. 稳态量的分相差动继电器

用输电线路两侧的相电流构成，其动作电流和制动电流分别为

$$\begin{cases} I_{d\varphi} = |\dot{I}_{M\varphi} + \dot{I}_{N\varphi}| \\ I_{r\varphi} = |\dot{I}_{M\varphi} - \dot{I}_{N\varphi}| \end{cases} \tag{1-3}$$

式中　　φ——相，φ＝A、B、C。

由于是分相差动，因此有选相功能。稳态量的差动继电器可做成二段式，瞬时动作的第 I 段和略带延时的第 II 段。瞬时动作的第 I 段依靠定值躲过电容电流的影响，其启动电流 I_{qd} 值取为正常运行情况下本线路电容电流的 4～6 倍。第 II 段差动继电器其启动电流 I_{qd} 值取为正常运行情况下本线路电容电流的 1.5 倍，并带一定延时出口。依靠定值加延时躲过电容电流的影响。

2. 工频变化量的分相差动继电器

用输电线路两侧的工频变化量的相电流来构成差动继电器。工频变化量的分相差动继电器的动作电流和制动电流分别为

$$\left.\begin{array}{l} \Delta I_{d\varphi} = |\Delta \dot{I}_{M\varphi} + \Delta \dot{I}_{N\varphi}| = |\Delta(\dot{I}_{M\varphi} + \dot{I}_{N\varphi})| \\ \Delta I_{r\varphi} = |\Delta \dot{I}_{M\varphi}| + |\Delta \dot{I}_{N\varphi}| \end{array}\right\} \tag{1-4}$$

由于是分相差动，因此有选相功能。工频变化量差动继电器也做成比率制动特性。由于工频变化量继电器是工作在暂态过程中的，所以其启动电流 I_{qd} 值与上述稳态 I 段取值相同，可取为正常运行情况下本线路电容电流的 4～6 倍。

3. 零序差动继电器

用输电线路两侧的零序电流构成差动继电器。其动作电流和制动电流分别为

$$\left.\begin{array}{l} I_{d0} = |\dot{I}_{M0} + \dot{I}_{N0}| \\ I_{r0} = |\dot{I}_{M0} - \dot{I}_{N0}| \end{array}\right\} \tag{1-5}$$

由于该继电器反应的是两侧零序电流，没有选相功能，因此应再用稳态量的分相差动继电器选相。零序差动继电器与稳态量的分相差动继电器构成"与"逻辑延时 100ms 选跳故障相。

（五）电流互感器断线时防止纵联电流差动保护误动的措施及"长期有差流"的告警信号

正常运行时当输电线路一侧的 TA 断线时差动继电器的动作电流和制动电流都等于未断线一侧的负荷电流。由于差动继电器的制动系数 K_r 小于 1，启动电流 I_{qd} 值又较小，差动继电器动作。为避免正常运行下 TA 断线的误动。每一侧纵联电流差动保护跳闸出口必须满足下述条件：① 本侧启动元件启动；② 本侧差动继电器动作，同时满足上两个条件，向对侧发"差动动作"的允许信号；

③ 收到对侧"差动动作"的允许信号。

采取上述措施后,当本侧 TA 断线时本侧电流可能有突变,或可能出现零序电流,故而启动元件可能启动。在故障计算程序中检测到差动继电器有动作。可是由于对侧 TA 没有断线,对侧三相电流是正常的,因此对侧启动元件不启动。于是对侧不能给本侧发"差动动作"的允许信号,所以本侧差动保护不会误动。TA 没有断线的一侧由于启动元件不启动,当然保护不会出口跳闸。

TA 断线后根据定值单中的"TA 断线闭锁差动"控制字的情况进行不同处理:当该控制字为"1"时,闭锁差动保护。TA 断线时闭锁差动保护可防止在 TA 断线期间由于系统波动或又发生区外故障时,TA 未断线侧启动元件启动造成的保护误动。当该控制字为"0"时,不闭锁差动保护,但将差动继电器的启动电流抬高到"TA 断线差流定值"。该定值可按大于最大负荷电流整定,避免 TA 断线期间由于系统波动使 TA 未断线侧启动元件启动造成差动保护的误动。但是在 TA 断线期间又发生区外短路时差动保护将误动作,但系统是允许这种情况下保护动作出口的。

(六)同步采样

输电线路的纵联差动保护是由两侧的两套装置共同完成的。它们的采样时刻一般情况下是不相同的。由此在区外短路时,将产生不平衡电流。为消除这不平衡电流应该做到同步采样。装置刚上电时,或测得的两侧采样时间差ΔT_s超过规定值时,启动一次同步过程。在同步过程中先要测定通道传输延时 T_d。主机端(参考端)和从机端(调整端)的采样时刻。从机以本侧装置的相对时钟为基准在 t_{ss} 时刻向主机发送一帧测定通道延时的报文,主机按自己装置的相对时钟为基准记录到该报文的接收时刻 t_{mr}。随后在下一个采样时刻 t_{ms} 向从机回应一帧通道延时测试报文,同时将时间差 $t_{ms}-t_{mr}$ 作为报文内容传送给从机。从机再记录下收到主机回应报文的时刻 t_{sr},在认为通道来回传输延时相等的前提下从机侧可按式(1-6)求得通道传输延时。

$$T_d = \frac{(t_{sr}-t_{ss})-(t_{ms}-t_{mr})}{2} \qquad (1-6)$$

测得通道传输延时 T_d 后,从机端可根据收到主机报文时刻 t_{sr} 求得两侧采样时间差 ΔT_s,随后从机端从下一采样时刻起对采样时刻作多次小步幅的调整,而主机侧采样时刻保持不变。经过一段时间调整直到采样时间差 ΔT_s 至零,两侧同步采样。

由于在启动同步过程时两侧采样时间差比较大,因此在同步过程中两侧纵联电流差动保护自动退出。但由于从机端每次仅作小步幅调整，对从机端装置内的其他保护（反应一侧电气量的保护）影响甚微，所以其他保护仍旧能正常工作，不必退出。

在正常运行过程中从机端一直在测量两侧采样时间差 ΔT_S。当测得的 ΔT_S 大于调整的步幅时，从机端立即将采样时刻做小步幅调整，这个工作平时一直在做。由于此时 ΔT_S 的值很小，对保护没有影响，故做这种调整时纵联电流差动保护仍然是投入的。

从上述采样时刻调整方法看主机与从机之间收发的通道传输延时应该相等，这要求通道收发的路由应相同。如果路由不同，采样时刻调整法无法调整到同步采样，如图 1-3 所示。

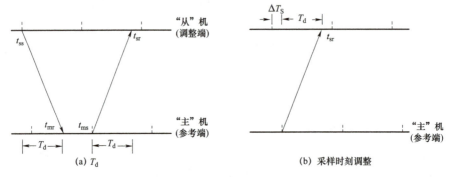

图 1-3 采样时刻调整法

光纤差动保护的典型逻辑框图如图 1-4 所示，以 PCS-931A 为例

（七）通信时钟

两侧装置的运行方式可以有三种方式：两侧装置均采用从时钟方式；两侧装置均采用内时钟方式；一侧装置采用内时钟，另一侧装置采用从时钟。当光纤差动保护采用专用光纤连接时，一般采用内时钟方式。

（八）纵联标识码

保护装置将本侧的纵联码定值包含在向对侧发送的数据帧中传送给对侧保护装置，对侧保护接收到的纵联码与定值整定的对侧纵联码不一致时，退出差动保护并告警。纵联码的整定应保证全网运行的保护设备具有唯一性。保护根据设置的本侧纵联码和对侧纵联码定值决定两侧保护的主从机关系，同时决定是否为通道自环试验方式。若本侧纵联码和对侧纵联码整定一样，表示为通道自环试验方式，若本侧纵联码大于对侧纵联码，表示本侧为主机，反之为从机。

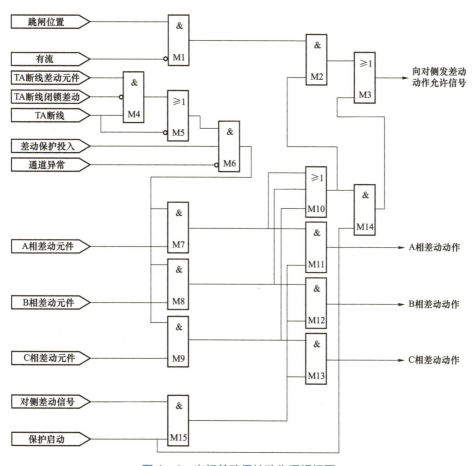

图 1-4　光纤差动保护动作逻辑框图

二、线路距离保护原理

大电流接地系统距离保护包括三段式相间距离和三段式接地距离。小电流接地系统距离保护包括三段式相间距离，一般只在过电流保护灵敏度不够时使用。距离保护各段的投退均受距离压板控制。

阻抗继电器的动作方程目前使用比较多的有方向圆特性阻抗继电器例如PCS-931 保护装置系列、多边形（包含四边形）特性阻抗继电器例如 CSC-103保护装置系列。多边形本质是由多个直线特性方程组合形成阻抗继电器的动作边界。

（一）距离元件

距离元件由方向元件、测量元件、选相元件构成。

1. 距离方向元件

出口附近三相短路。为了防止阻抗继电器死区拒动，距离保护都采用记忆电压判方向。

对于不对称故障。采用正序电压极化圆特性阻抗有较大的测量故障过渡电阻的能力；当用于短线路时，为了进一步扩大测量过渡电阻的能力，还可将 I、Ⅱ段阻抗特性向第一象限偏移（见图 1-5）。接地距离继电器设有零序电抗特性，可防止接地故障时继电器超越。

多边形特性阻抗继电器则采用如图 1-6 所示的负序方向元件提高其灵敏度且具有明显的方向性。

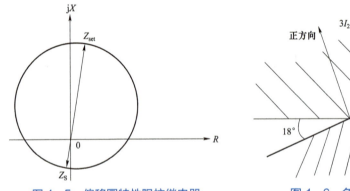

图 1-5 偏移圆特性阻抗继电器

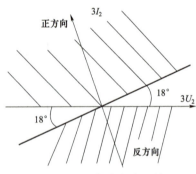

图 1-6 负序方向元件

负序方向元件正向区为

$$18° \leqslant \arg(3\dot{I}_2 / 3\dot{U}_2) \leqslant 180° \qquad (1-7)$$

负序方向元件反向区为

$$-168° \leqslant \arg(3\dot{I}_2 / 3\dot{U}_2) \leqslant 0° \qquad (1-8)$$

2. 距离测量元件

（1）圆特性测量元件。短路故障示意图如图 1-7 所示。

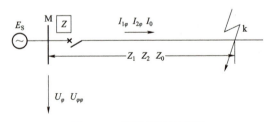

图 1-7 短路故障示意图

在图 1-7 所示的系统中，线路上 k 点发生短路。保护安装处的某相的相电压应该是短路点的该相电压与输电线路上该相的压降之和。而输电线路上该相的压降是该相上的正序、负序和零序压降之和。如果考虑到输电线路的正序阻抗等于负序阻抗，则保护安装处相电压的计算公式为

$$\dot{U}_{\varphi} = \dot{U}_{K\varphi} + \dot{I}_{1\varphi}Z_1 + \dot{I}_{2\varphi}Z_2 + \dot{I}_0Z_0 + \dot{I}_0Z_1 - \dot{I}_0Z_1$$

$$= \dot{U}_{K\varphi} + (\dot{I}_{1\varphi} + \dot{I}_{2\varphi} + \dot{I}_0)Z_1 + 3\dot{I}_0\left(\frac{Z_0 - Z_1}{3Z_1}\right)Z_1 = \dot{U}_{K\varphi} + (\dot{I}_{\varphi} + K3\dot{I}_0)Z_1 \qquad (1-9)$$

$$K = (Z_0 - Z_1)/3Z_1 = Z_M/Z_1$$

式中　$\dot{I}_{1\varphi}$、$\dot{I}_{2\varphi}$、$\dot{I}_0$ ——流过保护的该相的正序、负序、零序电流；

　　　　Z_1、Z_2、Z_0 ——短路点到保护安装处的正、负、零序阻抗；

　　　　　　K ——零序电流补偿系数；

　　　　　　Z_M ——输电线路相间的互感阻抗；

　　　　　　$\dot{U}_{K\varphi}$ ——短路点的该相电压；

　$(\dot{I}_{\varphi} + K3\dot{I}_0)Z_1$ ——输电线路上，该相从短路点到保护安装处的压降。

保护安装处的相间电压为保护安装处的两个相电压之差。考虑到如（1-9）所示的相电压的计算公式后，保护安装处相间电压的计算公式为

$$\dot{U}_{\varphi\varphi} = \dot{U}_{K\varphi\varphi} + \dot{I}_{\varphi\varphi}Z_1 \qquad (1-10)$$

式中　　$\varphi\varphi$ ——两相相间，$\varphi\varphi = AB$、BC、CA；

　　　　$\dot{U}_{K\varphi\varphi}$ ——短路点的相间电压；

　　　　$\dot{I}_{\varphi\varphi}$ ——两相电流差；

　　　　$\dot{I}_{\varphi\varphi}Z_1$ ——从短路点到保护安装处的两相压降之差。

式（1-9）、式（1-10）是短路时保护安装处电压计算的一般公式。如果式（1-9）、式（1-10）表达的是保护安装处的故障相或故障相间的电压计算公式，在金属性短路时，例如，单相金属性短路时，短路点的故障相电压为零，$\dot{U}_{K\varphi} = 0$。此时保护安装处的故障相电压为 $\dot{U}_{\varphi} = \dot{U}_{K\varphi} + (\dot{I}_{\varphi} + K3\dot{I}_0)Z_1 = (\dot{I}_{\varphi} + K3\dot{I}_0)Z_1$。加入继电器的电压应为故障相的相电压 $\dot{U}_{\varphi}$，加入继电器的电流应为故障相的相电流与 $K3\dot{I}_0$ 电流之和 $\dot{I}_{\varphi} + K3\dot{I}_0$，即接线方式为 $\dfrac{\dot{U}_{\varphi}}{\dot{I}_{\varphi} + K3\dot{I}_0}$。这种接线方式通常称作带零序电流补偿的接线方式。在发生两相金属性接地短路和三相金属性短路时，由于短路点的故障相电压也为零，$\dot{U}_{K\varphi} = 0$。按这种接线方式构成的故障相上的阻抗继电器的测量阻抗也等于短路点到保护安装处的正序阻抗 Z_1，因此接地阻抗继电器可以保护各种接地短路和三相短路。在两相金属性短路时，短路点的

故障相电压虽不为零，但短路点的两故障相的相间电压为零，$\dot{U}_{K\varphi\varphi}=0$。此时保护安装处的两故障相的相间电压为 $\dot{U}_{\varphi\varphi}=\dot{U}_{K\varphi\varphi}+\dot{I}_{\varphi\varphi}Z_1=\dot{I}_{\varphi\varphi}Z_1$。加入继电器的电压应为两故障相的相间电压 $\dot{U}_{\varphi\varphi}$，加入继电器的电流应为两故障相相电流之差 $\dot{I}_{\varphi\varphi}$，即接线方式为 $\dfrac{\dot{U}_{\varphi\varphi}}{\dot{I}_{\varphi\varphi}}$。这种接线方式通常称作零度接线方式。在发生两相金属性接地短路和三相金属性短路时短路点的两故障相的相间电压也为零，$\dot{U}_{K\varphi\varphi}=0$。按这种接线方式构成的两故障相间上的阻抗继电器其测量阻抗也等于短路点到保护安装处的正序阻抗 Z_1。所以，相间阻抗继电器可以保护所有的相间故障。这样，上述这些阻抗继电器在它们各自保护的故障类型下，只要发生的是金属性短路，其测量阻抗都为 Z_1，满足了对阻抗继电器的要求。

（2）多边形阻抗继电器。距离测量元件以实时电压，实时电流计算对应回路阻抗值。阻抗计算采用解微分方程法与傅氏滤波相结合的方法同时计算 Z_A、Z_B、Z_C、Z_{AB}、Z_{BC}、Z_{CA} 六种阻抗。

计算相间阻抗的算法为
$$\dot{U}_{\varphi\varphi}=L_{\varphi\varphi}\frac{\mathrm{d}\dot{I}_{\varphi\varphi}}{\mathrm{d}t}+R\dot{I}_{\varphi\varphi} \qquad (1-11)$$

计算接地阻抗的算法为

$$\dot{U}_{\varphi}=L_{\varphi}\frac{\mathrm{d}(\dot{I}_{\varphi}+K_{\mathrm{x}}3\dot{I}_0)}{\mathrm{d}t}+R(\dot{I}_{\varphi}+K_{\mathrm{r}}3\dot{I}_0) \qquad (1-12)$$

其中，$\varphi=$A、B、C；$K_{\mathrm{x}}=\dfrac{\dot{X}_0-\dot{X}_1}{3\dot{X}_1}$；$K_{\mathrm{r}}=\dfrac{\dot{R}_0-\dot{R}_1}{3\dot{R}_1}$；故障电抗 $x=2\pi fL$。

距离保护中的负荷限制继电器的作用是防止长线路的整定阻抗太大，不能躲过负荷阻抗。为了防止后备保护发生误动，限制阻抗的整定范围。

3. 选相元件

阻抗继电器的选相元件主要使用突变量选相和稳态的阻抗选相元件。

（1）突变量选相元件。

$$\Delta\dot{U}_{\mathrm{OP}\varphi\varphi}=\Delta\dot{U}_{\varphi\varphi}-\Delta\dot{I}_{\varphi\varphi}Z_{\mathrm{set}} \qquad (1-13)$$

$$\Delta\dot{U}_{\mathrm{OP}\varphi}=\Delta\dot{U}+\Delta\dot{I}_{\varphi}(\dot{I}_{\varphi}+K_{\mathrm{r}}3\dot{I}_0)Z_{\mathrm{set}} \qquad (1-14)$$

六个补偿元件，在单相接地时，故障相关的相补偿元件和两个相间补偿元件的突变量最大；在两相短路时，两个故障相组合的相间补偿元件的突变量最大，非故障相的补偿电压突变量为零；两相接地短路时，两个故障相组合的相间补偿元件的突变量最大，非故障相的补偿电压突变量为零；三相短路，三个相和相间补偿电压突变量幅值分别相等，后者是前者的 $\sqrt{3}$ 倍。因此，在故障初期具有很好的选相特性，且不受负荷电流影响，受过渡电阻影响小，但稳态时不能使用，转换故障时有偏差。

（2）阻抗选相元件。阻抗继电器采用 Z_A、Z_B、Z_C、Z_{AB}、Z_{BC}、Z_{CA} 六种阻抗，具有优越的选相能力。在同杆并架双回线上发生跨线短路时，利用相继动作原理选相，对于出口跨线故障，两相或三相电压为零，则需方向元件配合选相。

选相元件分为变化量选相元件和稳态量选相元件，所有反应变化量的保护（如变化量方向、工频变化量阻抗）用变化量选相元件，所有反应稳态量的保护（如阶段式距离保护）用稳态量选相元件。

（3）其他选相元件。相电流差变化量选相元件。采用相电流差变化量选相元件，不同相别、不同短路故障类型时相电流差变化量元件的动作情况见表 1-1。

表 1-1　　　　　　　　相电流差变化量元件的动作情况

故障类型	ΔI_{AB}	ΔI_{BC}	ΔI_{CA}	选相
AO	+	−	+	选 A 跳
BO	+	+	−	选 B 跳
CO	−	+	+	选 C 跳
ABO、BCO、CAO、AB、BC、CA、AB	+	+	+	选三跳

注　+表示动作，−表示不动作。

I_0 与 I_{2A} 比相的选相元件。选相程序首先根据 I_0 与 I_{2A} 之间的相位关系，确定三个选相区之一，如图 1-8 所示。

当 $-60° < \arg \dfrac{I_0}{I_{2A}} < 60°$ 时选 A 区，$60° < \arg \dfrac{I_0}{I_{2A}} < 180°$ 时选 B 区，$180° < \arg \dfrac{I_0}{I_{2A}} < 300°$ 时选 C 区。

（二）动作特性

（1）多边形特性阻抗如图 1-9 所示，多边形内为动作区，外部为制动区。其中 R 独立整定可满足长、短线路的不同要求，以灵活调整对短线路允许过渡电阻的能力，以及对长线路重负荷阻抗超越的能力，多边形上边下倾角的适当选择可提高躲区外故障超越的能力。设置小矩形动作区是为了保证出口故障时距离保护动作的可靠性。

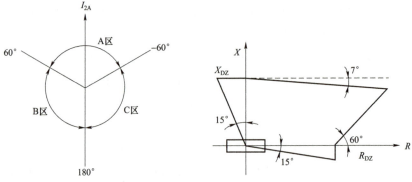

图 1-8　零序电流和 A 相负序电流比选相区　　图 1-9　多边形特性阻抗继电器

小矩形动作区的 X 取值见式（1-15）。

$$\begin{cases} X = \dfrac{X_{\text{set}}}{2} \left(X_{\text{set}} \leqslant \dfrac{5}{I_{\text{n}}} \right) \\ X = \dfrac{2.5}{I_{\text{n}}} \left(X_{\text{set}} > \dfrac{5}{I_{\text{n}}} \right) \end{cases} \qquad （1-15）$$

R 为 8 倍上述 X 取值与 $R_{\text{DZ}}/4$ 两者中较小者。

（2）采用正序电压作为极化电压。圆特性阻抗继电器圆内为动作区，圆外为制动区。正方向故障时动作特性如图 1-10 所示，反方向故障时的动作特性如图 1-11 所示。

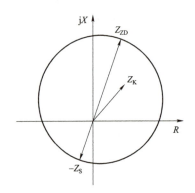

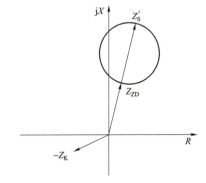

图 1-10　正方向故障时的动作特性　　图 1-11　反方向故障时的动作特性

（三）出口选择

根据系统的需求情况，可以选择"相间故障永跳"和"Ⅲ段及以上故障永跳"，此时若发生相间故障、Ⅲ段范围内故障，距离保护出口永跳，避免扩大故障影响范围。

（四）动作逻辑

某装置的距离保护逻辑框图如图 1-12 所示。

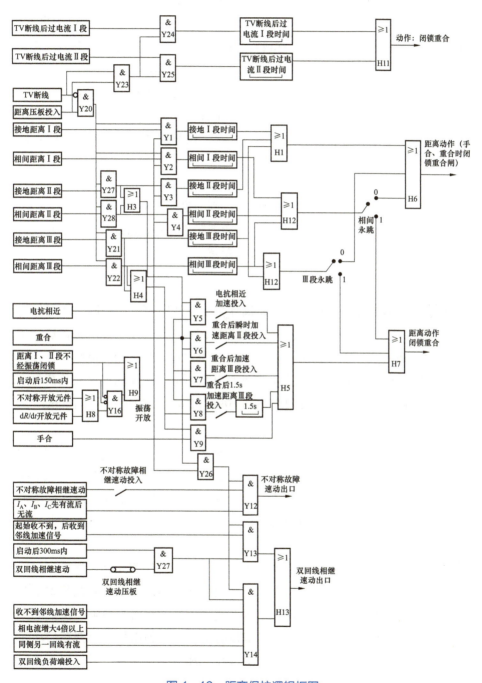

图 1-12 距离保护逻辑框图

（1）距离Ⅰ、Ⅱ、Ⅲ段的投退均受距离压板控制。

（2）若选择"相间故障永跳"，相间距离出口时永跳，闭锁重合闸。若选择"Ⅲ段及以上故障永跳"，距离Ⅲ段出口时永跳，闭锁重合闸。

（3）重合后加速：可以投入不经振荡闭锁的"重合后瞬时加速距离Ⅱ段""电抗相近加速"（重合后原故障相的测量电抗值和跳闸前的相差不大（变化率12%以内），且故障范围在距离Ⅱ段内，保护瞬时加速出口）。

（4）重合后加速：可以投入"重合后1.5s加速距离Ⅲ段"功能。

（5）手合于距离Ⅲ段区内时，为了防止合闸于空载变压器时励磁涌流引起阻抗进入距离Ⅲ段而导致的误加速出口，若二次谐波值大于基波的20%，距离Ⅲ段带200ms延时，否则瞬时加速出口。

（6）若手合时阻抗落于距离Ⅰ、Ⅱ段内，瞬时加速出口。

（7）若投入"重合后加速距离Ⅲ段"，则同说明（5）。

（8）距离压板投入时，若TV断线，闭锁距离保护，自动投入TV断线后两段过流。TV恢复正常时，自动恢复投入距离保护。

（五）系统振荡

对于对称故障和不对称故障，距离保护Ⅰ、Ⅱ段可以由控制字选择经或不经振荡闭锁。CSC–103系列是选择"经振荡闭锁"时，Ⅰ、Ⅱ段仅在启动元件启动后的150ms内开放（Ⅱ段固定），以后由不对称、对称故障检测元件开放距离Ⅰ、Ⅱ段。RCS–941系列是在启动元件开放瞬间，若按躲过最大负荷整定的正序过流元件不动作或动作时间尚不到10ms，则将振荡闭锁开放160ms。

1. 不对称故障开放元件

$$|I_0|+|I_2| \geqslant m|I_1| \qquad (1-16)$$

该方法能有效地防止振荡下发生区外故障时距离保护的误动，而对于区内的不对称故障能够开放。为了防止振荡系统切除时零序和负序电流不平衡输出引起保护的误动，保护延时50ms动作。

2. 对称故障开放元件

四边形阻抗继电器系列采用阻抗变化率（dR/dt）检测元件。保护利用三相故障发生、发展过程中所显现出来的一系列特征，如故障以后阻抗基本不变，而振荡时阻抗总在渐变等，快速识别振荡闭锁中的三相对称故障，保护的三相故障动作时间与振荡特征的明显程度成反时限特性。圆阻抗继电器在启动元件开放160ms以后或系统振荡过程中，如发生三相故障，装置中另设置了专门的振荡判别元件，即测量振荡中心电压

$$U_{OS} = U \cos \varphi_1 \tag{1-17}$$

式中 U ——正序电压；

φ_1 ——正序电压和电流之间的夹角。

在系统正常运行或系统振荡时，$U\cos\varphi_1$ 反应振荡中心的正序电压；在三相短路时，$U\cos\varphi_1$ 为弧光电阻上的压降，三相短路时过渡电阻是弧光电阻，弧光电阻上压降小于 $5\%U_N$。本装置采用的动作判据分为两部分：

（1）$-0.03U_N < U_{OS} < 0.08U_N$，延时 150ms 开放。

（2）$-0.1U_N < U_{OS} < 0.25U_N$，延时 500ms 开放。该判据作为第一部分的后备，以保证任何三相故障情况下保护不可能拒动。

（六）工频变化量距离保护

工频变化量距离元件充分体现了微机保护的优越性，它利用算法，把当前工频量的采样值与前几个周期的工频量的采样值比较，获取变化量，根据变化量的大小来决定动作，从而构成快速保护。显然，稳态时，该变化量几乎没有，因此该保护是快速保护，但不能作为稳态保护。工频变化量距离继电器测量工作电压的工频变化量的幅值，其动作方程为

$$|\Delta \dot{U}_{OP}| > U_Z \tag{1-18}$$

$$\Delta \dot{U}_{OP} = \Delta(\dot{U}_m - \dot{I}_m \dot{Z}_{set})$$

式中 $\dot{U}_m$、$\dot{I}_m$ ——分别由阻抗继电器接线方式决定的电压、电流；

$\dot{Z}_{set}$ ——工频变化量阻抗继电器的整定阻抗；

U_Z ——动作门槛，取故障前工作电压的记忆量。

其中，$\Delta\dot{U}_{OP} = \Delta(\dot{U}_m - \dot{I}_m \dot{Z}_{set})$ 为阻抗继电器工作电压或补偿电压。显然，

对于相间阻抗继电器 $\qquad \Delta\dot{U}_{OP\varphi\varphi} = \Delta(\dot{U}_{\varphi\varphi} - \dot{I}_{\varphi\varphi}Z_{set}) \tag{1-19}$

对于接地阻抗继电器 $\qquad \Delta\dot{U}_{OP\varphi} = \Delta[\dot{U}_\varphi - (\dot{I}_\varphi + K3\dot{I}_0)Z_{set}] \tag{1-20}$

对相间故障 $\qquad \dot{U}_{OP\varphi\varphi} = \dot{U}_{\varphi\varphi} - \dot{I}_{\varphi\varphi}Z_{set} \tag{1-21}$

对接地故障 $\qquad \dot{U}_{OP\varphi} = \dot{U}_\varphi - (\dot{I}_\varphi + K3\dot{I}_0)Z_{set} \tag{1-22}$

其中 Z_{set} 为整定阻抗，一般取 0.8～0.85 倍线路阻抗。

显然，在内部故障时 $|\dot{Z}_{set}| < |\dot{Z}_K|$，所以 $|\Delta\dot{U}_{Ot}| < |\Delta\dot{U}_F|$

正、反方向故障时，工频变化量距离继电器动作特性如图 1-13 和图 1-14 所示。

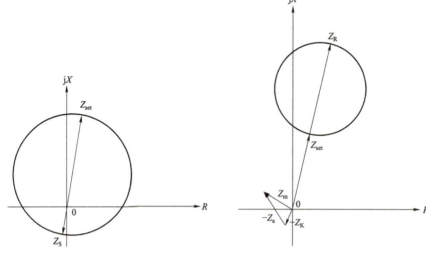

图 1–13 正方向短路动作特性 　　　　　 图 1–14 反方向短路动作特性

正方向故障时，测量阻抗 $-Z_K$ 在阻抗复数平面上的动作特性是以相量 $-Z_S$ 为圆心，以 $|Z_S + Z_{set}|$ 为半径的圆，如图 1–17 所示，当 Z_K 相量末端落于圆内时动作。可见，这种阻抗继电器有大的允许过渡电阻能力。当过渡电阻受对侧电源助增时，由于 ΔI_N 一般与 ΔI 是同相位，过渡电阻上的压降始终与 ΔI 同相位，过渡电阻始终呈电阻性，与 R 轴平行，因此，不存在由于对侧电流助增所引起的超越问题。

对反方向短路，测量阻抗 $-Z_K$ 在阻抗复数平面上的动作特性是以相量 Z_S' 为圆心，以 $|Z_S' - Z_{set}|$ 为半径的圆，如图 1–14 所示，动作圆在第一象限，而因为 $-Z_K$ 总是在第三象限，因此，阻抗元件有明确的方向性。

三、线路零序保护原理

（一）基本原理

输电线路零序电流保护反应输电线路一侧的零序电流。一般做成多段式，既能保护本线路的故障又能保护相邻线路的故障。有如下功能：当短路点越近保护动作得越快，短路点越远保护动作得越慢。

快速动作的零序电流第Ⅰ段按躲过本线路末端（实质是躲过相邻线路始端）接地短路时流过保护的最大零序电流整定，保护本线路的一部分。带有短延时的零序电流第Ⅱ段以较短的延时尽可能切除本线路全长范围内的故障。带有长延时的第Ⅲ段起可靠的后备作用。它一方面要作为本保护Ⅰ、Ⅱ段的近后备。另一方面要作为相邻线路保护的远后备。所以它既要保证本线路末端短路有足够的灵敏度，又要保证在相邻线路末端短路有足够的灵敏度，并用它保护本线路的高阻接地短路。零序电流保护只能用来保护接地短路故障。另外零序Ⅰ段保护范围受运行方式的影响也较大，有时可能保护范围缩得很小。但是按躲不平衡电流整定的零序电流保护的最后一段——零序过电流保护，由于受过渡电阻的影响较小，很灵敏。

（二）影响流过保护的零序电流大小的诸因素

1. 零序电流大小与接地故障的类型有关

因为流过保护的零序电流与故障类型有关，所以在整定零序电流保护第Ⅰ段的定值时就要选择在线路末端接地短路时流过保护的零序电流比较大的一种故障类型。而在校验零序电流保护的灵敏度时，要选择在校验灵敏度的短路点上短路时流过保护的零序电流比较小的一种故障类型。

2. 零序电流大小非但与零序阻抗有关而且与正、负序阻抗都有关

流过短路点的零序电流的大小，是既与零序阻抗有关也与正、负序阻抗有关的。因此在整定保护定值与校验灵敏度时，既要考虑零序阻抗的关系也要考虑机组开的多少。

3. 零序电流大小与保护背后系统和对侧系统的中性点接地的变压器多少密切相关

零序电流分配系数与保护背后系统的零序阻抗 Z_{S0} 和对侧系统的零序阻抗 Z_{R0} 都有关。如果保护背后系统中中性点接地的变压器越多，Z_{S0} 越小，零序电流分配系数越大。如果保护对侧系统中中性点接地的变压器越少，Z_{R0} 越大，零序电流分配系数也越大。这两种情况都会使流过保护的零序电流增大。所以零序电流的大小与中性点接地的变压器的多少有很大关系。

4. 零序电流大小与短路点的远近有关

短路点越近，零序电流分配系数越大，流过保护的零序电流也越大。反之短路点越远流过保护的零序电流也越小。

5. 在双回线路或环网中计算零序电流时要注意的一些问题

在双回线路或环网中，在求零序电流的分配系数时要考虑另一回线路或环网中其他线路的分流作用，在求短路电流和分支系数时还要考虑双回线路或环网中别的线路的线间互感造成的影响。尤其是同杆并架的线路或环网中相邻线路有部分架在同一杆塔上的情况。

（三）零序保护逻辑

某装置的零序保护逻辑框图如图1-15所示。

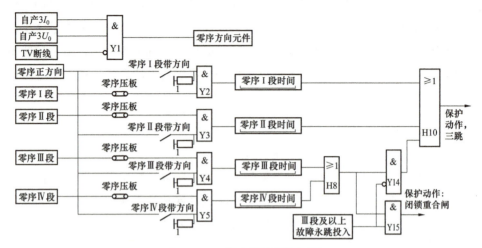

图 1-15　零序保护逻辑框图

（1）Ⅰ、Ⅱ、Ⅲ、Ⅳ段零序方向保护投退受零序压板控制。

（2）正常运行时，TV 完好时零序保护的动作逻辑如图 1-15 所示。

（3）若选择"Ⅲ段及以上故障永跳"，零序Ⅲ段、Ⅳ段出口时永跳，闭锁重合闸。

（4）重合、手合于故障时，若零序Ⅰ段 100ms 延时投入，零序Ⅰ段延时 100ms 出口。若零序Ⅱ、Ⅲ、Ⅳ段加速投入，零序Ⅱ、Ⅲ、Ⅳ段延时 100ms 加速出口。重合、手合于故障时，零序保护出口闭锁重合闸。

（5）零序各段不带方向时，零序保护的动作行为不受 TV 断线的影响。

（6）TV 断线时，带方向零序段可选择"退出零序 X 段方向元件"或"退出带方向零序 X 段"（由控制字投退，X 段表示Ⅰ段或Ⅱ、Ⅲ、Ⅳ段）。若选择"TV 断线退出零序 X 段方向元件"，TV 断线时，零序 X 段转为零序过流，零序Ⅰ段出口的延时为零序Ⅰ段时间定值 200ms，零序Ⅱ、Ⅲ、Ⅳ段延时为相应的时间定值，此时零序 X 段动作后永跳闭锁重合闸。

四、TV 断线过流

TV 断线后，距离保护退出，在大电流接地系统的装置，配有两段 TV 断线后过流保护，该保护不带方向和电压闭锁，TV 断线后零序过流元件退出方向判别。TV 断线过流保护逻辑与距离保护逻辑在一起，则 TV 断线过流保护随距离压板的投入而自动投入。有些还设有两段 TV 断线零序过流，由零序保护压板出口。

五、重合闸

220kV 线路对于双电源系统采用单相重合闸方式，对于单电源系统采用特殊重合闸。特殊重合闸即单相故障跳三相，重合三相；多相故障跳三相，不重合。重合闸逻辑框图如图 1−16 所示。

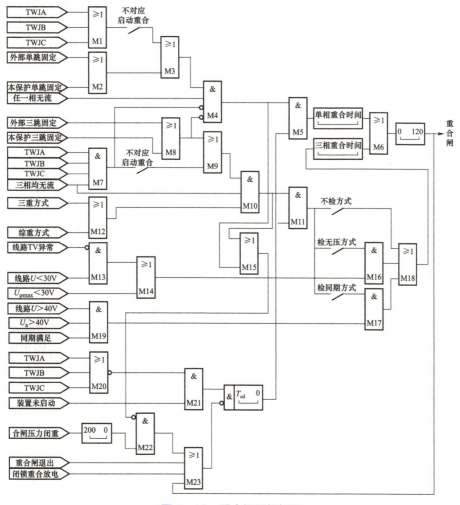

图 1−16　重合闸逻辑框图

（1）TWJA、TWJB、TWJC 分别为 A、B、C 三相的跳闸位置继电器的触点输入。

（2）保护单跳固定、保护三跳固定为本保护动作跳闸形成的跳闸固定，单相故障、故障无电流时该相跳闸固定动作，三相跳闸、三相电流全部消失时三相跳闸固定动作。

（3）外部单跳固定、外部三跳固定分别为其他保护开入的单跳启动重合、三跳启动重合输入，由本保护经无流判别形成的跳闸固定。

（4）重合闸退出指重合闸方式把手置于停用位置，或定值中重合闸投入控制字置"0"，则重合闸退出。本装置重合闸退出并不代表线路重合闸退出，保护仍是选相跳闸的要实现线路重合闸停用，需将沟通三闭重压板投上。当重合闸方式把手置于运行位置（单重、三重或综重）且定值中重合闸投入控制字置"1"时，本装置重合闸投入。

（5）TV 断线时重合放电。

（6）重合闸充电在正常运行时进行，重合闸投入、无 TWJ、无压力低压闭锁重输入、无 TV 断线和其他闭重输入经 15s 后充电完成。

（7）本装置重合闸为一次重合闸方式，用于单开关的线路，一般不用于 3/2 开关方式，可实现单相重合闸、三相重合闸和综合重合闸。

（8）重合闸的启动方式有本保护跳闸启动、其他保护跳闸启动和经用户选择的不对应启动。

（9）若开关三跳动作、其他保护三跳启动重合闸或三相 TWJ 动作，则不启动单相重合闸。

（10）三相重合时，可选用检线路无压重合闸、检同期重合闸，也可选用不检而直接重合闸方式。检无压时，检查线路电压或母线电压小于 30V 时，检无压条件满足，而不管线路电压用的是相电压还是相间电压；检同期时，检查线路电压和母线电压大于 40V 且线路电压和母线电压间的相位在整定范围内时，检同期条件满足。正常运行时，保护检测线路电压与母线 A 相电压的相角差，设为 ϕ，检同期时，检测线路电压与母线 A 相电压的相角差是否在（$\phi-$定值）至（$\phi+$定值）范围内，因此不管线路电压用的是哪一相电压还是哪一相间电压，保护能够自动适应。

习　题

1. 简述光纤差动保护的基本原理。
2. 简述光纤差动保护在实际应用中存在的问题和解决部分。
3. 简述相间距离保护，接地距离保护的测距方式及依据。
4. 简述大接地电流系统中零序电流的大小由哪些因素决定。
5. 简述在双回线路或环网中零序电流的分配。

第三节 220kV 线路保护装置的调试

学习目标

1. 编制并实施常规线路保护校验安全措施。
2. 掌握线路保护调试流程和方法。
3. 编写线路保护调试报告。

知识点

一、线路保护装置调试的安全和技术措施

工作前准备、安全技术措施和其他危险点分析及控制见附录一。

220kV 线路保护现场工作安全技术措施举例：

现场工作安全技术措施票见表 1-2。

表 1-2　　　　　　　　现场工作安全技术措施票

被试设备及保护名称		220kV ××变电站 220kV ××线路 PCS-931A　保护		
工作负责人	××	工作时间	××年××月××日	签发人	×××

工作内容	PCS-931 保护全部校验（根据屏图，仅供参考）
工作条件	（1）一次设备运行情况 220kV ××线检修。 （2）被试保护作用的断路器 220kV ××线断路器。 （3）被试保护屏上无运行设备。 （4）被试保护屏、端子箱与其他保护连接线主要为 220kV 母差跳 1 段 220kV ××线/失灵启动 220kV 母差回路/至 220kV 故障录波断开。即检查失灵启动压板须断开并拆开失灵启动回路线头，用绝缘胶布对拆头实施绝缘包扎。检查 220kV 母线差动保护（以下简称"母差保护"）本间隔失灵启动压板应在退出位置，查清失灵回路及至旁路保护的电缆接线，并在端子排处用绝缘胶布将其包好封住，以防误碰；如线路处于旁代方式中，将保护屏背面通道装置的电源开关用红布遮住，将保护屏前面的本线或旁路的切换把手用红布遮住，以防误碰

安全技术措施：包括应打开及恢复压板、直流线、交流线、信号线、联锁线和联锁开关等，按下列顺序做安全措施。已执行，在执行栏打"√"按相反的顺序恢复安全措施，已恢复的，在恢复栏打"√"

序号	执行	安全措施内容	安全措施原因	恢复
1		检查本屏所有保护屏上压板位置，并做好记录	防止保护试验时误动	
2		检查本屏所有把手及开关位置，并做好记录	保护试验时能恢复到原状态	

续表

序号	执行	安全措施内容	安全措施原因	恢复
3		电流回路：断开 D1.D2.D3.D4.D5.D6.D7.D8，内侧短接 D2.D4.D6.D9	防止电流回路开路，防止人员触电，防止试验仪电流倒送回 TA	
4		电压回路：断开 A 711：[D9]	防止电压回路短路，防止人员触电，防止试验仪电流倒送回 TV	
5		电压回路：断开 B 711：[D10]		
6		电压回路：断开 C 711：[D11]		
7		电压回路：断开 N 600：[D12、D13]		
8		电压回路：断开 A 602：[D14]		
9		故录公共端：断开录波公共端：[D82]，并用红色绝缘胶布包好	防止保护试验动作记录进入故障录波器和信号端	
10		信号公共端：断开信号公共端，并用红色绝缘胶布包好		
11		通信接口：断开至监控的通信口。如果有检修压板投检修压板	防止保护试验动作记录频繁启动监控系统的 SOE	
12		通信接口：断开至保护信息管理系统的通信口。如果有检修压板投检修压板		
13		补充措施：		
14				
15				
填票人		操作人	监护人	审核人

关于线路保护的检查与清扫、回路绝缘检查、检查基本信息、装置直流电源检查、装置通电初步检查、交流回路校验、开入量检查、开出量检查、定值及定值区切换功能检查等部分内容，详见附录二。

二、线路保护装置调试

（一）光纤电流差动保护功能校验（以 PSL-603 为例）

1. 定值设置

投入"投差动保护1"硬压板 1LP1。将 CPU 模件（NO.2-CPU A）上的光口"光收1"与"光发1"用尾纤短接，构成自发自收方式，将本侧识别码、对侧识别码整定成一致，将"电流补偿"控制字置"0"，"通道内时钟"控制字置"1"，通道告警灯不亮。"差动保护通道 A"软压板置"1"，"纵联差动保护"控制字置"1"，"TA 断线闭锁差动"控制字置"0"。

2. 分相差动高值（稳态Ⅰ段）校验

模拟单相或相间短路故障，加故障电流 $I = m \times 2.5 \times I_{dz}/2$（$I$ 为故障相电流，I_{dz} 为差动动作电流定值），加故障时间为 30ms。$m = 1.05$ 时分相差动高值动作，装置面板上相应灯亮；$m = 0.95$ 时分相差动高值不动作；在 $m = 1.2$ 时测量分相差动高值保护的动作时间约 20ms。

3. 分相差动低值（稳态Ⅱ段）校验

模拟单相或相间短路故障，加故障电流 $I = m \times 1.5 \times I_{dz}/2$，加故障时间为 80ms。$m = 1.05$ 时分相差动低值动作，装置面板上相应灯亮；$m = 0.95$ 时分相差动低值不动作；在 $m = 1.2$ 时测量分相差动低值保护的动作时间约 50ms。

4. 零序差动校验

模拟单相故障，加故障电流 $I = m \times I_{dz}/2$，加故障时间为 150ms。$m = 1.05$ 时零序差动动作，装置面板上相应灯亮；$m = 0.95$ 时零序差动不动作；在 $m = 1.2$ 时测量零序差动保护的动作时间约 110ms。

（二）光纤电流差动保护功能校验（以 CSC-103 为例）

各种差动保护及其动作方程见表 1-3。

表 1-3　　　　　　　　　各种差动保护及其动作方程

保护	动作方程	备注
高定值分相电流差动	$I_D > I_H$ $I_D > 0.6I_B$, $0 < I_D < 3I_H$ $I_D > 0.8\,I_B - I_H$, $I_D \geqslant 3I_H$ 其中：$I_D = \lvert (\dot{I}_M - \dot{I}_{MC}) + (\dot{I}_N - \dot{I}_{NC}) \rvert$，$I_B = \lvert (\dot{I}_M - \dot{I}_{MC}) - (\dot{I}_N - \dot{I}_{NC}) \rvert$	I_D：经电容电流补偿后的差动电流； I_B：经电容电流补偿后的制动电流； $I_H = \max(I_{DZH}, 2I_C)$ I_{DZH}：分相差动高定值*； I_C：正常运行时的实测电容电流
低定值分相电流差动	$I_D > I_L$ $I_D > 0.6I_B$, $0 < I_D < 3I_L$ $I_D > 0.8\,I_B - I_L$, $I_D \geqslant 3I_L$ 其中：$I_D = \lvert (\dot{I}_M - \dot{I}_{MC}) + (\dot{I}_N - \dot{I}_{NC}) \rvert$，$I_B = \lvert (\dot{I}_M - \dot{I}_{MC}) - (\dot{I}_N - \dot{I}_{NC}) \rvert$	I_D：经电容电流补偿后的差动电流； I_B：经电容电流补偿后的制动电流； $I_L = \max(I_{DZL}, 1.5I_C)$ I_{DZL}：分相差动低定值； I_C：正常运行时的实测电容电流； 低定值分相电流差动保护带 40ms 延时
零序电流差动保护	$I_{D0} > I_{CDset}$, $I_{D0} > 0.75I_{B0}$ $I_{D0} = [(\dot{I}_{MA} - \dot{I}_{MAC}) + (\dot{I}_{MB} - \dot{I}_{MBC}) + (\dot{I}_{MC} - \dot{I}_{MCC})] + [(\dot{I}_{NA} - \dot{I}_{NAC}) + (\dot{I}_{NB} - \dot{I}_{NBC}) + (\dot{I}_{NC} - \dot{I}_{NCC})]$ $I_{B0} = [(\dot{I}_{MA} - \dot{I}_{MAC}) + (\dot{I}_{MB} - \dot{I}_{MBC}) + (\dot{I}_{MC} - \dot{I}_{MCC})] - [(\dot{I}_{NA} - \dot{I}_{NAC}) + (\dot{I}_{NB} - \dot{I}_{NBC}) + (\dot{I}_{NC} - \dot{I}_{NCC})]$	I_{D0}：经电容电流补偿后的零序差动电流； I_{B0}：经电容电流补偿后的零序制动电流； I_{CDset}：零序差动整定值，按内部高阻接地故障有灵敏度整定； 延时 100ms 动作，选跳；TA 断线时退出

* 定值单中的"差动动作电流定值" I_{CDset} 为零序差动整定值，应大于一次 240A。分相差动高定值 I_{DZH} 自动取 $2 \times I_{CDset}$，当差流大于一次 1000A、同时大于 I_{CDset}，满足制动条件时也会动作；分相差动低定值 I_{DZL} 自动取 $1.5 \times I_{CDset}$，当差流大于一次 800A、同时大于 I_{CDset}，满足制动条件时也会动作。

（三）光纤电流差动保护带通道联调试验

1. 通道检查试验

光通道用光功率计 1310nm（＜50km）或 1550nm（＜80km）波段检测。专用通道要求光配屏至保护屏采用尾缆连接。不得使用尾纤。新安装时还须作远跳功能检查。若有 A/B 两个通道则双通道都应测试。通道衰耗符合要求：发光功率大于 −16dBm 并稳定在某一值上，接收光功率不小于 −28dBm，通道传输良好。

测试光纤通道传输时间及通道自检状态，通道传输时间小于 15ms。一段时间内通道失步次数和误码总数不增加、无通道告警。

2. 保护装置带通道试验（以 PCS−931 为例）

（1）对侧电流及差流检查。将两侧保护装置的"TA 变比系数"定值整定为 1，在对侧加入三相对称的电流，大小为 I_n，在本侧"模拟量" → "保护测量"菜单中查看对侧的三相电流、三相补偿后差动电流及未经补偿的差动电流应该为 I_n。

若两侧保护装置"TA 变比系数"定值整定不全为 1，对侧的三相电流和差动电流还要进行相应折算。假设 M 侧保护的"TA 变比系数"定值整定为 k_m，二次额定电流为 I_{Nm}，N 侧保护的"TA 变比系数"定值整定为 k_n，二次额定电流为 I_{Nn}，在 M 侧加电流 I_m，N 侧显示的对侧电流为 $I_m \times k_m \times I_{Nn} \div (k_n \times I_{Nm})$，若在 N 侧加电流 I_n，则 M 侧显示的对侧电流为 $I_n \times k_n \times I_{Nm} \div (k_m \times I_{Nn})$。若两侧同时加电流，必须保证两侧电流相位的参考点一致。

（2）两侧装置纵联差动保护功能联调。模拟线路空冲时故障或空载时发生故障：N 侧开关在分闸位置（注意保护开入量显示有跳闸位置开入，且将相关差动保护压板投入），M 侧开关在合闸位置，在 M 侧模拟各种故障，故障电流大于差动保护定值，M 侧差动保护动作，N 侧不动作。

模拟弱馈功能：N 侧开关在合闸位置，主保护压板投入，加正常的三相电压 34V（小于 $65\%U_n$ 但是大于 TV 断线的告警电压 33V），装置没有"TV 断线"告警信号，M 侧开关在合闸位置，在 M 侧模拟各种故障，故障电流大于差动保护定值，M、N 侧差动保护均动作跳闸。

远方跳闸功能：使 M 侧开关在合闸位置，"远跳经本侧控制"控制字置 0，在 N 侧使保护装置有远跳开入，M 侧保护不能远方跳闸。在 M 侧将"远跳经本侧控制"控制字置 1，在 N 侧使保护装置有远跳开入的同时，在 M 侧使装置启动，M 侧保护能远方跳闸。

（四）线路距离保护校验

工频变化量距离保护检验（例如 PCS-931）。投入距离保护投运压板。距离保护其他段的控制字置"0"。

分别模拟 A、B、C 相单相接地瞬时故障和 AB、BC、CA 相间瞬时故障。模拟故障电流固定（其数值应使模拟故障电压在 $0 \sim U_N$ 范围内），模拟故障前电压为额定电压，模拟故障时间为 $100 \sim 150$ms，故障电压为：

模拟单相接地故障时

$$U = (1+k)I_D Z_{set} + (1-1.05m)U_N \qquad (1-23)$$

模拟相间短路故障时

$$U = 2I_D Z_{set} + (1-1.05m) \times \sqrt{3} U_N \qquad (1-24)$$

式中　m——系数，其值分别为 0.9.1.1 及 1.2；

　　　I_D——模拟故障的短路电流；

　　　Z_{set}——工频变化量距离保护定值。

工频变化量距离保护在 $m=1.1$ 时，应可靠动作；在 $m=0.9$ 时，应可靠不动作；在 $m=1.2$ 时，测量工频变化量距离保护动作时间。

距离保护检验。仅投入距离保护投运压板。距离 I 段保护检验。投入距离 I 段控制字。

分别模拟 A、B、C 相单相接地瞬时故障，AB、BC、CA 相间瞬时故障。故障电流 I 固定（一般 $I = I_N$），相角为正序阻抗角，模拟故障时间为 $100 \sim$ 150ms，故障电压为：

模拟单相接地故障时

$$U = m(1+K_z)I_D Z_{D1} \qquad (1-25)$$

模拟两相相间故障时

$$U = 2mL_D Z_{X1} \qquad (1-26)$$

式中　m——系数，其值分别为 0.95、1.05 及 0.7；

　　　I_D——模拟故障的短路电流；

　　　Z_{D1}——接地距离 I 段阻抗定值；

　　　Z_{X1}——相间距离 I 段阻抗定值；

　　　K_z——零序补偿系数。

距离 I 段保护在 0.95 倍定值（ $m=0.95$ ）时，应可靠动作；在 1.05 倍定值时，应可靠不动作；在 0.7 倍定值时，测量距离保护 I 段的动作时间。

距离 II 段和 III 段保护检验。投入距离 II、III 段控制字。

检验距离Ⅱ段保护时，分别模拟 A 相接地和 BC 相间短路故障，检验距离Ⅲ段保护时，分别模拟 B 相接地和 CA 相间短路故障。故障电流 I 固定（一般 $I = I_{N}$），相角为正序阻抗角，故障电压为

模拟单相接地故障时 $\qquad U = m(1 + K_{z})I_{D}Z_{Dn}$ （1−27）

模拟相间短路故障时 $\qquad U = 2mI_{D}Z_{Xn}$ （1−28）

式中 m ——系数，其值分别为 0.95、1.05 及 0.7；

       n ——其值分别为 2 和 3；

       I_{D} ——模拟故障的短路电流；

       Z_{Dn} ——接地距离 n 段阻抗定值；

       Z_{Xn} ——相间距离 n 段阻抗定值。

距离Ⅱ段和Ⅲ段保护在 0.95 倍定值时（ $m = 0.95$ ）应可靠动作；在 1.05 倍定值时，应可靠不动作；在 0.7 倍定值时，测量距离Ⅱ段和Ⅲ段保护动作时间。

（五）线路零序保护校验

1. 零序保护功能校验

仅投入零序保护投运压板，分别模拟 A 相、B 相、C 相单相接地瞬时故障，模拟故障电压 $U = 50V$，模拟故障时间应大于零序过流Ⅱ段（或Ⅲ段）保护的动作时间定值，相角为灵敏角，模拟故障电流为

$$I = mI_{0set2} \qquad （1-29）$$

$$I = mI_{0set3} \qquad （1-30）$$

式中 m ——系数，其值分别为 0.95、1.05 及 1.2；

       I_{0set2} ——零序过流Ⅱ段定值；

       I_{0set3} ——零序过流Ⅲ段定值。

零序过流Ⅱ段和Ⅲ段保护在 0.95 倍定值（ $m = 0.95$ ）时，应可靠不动作；在 1.05 倍定值时，应可靠动作；在 1.2 倍定值时，测量零序过流Ⅱ段和Ⅲ段保护的动作时间。

2. TV 断线时保护检验

主保护、零序保护和距离保护投运压板均投入。模拟故障电压量不加（等于零），模拟故障时间应大于交流电压回路断线时过电流延时定值。故障电流为

模拟相间（或三相）短路故障时 $\qquad I = mI_{TVset}$ （1−31）

模拟单相接地故障时 $\qquad I = mI_{0TVset}$ （1−32）

式中 m ——系数，其值分别为 0.95、1.05 及 1.2；

       I_{TVset} ——交流电压回路断线时过电流定值；

I_{0TVset}——交流电压回路断线时零序过电流定值。

在交流电压回路断线后，加模拟故障电流，过流保护和零序过流保护在 1.05 倍定值时应可靠动作，在 0.95 倍定值时可靠不动作，并在 1.2 倍定值下测量保护动作时间。

TV 断线功能检查：① 闭锁距离保护；② 闭锁零序电流二段；③ 零序三段电流不带方向；④ 告警信号检查（单相、三相断线）。

TV 逻辑功能在全部校验时进行，部分校验只做告警功能。

3. 合闸于故障线零序电流保护检验，投入零序保护和距离保护投运压板

模拟手合单相接地故障，模拟故障前，给上"跳闸位置"开关量。模拟故障时间为 300ms，模拟故障电压 $U = 50V$，相角为灵敏角，模拟故障电流为

$$I = mI_{0setck} \tag{1-33}$$

式中　I_{0setck}——合闸于故障线零序电流保护定值；

　　m——系数，其值分别为 0.95、1.05 及 1.2。

合闸于故障线零序电流保护在 1.05 倍定值时可靠动作，0.95 倍定值时可靠不动作，并测量 1.2 倍定值时的保护动作时间。

4. TA 断线功能检查

TA 断线功能检查包括：① 告警功能检测（单相、两相断线）；② 零序过流二段不带方向；③ 零序过流三段退出。

（六）整组试验

整组试验时，统一加模拟故障电压和电流，本线路断路器处于合闸位置。退出保护装置跳闸、合闸、启动失灵等压板。

1. 装置整组动作时间测量

本试验测量从模拟故障至断路器跳闸回路动作的保护整组动作时间，以及从模拟故障切除至断路器合闸回路动作的重合闸整组动作时间（A 相、B 相和 C 相分别测量）。

（1）相间距离 I 段保护的整组动作时间测量，仅投入距离保护投运压板。

模拟 AB 相间故障，其故障电流一般取 $I = I_N$，相角为灵敏角，模拟故障时间为 100ms，模拟故障电压取

$$U = 0.7 \times 2IZ_{set1} = 1.4IZ_{set1} \tag{1-34}$$

式中　Z_{set1}——距离 I 段定值。

上述试验要求检查保护显示或打印出距离 I 段的动作时间，其动作时间值不应大于 30ms，并且与本项目所测保护整组动作时间的差值不大于 6ms。

（2）重合闸整组动作时间测量。

仅投入距离保护投运压板，重合闸方式开关置整定的重合闸方式位置。

模拟 C 相接地故障，模拟故障电流一般取 $I=I_N$，相角为灵敏角，模拟故障时间为 100ms，模拟故障电压为

$$U = 0.7 \times (1+k) I Z_{set1} \qquad (1-35)$$

测量的重合闸整组动作时间与整定的重合闸时间误差不大于 50ms。

方法：用保护动作触点启表，重合闸出口触点停表。试验时核查保护显示和报告情况。

2. 与本线路其他保护装置配合联动试验

模拟试验应包括本线路的全部保护装置，以检验本线路所有保护装置的相互配合及动作正确性。重合闸方式开关分别置整定的重合闸方式以及重合闸停用方式，进行下列试验：

（1）模拟接地距离Ⅰ段范围内单相瞬时和永久性接地故障。

（2）模拟相间距离Ⅰ段范围内相间、相间接地、三相瞬时性和永久性故障。

（3）模拟距离Ⅱ段范围内 A 相瞬时接地和 BC 相间瞬时故障（停用主保护）。

（4）模拟距离Ⅲ段范围内 B 相瞬时接地和 CA 相间瞬时故障（停用主保护和零序保护）。

（5）模拟零序方向过流Ⅱ段动作范围内 C 相瞬时和永久性接地故障（停用主保护和距离保护）。

（6）模拟零序方向过流Ⅲ段动作范围内 A 相瞬时和永久性接地故障（停用主保护和距离保护）。

（7）模拟手合于全阻抗继电器和零序过流继电器动作范围内的 A 相瞬时接地和 BC 相间瞬时故障。

（8）模拟反向出口 A 相接地、BC 相间和 ABC 三相瞬时故障。

3. 重合闸试验

（1）单重方式。当整定的重合闸方式为单重方式时，则重合闸方式开关置"单重"位置，模拟上述各种类型故障。

（2）三重方式。当整定的重合闸方式为三重方式时，则重合闸方式开关置"三重"位置，模拟上述各种类型故障。

（3）重合闸停用方式。又分为方式 1 及方式 2 两种。

1）重合闸停用方式 1。当整定的重合闸方式为重合闸停用方式时，则重合闸方式开关置"停用"位置，且"闭锁重合闸"开关量有输入，模拟上述各种

类型故障。

2）重合闸停用方式 2。当整定的重合闸方式为重合闸禁止方式时，则重合闸方式开关置"停用"位置，且"闭锁重合闸"开关量无输入，模拟上述各种类型故障。

4. 断路器失灵保护性能试验

模拟各种故障，检验启动断路器失灵保护回路性能，应进行下列试验：

（1）模拟 A 相、B 相和 C 相单相接地故障。

（2）模拟 AC 相间故障。

做上述试验时，所加故障电流应大于失灵保护电流整定值，而模拟故障时间应与失灵保护动作时间配合。

5. 开关量输入的整组试验

保护装置进入"保护状态"菜单"开入显示"，校验开关量输入变化情况。

（1）闭锁重合闸。分别进行手动分闸和手动合闸操作、重合闸停用闭锁重合闸、母差保护动作闭锁重合闸等闭锁重合闸整组试验。

（2）断路器跳闸位置。断路器分别处于合闸状态和分闸状态时，校验断路器分相跳闸位置开关量状态。

（3）压力闭锁重合闸。模拟断路器液（气）压压力低闭锁重合闸触点动作，校验压力闭锁重合闸开关量状态。

（4）外部保护停信。在与母差保护装置配合试验时，对外部保护停信开关量输入状态进行校验。

在进行定期部分检验时，与母差保护装置的开关量整组试验免做。

（七）传动断路器试验

重合闸方式分别置重合闸方式和重合闸停用方式，保护装置投运压板、跳闸及合闸压板投。

进行传动断路器试验之前，控制室和开关站均应有专人监视，并应具备良好的通信联络设备，以便观察断路器和保护装置动作相别是否一致，监视中央信号装置的动作及声、光信号指示是否正确。如果发生异常情况时，应立即停止试验，在查明原因并改正后再继续进行。

传动断路器试验应在确保检验质量的前提下，尽可能减少断路器的动作次数。根据此原则，应在整定的重合闸方式下做以下传动断路器试验：

（1）分别模拟 A、B、C 相瞬时性接地故障。

（2）模拟 C 相永久性接地故障。

（3）模拟 AB 相间瞬时性故障。

此外，在重合闸停用方式下模拟一次单相瞬时性接地故障。传动断路器试验要求在 80%额定直流电压下进行。

习　题

线路保护调试包括哪些项目？（5 种及以上）

第四节　220kV 线路保护故障及异常处理

学习目标

1. 掌握线路保护交流回路故障及异常处理方法。
2. 掌握线路保护开入，开出回路故障及异常处理方法。
3. 掌握线路保护操作回路故障及异常处理方法。

知 识 点

一、线路保护装置异常现象及处理方法

线路保护装置异常现象及处理方法见表 1-4。

表 1-4　　　　　　　　线路保护装置异常现象及处理方法

信息名称	告警原因及处理方法
模拟量采集错	检查电源输出情况、更换保护 CPU 插件
TA 变比差异大	若两侧 TA 一次额定电流相差 5 倍及以上，装置告警
设备参数错	重新固化设备参数，若无效，更换保护 CPU 插件
ROM 和校验错	更换保护 CPU 插件
定值错	重新固化保护定值及装置参数，若仍无效，更换保护 CPU 插件
定值区指针错	切换定值区，若仍无效，更换保护 CPU 插件
SRAM 自检异常	检查芯片是否虚焊或损坏，更换 CPU 板
FLASH 自检异常	检查芯片是否虚焊或损坏，更换 CPU 板

续表

信息名称	告警原因及处理方法
低气压开入告警	长期有低气压闭锁重合闸开入，检查外部开入
通道检修差动退出	如果光纤通道压板均退出，而纵联差动保护控制字投入，则延时 1min 告警
电流不平衡告警	检查交流插件、端子等相关交流电流回路
软压板错	进行一次软压板投退
系统配置错	重新下载保护配置
闭锁三相不一致	不一致启动后未满足动作条件，长期有三个分相跳位不一致
不一致动作失败	三相不一致保护动作后，仍有三个分相跳位不一致
过负荷告警	电流过负荷告警
开出异常	检查是否有其他装置告警导致闭锁 24V＋失电，否则更换相应开出插件
开入配置错	重新下载保护配置
开出配置错*	重新下载保护配置
开入异常	检查开入插件是否插紧，更换开入插件
开出通信中断	检查开出插件是否插紧，更换开入插件
传动状态未复归	开出传动后没有复归，按复归按钮
保护 CPU 插件异常	检查是否有其他告警，若不能消除，应为保护 CPU 插件异常或者与 MASTER 通信中断，告警
开入击穿	检查开入情况，更换开入插件
开入输入不正常	检查装置的 24V 电源输出情况，或更换开入插件
双位置输入不一致	建议查看 24V 电源或更换开入插件
开入自检回路出错	检查或更换开入插件
开入 EEPROM 出错	更换相应开入插件
开出 EEPROM 出错	更换相应开出插件
TV 断线	查看循环显示、打印采样值，按运行规程执行，检查电压回路接线
静稳越限告警	提示线路过负荷，检查线路负荷或振荡闭锁过流定值
TA 断线	查看循环显示、打印采样值，按运行规程执行
跳位 A（B、C）开入异常	有"跳位 A（B、C）"开入，且有相应相电流，则发此告警。检查跳位 A（B、C）开入触点及其开入回路
同期电压异常	在检同期重合方式下，系统正常运行时，线路侧电压和母线侧电压不满足整定的同期条件，则告警。检查同期电压回路
本侧 TA 断线	查看循环显示、打印采样值，按运行规程执行
对侧 TA 断线	按运行规程执行，对侧检查电流回路接线
长期有差流	检查两侧电流互感器极性

续表

信息名称	告警原因及处理方法
同步方式设置出错	检查定值,"本侧识别码"和"对侧识别码"定值应不同; 检查通信通道,通信通道上可能出现环回; 做通道自环试验时,必须将"通道环回试验"控制字投入
通道一(二)环回错	在双通道时,其中一个通道出现环回,检查报文指示的那个通道
光纤通道一(二)故障	检查定值,通信速率、通信时钟是否设置正确; 检查光纤接口是否连接牢固,光功率是否正常; 检查通信通道
通道一(二)无采样报文	检查定值,"本侧识别码"和"对侧识别码"定值应不同; 检查通信通道,通信通道上可能出现环回; 做通道自环试验时,必须将"通道环回试验"控制字投入
三相相序不对应	正常运行时,如果三相电流或三相电压相序不是正相序,则发此告警。应先查看循环显示模拟量,打印采样值。检查电流或电压回路
模拟通道异常	调整刻度时,可能输入值和选择的基准值不一致。重新调整刻度
其他保护开入异常	检查开入信号是否长期存在,并消除
外接 $3I_0$ 接反	外接 $3I_0$ 相位和自产 $3I_0$ 相位相反。请检查电流回路接线
保护永跳失败	发永跳令后 5s 电流未断,则发此告警。请检查跳闸回路
3 次谐波过量告警	系统正常运行时,电压中 3 次谐波过量,则发此告警。请打印采样值,检查电压回路
通道环回长期投入	运行时,需将"通道环回试验"控制字置退出
重合方式整定出错	三重方式,检同期、检无压两种方式同时投入,则告警。 单相重合闸、三相重合闸、禁止重合闸和停用重合闸四种重合闸方式中,同时投入两种及以上方式,则告警;所有重合闸方式都不投,也告警。 检查自动重合闸控制字
两侧差动投退不一致	投入光纤通道压板、通道正常时,若两侧纵联差动保护控制字投退不一致告警
纵联保护地址错一(二)	接收的地址码与"本侧识别码""对侧识别码"都不相等,报此报文
通道一二交叉接错	通道一(二)的收发误接了通道二(一)的收发,报此报文
对侧通信异常	对侧通信异常,本侧报此报文
工作于调试定值区	32 定值区为调试定值区,运行于 32 定值区时报此报文
通道长期收信	长期收到对侧远传信号告警
远跳通道故障	有远跳通道故障开入时发此报文
反时限长期启动	反时限长期启动告警
通道一(二)光收越上限	光纤通道一(二)功率收发异常
通道一(二)光收越下限	

续表

信息名称	告警原因及处理方法
通道一（二）光发越上限	光纤通道一（二）功率收发异常
通道一（二）光发越下限	
远传1开入异常	长期有远传1开入信号告警
其他保护收信异常	长期收到对侧其他保护动作信号告警
对侧保护退出	本侧纵联保护投入正常，对侧纵联保护退出时告警
位置状态无效	检查智能终端与保护的检修状态是否一致或智能终端位置信号是否正常
通道故障	所有通道发生异常
闭锁主保护	投入的纵联保护闭锁时告警
闭锁后备保护	任一投入的后备保护闭锁
闭锁重合闸	装置具有重合闸功能，重合闸不允许时告警
闭锁过电压及远跳	过电压或者远跳闭锁时告警
闭锁远方其他保护	远方其他保护闭锁时告警

PCS-931线路保护报警信号列表见表1-5。

表1-5 PCS-931线路保护报警信号列表

告警名称	告警含义	装置面板指示灯	对保护设备的影响	信号是否保持	现场运行时处理意见
定值超范围	定值超出程序范围	运行异常和装置故障报警灯亮	运行灯灭所有保护功能退出	保持	通知厂家检查
定值项变化报警	当前版本的定值与装置保存的定值不一致	运行异常运行灯灭	所有保护功能退出	保持	通知厂家处理
定值校验出错	管理板定值与DSP板的定值不一致	报警灯亮,运行灯灭	所有保护功能退出	保持	通知厂家检查
板卡配置错误	装置板卡配置出错	运行灯灭	所有保护功能退出	保持	检查装置信息中板卡
通信传动报警	进入通信传动的对时信号状态	报警灯亮	不影响保护功能	自动恢复	长时间不返回时通知厂家处理
对时信号状态	对时信号异常	无	不影响保护功能	自动恢复	检查对时的设置及对时信号的连接情况
对时服务状态	对时服务异常	无	不影响保护功能	自动恢复	检查对时的设置及对时信号的连接情况
时间跳变帧测状态	对时信号异常	无	不影响保护功能	自动恢复	检查对时的设置及对时信号的连接情况

续表

告警名称	告警含义	装置面板指示灯	对保护设备的影响	信号是否保持	现场运行时处理意见
对时异常	对时信号异常	无	不影响保护功能	自动恢复	检查对时的设置及对时信号的连接情况
定值修改	定值修改后出现此报警	报警灯亮	不影响保护功能	自动恢复	确定是否进行了定值修改操作
保护 DSP 定值出错	保护 DSP 定值出现错误	报警灯亮,运行灯灭	所有保护功能退出	保持	更换 CPU 插件
保护 DSP 内存出错	保护 DSP 内存出现错误	报警灯亮,运行灯灭	所有保护功能退出	保持	更换 CPU 插件
保护 DSP 采样出现错误	DSP 采样出现错误	报警灯亮,运行灯灭	所有保护功能退出	保持	更换 CPU 插件
保护 DSP 装置类型配置错	保护 DSP 装置类型配置错	报警灯亮,运行灯灭	所有保护功能退出	保持	通知厂家检查
保护 DSP 校验出错	保护 DSP 判断启动 DSP 出现异常	报警灯亮,运行灯灭	所有保护功能退出	保持	更换 CPU 插件
启动 DSP 定值出错	启动 DSP 定值出现错误	报警灯亮,运行灯灭	所有保护功能退出	保持	更换 CPU 插件
启动 DSP 内存出错	启动 DSP 内存出现错误	报警灯亮,运行灯灭	所有保护功能退出	保持	更换 CPU 插件
启动 DSP 采样出错	启动 DSP 采样出现错误	报警灯亮,运行灯灭	所有保护功能退出	保持	更换 CPU 插件
启动 DSP 装置类型配置错	启动 DSP 装置类型配置出现错误	报警灯亮,运行灯灭	所有保护功能退出	保持	通知厂家检查
启动 DSP 校验出错	启动 DSP 判断保护 DSP 出现异常	报警灯亮,运行灯灭	所有保护功能退出	保持	更换 CPU 插件
跳合出口回路异常	保护跳闸回路出现异常	报警灯亮,运行灯灭	所有保护功能退出	保持	更换跳闸出口插件
长期启动报警	装置一致启动超过 50s 或上电时就已为启动状态	报警灯亮	不影响保护功能	自动恢复	检查装置启动的原因
零序长期启动	零序一直启动超过 10s	报警灯亮	不影响保护功能	自动恢复	检查装置零序启动的原因
插件 8 开入电源异常	插件 8 开入插件的电源出现异常	报警灯亮	不影响保护功能	自动恢复	检查光耦电源是否正常,电源电压等级是否与装置设置一致
插件 9 开入电源异常	插件 9 开入插件的电源出现异常	报警灯亮	不影响保护功能	自动恢复	检查光耦电源是否正常,电源电压等级是否与装置设置一致

续表

告警名称	告警含义	装置面板指示灯	对保护设备的影响	信号是否保持	现场运行时处理意见
TV 断线	三相电压相量和大于8V，保护不启动，延时 1.25s 发告警信号，三相电压相量和小于 8V，但正序电压小于 33V 时延时 1.25s 发告警	报警灯亮，TV 断线灯亮	退出距离保护和工频变化量阻抗。零序过流Ⅱ段退出，零序过流Ⅲ段不经方向控制	自动恢复	如果是操作引起的，不必处理。如果正常运行过程中报警，检查保护 TV 二次回路
同期电压异常	当重合闸投入且处于三重方式，如果装置整定为重合闸检同期或检无压，则要用到同期电压，开关在合闸位置时检查输入的同期电压小于 40 V 经 10 s 延时发告警	报警灯亮	三相重合闸功能退出	自动恢复	如果是操作引起的，不必处理。如果正常运行过程中报警，检查线路 TV 二次回路
保护 TV 中性线断线	保护 TV 中性线回路异常	报警灯亮	不影响保护功能	自动恢复	检查线路 TV 二次回路
TA 断线	（1）自产零序电流小于 0.75 倍外接零序电流，或外接零序电流小于 0.75 倍自产零序电流，延时 200ms 发告号。（2）有自产零序电流而无零序电压，且至少有一相无流，则延时 10s 发告警信号	报警灯亮	在装置总启动元件中不进行零序过流元件启动判别，零序过流保护Ⅱ段不经方向元件控制，退出零序过流Ⅲ段。差动保护由"TA 断线闭锁差动"控制字来决定是否闭锁断线相	自动恢复	检查 TA 外回路无异常，若不恢复通知检修处理
跳闸位置开入异常	线路有电流但 TWJ 动作，或三相不一致，10s 延时报警	报警灯亮	不影响保护功能	自动恢复	通知检修人员检查 TWJ 回路
重合方式整定错	单相、三相、禁止和停用重合闸中有且仅有一个控制字置"1"，否则告警	报警灯亮	按停用重合闸处理	自动恢复	检查重合闸方式控制字是否仅有 1 项置 1
其他保护动作异常	发或收其他保护动作开入异常信号超过 4s 发告警信号	报警灯亮	告警后闭锁远跳功能，即使接收到远跳命令也不跳闸	自动恢复	检查本侧或者对侧装置的远跳回路是否有远跳信号长期开入
通道一无有效帧	纵联通道一在 400ms 内收不到对侧数据	报警灯亮（本侧通道一差动功能投入时）通道一异常灯亮	保护装置接收不到正确数据就退出通道一差动保护，接收正常数据后自动投入通道一差动保护	自动恢复	检查通道一，主要是本侧接收－对侧发送这一条路由
通道一识别码错	装置纵联通道一收到的识别码与定值中的对侧识别码定值不符	报警灯亮（本侧通道一差动功能投入时）通道一异常灯亮	保护装置接收不到正确数据就退出通道一差动保护，接收正常数据后自动投入通道一差动保护	自动恢复	检查通道一，主要是本侧接收－对侧发送这一条路由，同时检查识别码定值是否整定有误

续表

告警名称	告警含义	装置面板指示灯	对保护设备的影响	信号是否保持	现场运行时处理意见
通道一严重误码	纵联通道一误码率超过10−5告警	报警灯亮(本侧通道一差动功能投入时)通道一异常灯亮	保护装置接收不到正确数据就退出通道一差动保护,接收正常数据后自动投入通道一差动保护	自动恢复	检查通道一,主要是本侧接收−对侧发送这一条路由
通道一连接错误	通道一与通道二存在交叉连接,延时100ms发告警信号	报警灯亮(本侧通道一差动功能投入时)	不影响保护功能	自动恢复	检查通道一、通道二收、发尾纤是否存在交叉连接
通道一通道异常	通道一无有效帧或者识别码错	报警灯亮(本侧通道一差动功能投入时)通道一异常灯亮	保护装置接收不到正确数据就退出通道一差动保护,接收正常数据后自动投入通道一差动保护	自动恢复	检查通道一
通道一差动退出	保护启动后,若通道一出现误码或丢帧发告警信号	报警灯亮(本侧通道一差动功能投入时)	通道一差动保护退出	自动恢复	检查通道一
通道一长期有差流	通道一实际差流超过差动保护定值延时10s发告警信号	报警灯亮(本侧通道一差动功能投入时)	由"TA断线闭锁差动"控制字来决定是否闭锁差动保护	自动恢复	检查本侧或对侧TA回路
通道一补偿参数错	装置计算出的电容电流与实际通道一差动电流不符时发告警信号	报警灯亮(本侧通道一差动功能投入时)	通道一退出电容电流补偿功能	自动恢复	检查补偿参数定值是否与实际线路匹配
通道一TA变比失配	线路两侧TA一次额定值整定错误	报警灯亮	通道一差动保护退出	自动恢复	检查线路两侧TA一次额定值是否正确
通道一差动自环异常	线路两侧识别码整定相同且通道互换连接	报警灯亮	通道一差动保护退出	自动恢复	检查线路两侧识别码值整定是否正确
通道一两侧差动投退不一致	线路两侧通道一差动保护功能压板投退不一致	报警灯亮(本侧通道一差动功能投入时)通道一异常灯亮	通道一差动保护退出	自动恢复	检查线路两侧通道一差动保护压板状态
通道一同步异常	通道一两侧采样同步异常	报警灯亮(本侧通道一差动功能投入时)通道一异常灯亮	通道一差动保护退出	自动恢复	检查通道一
通道二无有效帧	纵联通道二在400ms内收不到对侧数据	报警灯亮(本侧通道二差动功能投入时)通道二异常灯亮	保护装置接收不到正确数据就退出通道二差动保护,接收正常数据后自动恢复	自动恢复	检查通道二,主要是本侧接收−对侧发送这一条路由

续表

告警名称	告警含义	装置面板指示灯	对保护设备的影响	信号是否保持	现场运行时处理意见
通道二识别码错	装置纵联通道二收到的识别码与定值中的对侧识别码定值不符	报警灯亮(本侧通道二差动功能投入时)通道二异常灯亮	保护装置接收不到正确数据就退出通道二差动保护,接收正常数据后自动投入通道二差动保护	自动恢复	检查通道二,主要是本侧接收–对侧发送这一条路由,同时检查识别码定值是否整定有误
通道二严重误码	纵联通道二误码率超过10–5告警	报警灯亮(本侧通道二差动功能投入时)通道二异常灯亮	保护装置接收不到正确数据就退出通道二差动保护,接收正常数据后自动投入通道二差动保护	自动恢复	检查通道二,主要是本侧接收–对侧发送这一条路由
通道二连接错误	通道二与通道一存在交叉连接,延时100ms发告警信号	报警灯亮(本侧通道二差动功能投入时)	不影响保护功能	自动恢复	检查通道二、通道一收、发尾纤是否存在交叉连接
通道二异常	通道二无有效帧或者识别码错	报警灯亮(本侧通道二差动功能投入时)通道二异常灯亮	保护装置接收不到正确数据就退出通道二差动保护,接收正常数据后自动投入通道二差动保护	自动恢复	检查通道二
通道二差动退出	保护启动后,若通道二出现误码或丢帧发告警信号	报警灯亮(本侧通道二差动功能投入时)	通道二差动保护退出	自动恢复	检查通道二
通道二长期有差流	通道二实际差流超过差动保护定值延时10s发告警信号	报警灯亮(本侧通道二差动功能投入时)	由"TA断线闭锁差动"控制字来决定是否闭锁差动保护	自动恢复	检查本侧或对侧 TA回路
通道二补偿参数错	装置计算出的电容电流与实际通道二差动电流不符时发告警信号	报警灯亮(本侧通道二差动功能投入时)	二差动功能投入时,通道二退出电容电流补偿功能	自动恢复	检查补偿参数定值是否与实际线路匹配
通道二 TA变比失配	线路两侧 TA 一次额定值整定错误	报警灯亮	通道二差动保护退出	自动恢复	检查线路两侧 TA 一次额定值是否正确
通道二差动自环异常	线路两侧识别码整定相同且通道互换连接	报警灯亮	通道二差动保护退出	自动恢复	检查线路两侧识别码值整定是否正确
通道二两侧差动投退不一致	线路两侧通道二差动保护功能压板投退不一致	报警灯亮	通道二差动保护退出	自动恢复	检查线路两侧通道二差动保护压板状态
通道二同步异常	通道二两侧采样同步异常	报警灯亮(本侧通道二差动功能投入时)通道二异常灯亮	通道二差动保护退出	自动恢复	检查通道二

续表

告警名称	告警含义	装置面板指示灯	对保护设备的影响	信号是否保持	现场运行时处理意见
同期电压采样出错	同期电压采样出现错误报警灯亮	报警灯亮	三相重合闸功能退出	自动恢复	更换 CPU 插件
定值区不一致	定值区切换把手与装置实际运行定值区不一致不影响保护功能	报警灯亮		自动恢复	通过切换把手完成切换后请通过面板确认

二、线路保护交流回路故障异常现象及分析

（一）交流电流回路故障异常现象及分析

在电流互感器带负荷运行中若发现三相电流不平衡较严重或某相无电流，可用在电流互感器端子箱处测量电流互感器各二次绕组各相对 N 端电压的方法判别相应电流回路是否有开路现象。在正常情况下电流互感器二次回路的负载阻抗很小，在负荷电流下所测得的电压也应较小，若有开路或接触不良现象则负载阻抗变大，在负荷电流下所测得的电压也应明显增大。若负载电流较大时，可用高精度钳形电流表分别在电流回路各环节测量电流值，检查是否有分流现象。必要时，用数字钳形相位表检查各相进入保护装置电流的相位是否是正相序、和同名相电压的夹角是否符合功率输送的方向。若在电流互感器带负荷运行中无法断定问题原因或查出大致原因后，需要对电流互感器停电对相关二次回路做进一步检查处理。在相关一次设备停电的情况下，检查电流回路的最基本方法——做电流回路的二次通电试验，即在电流互感器二次绕组桩头处或电流互感器端子箱处按 A、B、C 相分别（或同时但三相不同值）向线路保护装置通入电流，看相关保护装置显示电流的大小及相位是否相同。

若保护装置显示电流值无或小大不等，但保护装置入口处用高精度钳形电流表能测得和所加电流一致的值，证明保护装置的相应采样回路有异常。可用更换同型号交流插件的方法予以验证。

若保护装置显示电流值虽和所加电流值一致但和所加相别不一致，证明电流回路有串相现象存在；若保护装置显示电流值虽和所加电流值一致但和所加相位不一致，可能是保护装置电流引线头尾接反。若相关保护装置能显示相同的电流及相位值，则要电流互感器二次绕组桩头处或电流互感器端子箱处断开下接的二次回路，用做电流互感器伏安特性的方法，向电流互感器二次绕组通电以检查问题是否出自电流互感器二次绕组及其至二次绕组桩头处或电流互感

器端子箱处的接线。加单相电流，若保护装置采样到的自产 $3I_0$ 和外接 $3I_0$ 不一致，应查零序回路是否有分流。

若保护装置显示无电流值可能为电流回路开路，用数字万用表分别从保护装置背板电流端子开始在电流回路各环节测量电阻值，可以检查出开路大致的地点。具体可能是：

（1）电流互感器二次绕组出线桩头内部引线松动或外部电缆芯未拧紧。

（2）电流互感器二次端子箱内端子排上接线接触不良或接错挡。

（3）保护屏上电流端子接线接触不良或接错挡。

（4）保护机箱背板电流端子接线接触不良或接错线。

（5）保护电流插件内电流端子接线接触不良或接错线。

（6）有电流互感器二次绕组极性错误或保护内小电流互感器引线头尾接反，三相电流不对称度较严重。

若保护装置显示的电流值明显较小可能是有分流现象，用高精度钳形电流表分别在电流回路各环节测量电流值，可以检查出分流大致的地点。交流电流回路有短接或分流现象，具体可能是：

（1）保护装置前某处电流互感器二次回路接线间有受潮的灰尘等导电异物。

（2）保护装置前某处电流互感器相线绝缘破损，有接地现象，和电流互感器二次原有的接地点形成回路。

（二）交流电压回路故障异常现象及分析

在压变带负荷运行中若发现三相电压不平衡较严重、某相无电压或三相无电压，可在本线路保护屏的接入电缆端子排处测量进入线路保护屏压变二次各相对 N 及相间电压的方法判别进入电压回路是否有异常现象。若进入的电压不正常则要在压变二次接线桩头或二次端子箱至接入线路保护屏端子间查找，按压变电压二次回路的连接采用逐级测量电压的方法，查找出产生电压不平衡、某相无压或三相无压的原因。

若在压变带负荷运行中引入本线路保护屏的接入电缆端子排处测量进入线路保护屏压变二次各相对 N 及相间电压的方法判别进入电压回路正常，本线路保护屏电压切换回路包括线路隔离开关辅助触点也正常，则需要对线路保护屏停用以便对相关二次回路做进一步检查处理。

在线路保护屏停用的情况下，检查线路保护电压回路的最基本方法——做电压回路的二次加压试验，即在进入线路保护屏的压变电压端子排处按 A、B、C 相分别（或同时但三相不同值）向线路保护装置通入一定量及相位的电压，看相关保护装置显示电压的大小及相位是否相同。

（1）若保护装置显示的电压值明显较小可能是有接线处接触不良现象，用数字万用表分别在电压回路各环节测量电压值，可以检查出接线处接触不良大致的地点。

（2）若保护装置显示无电压值可能为电压回路开路，用数字万用表分别从保护装置背板电压端子开始在电压回路各环节测量电阻值，可以检查出开路大致的地点。交流电压回路压变二次回路开路，具体可能是：

1）压变二次绕组出线桩头内部引线松动或外部电缆芯未拧紧。

2）压变二次端子箱内端子排上接线接触不良或接错挡。

3）压变二次端子箱内总空开接点接触不良或接线接触不良。

4）保护屏上电压端子接线接触不良或接错挡。

5）保护屏上压变电源空开接点接触不良或接线接触不良。

6）保护机箱背板电压端子接线接触不良或接错线。

7）保护电压插件内电流端子接线接触不良或接错线。

8）有压变二次绕组极性错误，三相电压不对称。

9）若有压变电压切换、并列回路还可能是相关继电器接点、线圈或接线问题。

若保护装置显示无电压值或电压值小大不正确，但保护装置入口处用电压表能测得和所加电压一致的值，证明保护装置的相应采样回路有异常。可用更换同型号交流或 CPU 等相关插件的方法予以验证。若保护装置显示电压值虽和所加电压值一致但和所加相别不一致，证明电压回路有串相现象存在；若三相同时加入幅值不等的正序电压，保护反映的各相电压采样值和所加的不相等且之间相位混乱，则可能是电压 N 线有开路或接线接触不良。

交流电压回路有短接引起压变空开跳闸现象，具体可能是：

1）某处压变二次回路接线间有受潮的灰尘等导电异物，引起短路。

2）某处压变相线绝缘破损，有接地现象。

3）引入线路保护装置的两段母线二次电压接线不正确，保护切换电压时异相并列等。

4）运行压变通过二次回路向停电的母线压变反充电。

三、线路保护开入回路故障异常现象及分析

（1）投入任何保护功能压板或开关三相全部在分闸位置等，相应开入量全部显示为"0"不变为"1"，可能的原因是：

1）光耦正电源"24V 光耦＋"104 端子接触不良。

2）光耦正电源"24V 光耦＋"至 1D64 接线断线或至保护背板 614 端子断线。

3）光耦负电源"24V 光耦－"端子 105 接触不良。

4）光耦负电源"24V 光耦－"至保护背板 615 端子断线。

5）保护装置内 24V 光耦电源异常。

6）该开入量接入保护装置端子接触不良。如投入主保护压板 1LP18，保护装置中"主保护投入"开入量不能从"0"变为"1"，则可能是保护背板 605 端子接触不良。

7）该开入量接入保护装置的相关回路异常。如断路器 A 相在分闸位置，保护装置中"A 相分闸位置"开入量不能从"0"变为"1"，可能是"24V 光耦＋"至 4D64 接线或 4D65 至 1D54 接线有异常，也可能是操作箱中 TWJa 接点异常等。

8）保护装置内相关的光耦损坏等。

（2）未投入某一保护功能压板或开关三相全部在合闸位置等，某开入量显示为"1"，可能的原因是：

1）该开入量实际被短接。如断路器 A 相在合闸位置，保护装置中"A 相分闸位置"开入量为"1"，可能是 4D64、4D65 端子间爬电，也可能是 TWJa 接点黏连未打开。

2）保护装置内相关的光耦损坏等。

（3）对于开入量不能从"0"变为"1"。先用万用表确认保护装置内 24V 光耦电源正常（如果不正常则更换相关电源插件）且已由 1 号插件（电源插件）引至 6 号插件（光耦插件），以此排除所有开入量不能从"0"变为"1"的问题；再用光耦正电源点通不能从"0"变为"1"的开入量尽量靠近保护装置的接线端子，若该开入量此时能从"0"变为"1"，则为该开入量外回路接线有异常，按照相关回路用光耦正电源逐点点通，直至该开入量不能从"0"变为"1"时，则可判断出异常点的位置；若该开入量此时不能从"0"变为"1"，则为该开入量内部接线有误或光耦损坏。比如开关三相全部在分闸位置，保护装置中"A 相分闸位置"开入量不能从"0"变为"1"，可用短接线一头接在保护背板"104"端子"24V 光耦＋"电上，另一头点通 1D54 端子，若该开入量此时能从"0"变为"1"，再依次去点通 4D65、4D64、1D46，如在点通时"A 相分闸位置"开入量能从"0"变为"1"而点通 4D65 时不能，则可大致确定问题出在 1D46、4D65 之间的回路上。

（4）对于开入量异常从"0"变为"1"。拆开异常从"0"变为"1"的开入量尽量靠近保护装置的接线端子，若该开关量仍然保持为"1"，则为该开入量内部接线有误或光耦损坏；若该开关量变为"0"，则为该开入量外回路接线有异常，拆开应断开接点的外部连线，若该开入量从"1"变为"0"，则表明异常之处在此，可在断电后测量该接点的通断以确定其是否黏连。若该接点正常，则按照相关回路逐点拆开，直至该开入量从"1"变为"0"，以此则可判断出异常点的位置。比如开关三相全部在合闸位置，保护装置中"A 相分闸位置"开入量不能从"1"变为"0"，先拆开 1D54 至保护装置背板 622 端子的连线，检查光耦是否损坏；然后拆开 4D65、4D64 至操作箱背板的连线测量 TWJa 接点是否黏连；若"A 相分闸位置"开入量仍不能为"0"，则逐点拆开 TWJa 接点后的 1D54、4D65 等相关点，如在拆开 4D65 时"A 相分闸位置"开入量能从"1"变为"0"而拆开 1D54 时不能，则可大致确定问题出在 4D65、1D54之间的回路上。

四、线路保护操作回路故障异常现象及分析

线路保护操作回路包括出口跳合闸回路和断路器控制回路等。

1. 保护出口跳合闸回路的故障异常现象及分析

如果断路器手动（包括遥控）分、合闸正常但保护动作跳、合闸不正常，有以下几种情况：

（1）保护发某相单跳令时，该相断路器不跳。可能的原因是该相跳闸压板未投或接触不良；跳闸压板到保护端子或端子排的引线接触不良；保护端子排到操作箱回路的端子引线有问题；保护装置出口三极管坏或分相跳闸继电器线圈断线、接点接触不良等。

（2）保护发某相单跳令时，该相断路器不跳而其他一相断路器跳。可能的原因是分相跳闸输出引线有交叉现象，如线路保护出口回路图中，若保护发跳A 相令而跳了 B 相断路器，则可能是 1D70 和 1D71 引线接反或至操作箱回路的端子引线接反。此时如另一套保护接线正确，A、B 相断路器同时跳，在单重方式下，重合闸就会不动作。

（3）保护发三相跳令时，某相断路器不跳。可能的原因是该相跳闸压板未投或接触不良；跳闸压板到保护端子或端子排的引线接触不良；保护端子排到操作箱回路的端子引线有问题；保护装置出口三极管坏或分相跳闸继电器线圈断线、接点接触不良等。

（4）保护发出重合闸令，断路器未合闸，可能的原因是重合闸压板未投或接触不良；重合闸压板到保护端子或端子排的引线接触不良；保护端子排到操

作箱回路的端子引线有问题；保护装置出口三极管坏或重合闸继电器线圈断线、接点接触不良等。

2. 断路器控制回路的故障异常现象及分析

断路器控制回路是运行中经常出现异常的回路。断路器本身的辅助转换开关、跳合闸线圈、液压机构或弹簧储能机构的控制部分，以及断路器控制回路中的控制把手、灯具及电阻、单个的继电器、操作箱中的继电器、二次接线等部分，由于运行中的机械动作、振动以及环境因素，都会造成控制回路的异常。

断路器控制回路主要的异常有以下五种。

（1）断路器辅助开关转换不到位导致的控制回路断线。断路器分闸后，如果断路器辅助开关转换不到位，将导致合闸回路不通，合闸跳闸位置继电器不能动作；断路器合闸后，如果断路器辅助开关转换不到位，将导致分闸回路不通，分闸跳闸位置继电器不能动作。在这两种情况下，控制回路中合闸位置继电器、分闸位置继电器都不能动作，发"控制回路断线"信号。

在某些断路器合闸或跳闸回路中、合闸继电器或跳闸继电器线圈带电后，将形成自保持回路，直到断路器完成合闸或跳闸操作，断路器辅助开关正确转换后，断开合闸或跳闸回路，该自保持回路才能复归。如果断路器辅助开关转换不到位，在断路器已合上后合闸、跳闸回路中串接的辅助开关触点未断开，合闸或跳闸回路中将始终通入合闸、跳闸电流，最终将导致断路器合闸、跳闸线圈烧毁或合闸、跳闸继电器线圈或回路中的触点烧毁。

（2）断路器内部压力闭锁触点动作不正确。断路器液压机构压力闭锁触点、弹簧储能机构未储能闭锁触点、SF_6压力闭锁触点动作不正确造成的断路器控制回路异常所。

断路器液压机构压力闭锁触点，按照机构压力从高到低依次闭合的顺序为停泵、启泵、闭锁重合闸、闭锁合闸、闭锁操作。当机构压力不能满足一次"跳闸—合闸—跳闸"时，"闭锁重合闸"动作，闭锁重合闸，如果该触点误动作，将导致重合闸误闭锁；如果该触点不能正确闭合，当机构压力低时线路发生故障，本应闭锁的重合闸未闭锁，此时如果线路是永久故障，可能导致断路器重合后因机构压力不足不能正常跳开。当机构压力不能满足一次"跳闸—合闸"时，"闭锁合闸"触点动作，如果该触点误动作，将导致断路器合闸回路不通，不能合闸；如果该触点不能正确闭合，将导致机构压力低时断路器因机构压力不足不能正确合闸，或是手合于故障线路时，断路器不能正确跳开。当机构压力不能满足一次"跳闸"时，"闭锁操作"触点动作，如果该触点误动作，将闭锁断路器的跳闸或合闸回路，断路器不能跳闸或合闸，如果该触点不能正确闭合，将导致断路器因机构压力不足不能正常跳闸或合闸，或是手合或重合于故障线路时，断路器不能正确跳开。

弹簧储能机构在每次合闸后进行储能，其能量保证一次断路器完成一次"跳闸—合闸—跳闸"过程。断路器合闸后，如果机构未能正常储能，断路器还可以完成一次"跳闸—合闸—跳闸"过程。当未储能误闭锁合闸回路后，将导致断路器合闸回路不通，不能合闸；同时可能发"控制回路断线"信号。当未储能不能正确闭锁合闸回路时，断路器不能正确合闸，同时可能因为未发"控制回路断线"信号，失去提前消除缺陷的机会。

在某些断路器合闸或跳闸回路中、合闸继电器或跳闸继电器带有自保持功能的回路中，如果液压机构中"闭锁合闸"触点、"闭锁操作"触点或者弹簧储能机构未储能触点未能正确闭锁断路器的合闸或跳闸回路，断路器因机构压力不足或能量不足不能完成跳闸、合闸操作，断路器辅助开关不能转换，合闸或跳闸回路中将始终通入合闸、跳闸电流，最终将导致断路器合闸、跳闸线圈烧毁或合闸、跳闸继电器线圈或触点烧毁。

当机构 SF_6 压力不足时，将闭锁跳闸和合闸回路。如果"SF_6 压力低闭锁操作"触点误动作，断路器合闸和跳闸回路不通，断路器不能操作。当 SF_6 压力低不能满足操作要求而"SF_6 压力低闭锁操作"触点不能正确动作时，如果对断路器进行合闸或分闸操作，可能会使断路器不能正确灭弧，从而导致断路器损坏。

（3）断路器控制回路继电器损坏造成的控制回路异常。断路器控制回路中的继电器主要包括位置继电器、压力闭锁继电器、跳闸继电器、合闸继电器、防跳跃继电器等。

当位置继电器发生异常时，将导致回路中红灯或绿灯不亮、误发"控制回路断线"信号，或是在控制回路断线时不能正确发"控制回路断线"信号。因为保护中一般通过接入位置继电器触点来判断断路器位置，当位置继电器发生异常时，可能误启动重合闸，或是误启动三相不一致保护。

当压力闭锁继电器发生异常时，其现象与对应的机构压力闭锁触点异常时现象、危害相似。

当串接在跳闸、合闸回路中的跳闸、合闸继电器发生触点不通或线圈断线等异常时，将导致断路器不能正确分闸或合闸。如果串接在跳闸、合闸回路中触点发生黏连，将导致断路器合上之后立即跳开或是跳开之后立即合上。

防跳继电器的作用是当手合故障或重合于故障且重合闸接点黏死时，防止因外部始终有合闸命令，断路器跳开后再次合上、跳开，并持续合上、跳开的过程。当外部有合闸命令时，因此时防跳跃未动作，继电器动断触点依然闭合，断路器合闸；如果合于故障，保护动作，防跳跃继电器电流线圈中有电流流过，继电器动作；如果此时外部的合闸命令没有消失，防跳跃继电器的一副触点使继电器电压线圈带电，继电器在断路器跳开、防跳跃继电器电流线圈试点后依然保持动作后状态，同时其串接于合闸回路中的动断触点打开，断开合闸回路，防止断路器再次合闸。当外部合闸命令消失后，继电器才能返回。当该继电器不能正确动作、与电压线圈串接的触点不能闭合、与断路器合闸线圈串联的动断触点不能打开时，将失去断路器的防跳跃功能；如果动断触点损坏，不能闭合，断路器不能进行合闸操作。如果继电器的电流线圈断线，将使断路器不能分闸。

（4）控制把手、灯具或电阻等元件损坏造成的控制回路异常。在常规的控制回路中，控制把手的一副触点用于合闸，一副触点用于分闸，两副触点串联后再与断路器辅助开关的动断触点串联用于事故后启动事故音响，同时还有用于启动重合闸充电回路的触点。当这些触点发生异常时，会导致相应的异常。

在常规的控制回路中，灯具与电阻串联后再与控制把手的合闸或分闸触点并联。如果灯具或电阻发生断线，灯具不亮，不能正确地指示断路器位置；如果接至断路器合跳闸线圈一侧发生接地，可能会使断路器误跳闸或合闸。

（5）由于二次接线接触不良或短路、接地造成的控制回路异常。二次接线原因造成控制回路异常的也较多。其中包括二次接线端子松动、端子与端子间绝缘不良或者误导通、导线绝缘层损坏等。

3. 保护出口跳合闸回路的故障异常现象及分析

（1）对于保护发某相单跳令时，该相断路器不跳，用一根导线，一头接控制正电源，一头按相应的跳闸回路逐点点通，当点通的相邻两点一点能跳闸、另一点不能时，则问题就在这两点之间。若回路查不出问题则可在有跳闸令时用万用表测量对应的跳闸接点两端的电压，若接点及其引出线良好则电压应从接近直流操作电源额定电压降至零；也可以跳闸接点两端接线拆开，在有跳闸令时用万用表直接测量对应的跳闸接点的通断；以此来确定保护装置内部跳闸体系的完好。

（2）对于保护发某相单跳令时，该相断路器不跳而其他一相断路器跳，只要根据现象核对接线，即可发现并解决问题。

（3）对于保护发三相跳令时，某相断路器不跳，解决方法同（1）。

（4）对于保护发出重合闸令，断路器未合闸，用一根导线，一头接控制正电源，一头按相应的合闸回路逐点点通，当点通的相邻两点一点能合闸、另一点不能时，则问题就在这两点之间。若回路查不出问题则可在有合闸令时用万用表测量对应的合闸接点两端的电压，若接点及其引出线良好则电压应从接近直流操作电源额定电压降至零；也可以合闸接点两端接线拆开，在有合闸令时用万用表直接测量对应的合闸接点的通断；以此来确定保护装置内部合闸体系的完好。

4. 断路器控制回路的故障异常现象及分析

（1）手动或遥控合闸，断路器合不上。开关在分位时，发控制断线信号。这种情况表明跳闸位置继电器尾端后面的回路有问题，即合闸回路不完好，可检查断路器的压力是否正常、合闸线圈是否完好、断路器辅助接点、断路器防跳继电器接点是否接触良好、远方/就地转换开关位置是否切至远方（若在远方其接点接触是否良好）、相互之间的连接线是否良好、保护屏至断路器操动机构控制负电源和合闸电缆芯接线是否良好等。

开关在分位时，跳闸位置继电器动作，未发控制断线信号。这种情况先用控制正电源跨接手合或遥合接点，若断路器可以合上则反映手合或遥合接点不好或其引入保护屏的回路接线不通；若断路器不能合上则要检查手合继电器 1SHJ 线圈是否断线、其接点接触是否良好、相关接线是否良好等。

（2）手动或遥控分闸，断路器分不掉。开关在合位时，发控制断线信号。这种情况表明合闸位置继电器尾端后面的回路有问题，即分闸回路不完好，可检查断路器的压力是否正常、分闸线圈是否完好、断路器辅助接点、远方/就地转换开关位置是否切至远方（若在远方其接点接触是否良好）、相互之间的连接线是否良好、保护屏至断路器操动机构控制负电源和分闸电缆芯接线是否良好等。

开关在合位时，分闸位置继电器动作，未发控制断线信号。这种情况先用控制正电源跨接手分或遥分接点，若断路器可以分开则反映手分或遥分接点不好或其引入保护屏的回路接线不通；若断路器不能分开则要检查手跳继电器 1STJ 及 STJa、STJb、STJc 线圈是否断线、其接点接触是否良好、相关接线是否良好、保护防跳继电器线圈是否断线等。

（3）保护发控制断线信号，但手动或遥控分合闸正常。开关在分位时，发控制断线信号。这种情况主要检查跳闸位置继电器本身有无问题，方法是测量跳闸位置继电器两端有无电压，若有则跳闸位置继电器断线或接点不好。

开关在合位时，发控制断线信号。这种情况先检查合闸位置继电器本身有无问题，方法是测量合闸位置继电器两端有无电压，若有则合闸位置继电器断线或接点不好。

（4）重合闸不动作。除了保护出口跳合闸回路的问题外，重合闸运行时充电完毕，该动作而没有动作，分为以下两种情况：

1）重合闸已动作而断路器没重合。这种情况主要考虑回路问题，检查重合闸继电器 ZHJ 线圈、接点及其相关回路接线是否完好等。

2）重合闸未动作。这种情况主要考虑保护动作跳断路器时，使重合闸放电闭锁了重合闸，比如跳闸位置继电器光耦和闭锁重合闸光耦输入端被短接等；或是引入保护开关量跳位继电器接点或其回路不通等。

 习　题

断路器控制回路主要的异常有哪几种？（4 种及以上）

第五节　同杆架设线路由于 TA 饱和导致非故障线保护误动案例分析

一、案例概述

某地区 220kV 乙线区外故障保护误动

（1）220kV M 变电站至 220kV N 变电站甲线路发生 A 相永久故障，两侧线路保护动作，开关 A 相跳开，重合于 ACN 故障后开关三跳，故障时序如图 1−17 所示。同时同杆架设的乙线第一套 PRS753S（深瑞）两侧差动保护动作，开关 A 相跳开并重合成功，第二套保护 PSL603（南自）未动作。

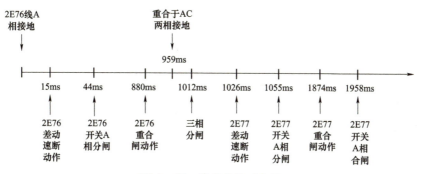

图 1−17　甲线故障时序图

线路两侧 TA 变比：N 侧 1250/5，M2500/1。

（2）某地区 220kV 丙线区外故障保护误动。某地区 220kV K 变电站至 220kV L 变电站丙线 C 相永久性故障，两侧线路保护动作，开关 C 相跳开，重合失败后开关三跳；同时，220kV K 变电站至 220kV L 变电站丁线两侧线路保护 CSC103（四方）主保护动作，开关 C 相跳开，WXH803（许继）保护未动，开关重合成功。

二、案例分析

（一）保护动作行为分析

调取上述案例的故障录波波形图 1–18 和图 1–19 分析。

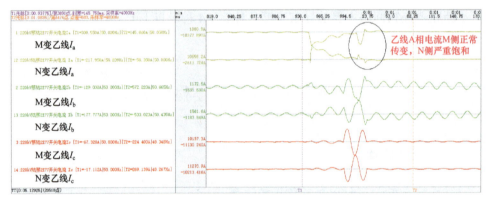

图 1–18　乙线波形

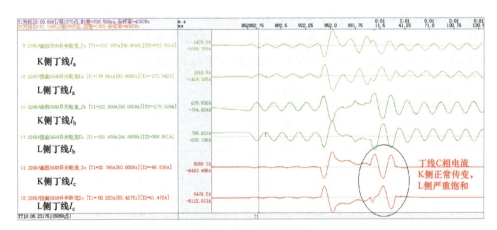

图 1–19　丁线波形

从以上两个案例的录波中可以发现，在故障线路两侧开关的重合闸过程中，相邻非故障线路的故障电流类似，经历 4 个过程，如下所示。

过程 1：如图 1-20 所示，故障线路的一侧开关 QF1 先合闸，非故障线路 TA3、TA4 流过很大电流。

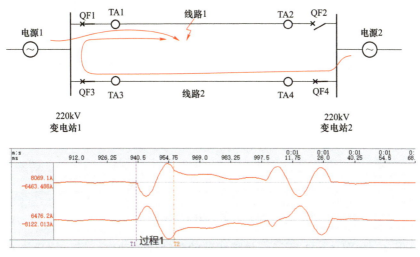

图 1-20　故障过程 1

过程 2：如图 1-21 所示，故障线路的另一侧开关 QF2 紧接着合闸，非故障线路电流突变产生直流分量。

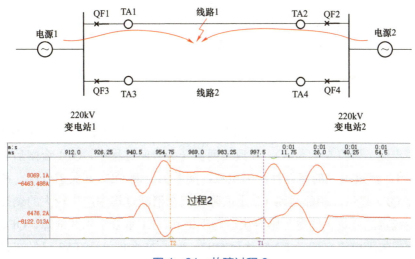

图 1-21　故障过程 2

过程 3：如图 1-22 所示，故障线路的差动保护动作，一侧开关 QF1 先分闸，非故障线路 TA3、TA4 流过很大反转电流，变比小的 TA 出现饱和，非故障线路保护启动。

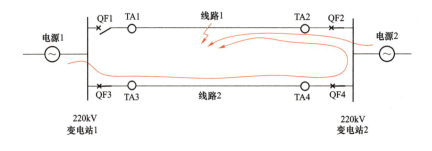

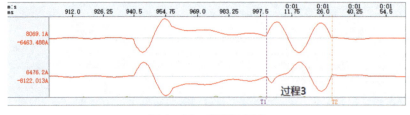

图 1-22　故障过程 3

过程 4：如图 1-23 所示，故障线路的差动保护动作，另一侧开关 QF2 后分闸，故障隔离。

图 1-23　故障过程 4

从上述过程可以看出，故障线路在重合闸过程中两侧开关 QF1 和 QF2 分合闸不同步性（相差 5～15ms），导致在两侧开关合闸过程中，QF1 合闸后相邻平行线路 L2 流过很大的穿越性故障电流，随着另一侧 QF2 开关重合闸，故障电流改经 QF2 提供，相邻线路 L2 上故障电流在消减过程中产生较大的剩磁，并结合系统直流分量，使得互感器快速趋于饱和。L1 重合于永久故障，QF1 先行跳开后，故障电流立即经 L2 转移至 QF2。由于 N 变电站侧 TA3 已经在直流分量的作用下运行于饱和点附近，并且由于负荷电流小无法进行消磁，再次流经故障电流后发生暂态饱和。

对两个案例的 TA 特性进行调研，其中 N 变电站 1250/5 的 TA 拐点电压约为 400V，M 变电站 2500/1 的为 1600V；L 变电站 1250/5 的 TA 拐点电压约为

400V、K 变电站 2500/1 的为 1600V。

（二）互感器饱和原理分析

TA 在传变电流的过程中，需要消耗小部分电流用于对铁芯的激磁，铁芯磁化后方可在 TA 的二次绕组中产生感应电动势及感应电流。在一定的条件下，铁芯磁通与励磁电流呈线性关系，但由于铁芯的磁饱和特性，在一定程度后，铁芯磁通不再增加，而励磁电流快速升高，此时引起二次负载电流发生畸变，称为互感器饱和，该点称为"拐点"。在相同的故障电流情况下，拐点电压越低，互感器越容易发生饱和。值得注意的是，对于大变比 TA 和 1A 制 TA，由于励磁电抗较大，TA 二次空载伏安特性较好。

互感器等值电路如图 1-24 所示。

图 1-24 中，I_1' 为折算至二次侧的一次电流，R_1'、X_1' 为折算到二次侧的一次漏阻抗，I_2 为二次电流，R_2、X_2 为二次漏阻抗，I_0 为 TA 励磁电流，R_{fh}、X_{fh} 为负载阻抗。

图 1-25 为典型的互感器伏安特性曲线，其中横坐标为励磁电流 I，纵坐标为二次端口电压 U，U_0、I_0 分别为拐点电压和对应的励磁电流。

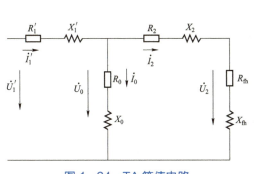

图 1-24　TA 等值电路

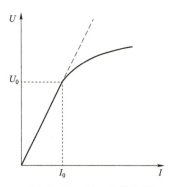

图 1-25　TA 伏安曲线

引起互感器饱和的原因与一、二次电流，二次负载，互感器伏安特性，剩磁大小等因素密切相关。其中互感器的伏安特性与铁芯结构、铁磁材料相关。

（三）P 类电流互感器稳态性能验算方法

在基建阶段互感器选型或者电网结构发生较大变化时需对互感器特性进行校核，参见 DL/T 866—2015《电流互感器和电压互感器选择及计算规程》。

稳态性能验算方法主要包括一般方法、极限电动势法、曲线法三种。低漏磁特性电流互感器可通过一般方法或极限电动势法验算。

一般方法：

$$K_{\text{alf}} > KK_{\text{pcf}}$$

式中　K_{alf}——准确限值系数；

　　　K_{pcf}——保护校验系数（校验短路电流与额定一次电流比值）；

　　　K——给定暂态系数（暂态饱和影响系数）。

$$S_{\text{bn}} > S_{\text{b}}$$

式中　S_{bn}——电流互感器额定二次负载容量；

　　　S_{b}——电流互感器实际二次负载容量。

极限电动势法（低漏磁特性）：

$$\frac{K_{\text{alf}} I_{\text{sn}}(R_{\text{ct}} + R_{\text{bn}})}{KK_{\text{pcf}} I_{\text{sn}}(R_{\text{ct}} + R_{\text{b}})} > 1 \text{ 或 } \frac{K_{\text{alf}}(R_{\text{ct}} + R_{\text{bn}})}{KK_{\text{pcf}}(R_{\text{ct}} + R_{\text{b}})} > 1$$

式中　R_{b}——电流互感器实际二次负载电阻（根据接线方式和短路形式不同考

　　　　　虑换算系数，例如星形接线单相短路时电缆阻抗换算系数取 2，

　　　　　参见 DL/T 866—2015《电流互感器和电压互感器选择及计算规

　　　　　程》）；

　　　R_{bn}——电流互感器额定二次负载电阻；

　　　R_{ct}——电流互感器二次绕组电阻；

　　　I_{sn}——电流互感器额定二次电流。

若电流互感器二次绕组内阻可忽略（$R_{\text{ct}} = 0$），上式可简化为

$$\frac{K_{\text{alf}} R_{\text{bn}}}{KK_{\text{pcf}} R_{\text{b}}} > 1 \text{ 或 } \frac{K_{\text{alf}} S_{\text{bn}}}{KK_{\text{pcf}} S_{\text{b}}} > 1$$

甲线单相接地故障实际流入故障点的电流 34kA，丙线单相接地故障实际流入故障点的电流为 22kA。对案例中线路两侧互感器进行校核如下：

（1）乙线。N 侧 1250/5：

$$K_{\text{alf}} = 30, \quad KK_{\text{pcf}} = 1.5 \times \frac{32}{1.2} = 40$$

$$S_{\text{bn}} = 50, \quad S_{\text{b}} = 25 \times 2 = 50$$

$$\frac{K_{\text{alf}} S_{\text{bn}}}{KK_{\text{pcf}} S_{\text{b}}} = 30 \times \frac{50}{40 \times S_{\text{b}}} < 1$$

可见，采用两种方法对 N 侧互感器的校验结果均不满足要求。

M 侧 2500/1：

$$K_{\text{alf}} = 30, \quad KK_{\text{pcf}} = 1.5 \times \frac{32}{2.5} = 19.2$$

$$S_{bn} = 15, \ S_b = 1 \times 2 = 2$$

可见，M 侧互感器校验结果满足要求。

（2）丁线。L 侧 1250/5：

$$K_{alf} = 30, \ KK_{pcf} = 1.5 \times \frac{22}{1.2} = 27.5$$

$$S_{bn} = 50, \ S_b = 25 \times 1.6 = 40$$

可见，L 侧互感器校验结果勉强满足要求。

K 侧 2500/1：

$$K_{alf} = 20, \ KK_{pcf} = 1.5 \times \frac{22}{2.5} = 13.2$$

$$S_{bn} = 5, \ S_b = 1 \times 1.6 = 1.6$$

可见，K 侧互感器校验结果满足要求。

（四）TA 局部暂态饱和的特点

在正常负荷电流时，TA 工作区域在原点附近，电流基本能够正确传变。而在外部线路重合闸于故障时，若非故障线路 TA 的剩磁系数较大，系统故障电流中产生的非周期分量会使得磁通增加并不断向饱和点靠近，虽然负荷电流中反向的电流部分有去磁作用，但无法使得 TA 完全退出饱和。不同工况下 TA 的工作区域如图 1-26 所示。

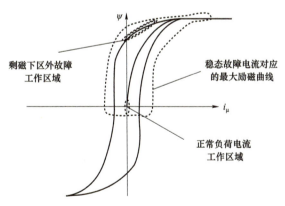

图 1-26 TA 在各种工况下励磁特性的工作区域

在线路区外故障过程中，TA 运行特性变化的过程如图 1-27 所示。整个过程与剩磁、二次时间常数、故障电流大小相关，各项越小则影响程度越低，从这两个案例中可以得到验证。

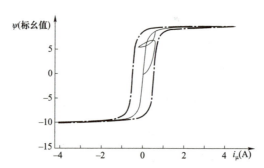

图 1-27　故障过程中 TA 铁芯的动态磁化过程

三、措施及建议

（1）此类故障的根本原因是 P 级互感器在线路故障电流突变时的剩磁于系统直流分量叠加作用下，导致互感器运行趋于饱和点，而小的负荷电流无法消磁。当互感器短时内再次流过大的故障电流时，在助磁作用下互感器快速饱和。在电流突变时间随机、剩磁不确定的情况下，降低二次侧额定电流将有助于改善电流饱和的程度和持续时间。

（2）对本报告中两个案例的互感器进行校核，发现其中 1250/5 互感器均不满足要求，建议予以更换或调整变比。

（3）根据各厂家对本次故障的回放和分析结果，基本上九统一的版本对区外故障抗饱和特性较好，在本案例严酷的饱和波形中未发生误动，建议相关厂家对于早期的线路保护版本进行升级。

第二章
变压器保护原理、调试和故障处理

第一节　220kV 变压器微机保护配置

学习目标

掌握 220kV 变压器微机保护典型配置。

知识点

变压器微机保护的配置可分为主保护、后备保护及不正常运行保护。

一、220kV变压器微机保护主保护配置

（1）差动保护：通常包含差动速断保护、纵联差动保护、工频变化量比率差动、零序电流比率差动。

（2）非电量保护：通常包含本体瓦斯保护、有载调压瓦斯保护、压力保护。

二、220kV变压器微机保护后备保护配置

（1）复合电压闭锁方向过流保护。

（2）零序方向过流保护。

（3）零序过压及间隙零序过流保护。

三、220kV变压器微机保护不正常运行保护配置

过负荷报警；启动冷却器；过负荷闭锁有载调压；零序电压报警；公共绕

组零序电流报警；差流异常报警；零序差流异常报警；差动回路 TA 断线；TA 异常报警和 TV 异常报警、温度及油位保护、冷控失电保护等。

220kV 电压等级变压器保护具体功能配置见表 2－1。

表 2－1　　　　　220kV 电压等级变压器保护具体功能配置表

类别	序号	功能描述	段数及时限	说明	备注
主保护	1	差动速断	—		
	2	纵差保护	—		
	3	故障分量差动保护	—		自定义
高后备	4	相间阻抗保护	Ⅰ段3时限		选配D
	5	接地阻抗保护	Ⅰ段3时限		选配D
	6	复压过流保护	Ⅰ段3时限 Ⅱ段3时限 Ⅲ段2时限	Ⅰ段、Ⅱ段复压可投退、方向可投退、方向指向可整定 Ⅲ段不带方向，复压可投退	
	7	零序过流保护	Ⅰ段3时限 Ⅱ段3时限 Ⅲ段2时限	Ⅰ段、Ⅱ段方向可投退、方向指向可整定 Ⅲ段不带方向 Ⅰ段、Ⅱ段、Ⅲ段过流元件可选自产或外接	
	8	间隙过流保护	Ⅰ段1时限		
	9	零序过压保护	Ⅰ段1时限	零序电压可选自产或外接	
	10	失灵联跳	Ⅰ段1时限		
	11	过负荷保护	Ⅰ段1时限	固定投入	
中后备	12	相间阻抗保护	Ⅰ段3时限		选配D
	13	接地阻抗保护	Ⅰ段3时限		选配D
	14	复压过流保护	Ⅰ段3时限 Ⅱ段3时限 Ⅲ段2时限	Ⅰ段、Ⅱ段复压可投退、方向可投退、方向指向可整定 Ⅲ段不带方向，复压可投退	
	15	零序过流保护	Ⅰ段3时限 Ⅱ段3时限 Ⅲ段2时限	Ⅰ段、Ⅱ段方向可投退、方向指向可整定 Ⅲ段不带方向 Ⅰ段、Ⅱ段、Ⅲ段过流元件可选自产或外接	
	16	间隙过流保护	Ⅰ段2时限		
	17	零序过压保护	Ⅰ段2时限	零序电压可选自产或外接	
	18	失灵联跳	Ⅰ段1时限		
	19	过负荷保护	Ⅰ段1时限	固定投入	
低1后备	20	复压过流保护	Ⅰ段3时限 Ⅱ段3时限	Ⅰ段复压可投退、方向可投退、方向指向可整定 Ⅱ段不带方向，复压可投退	

续表

类别	序号	功能描述	段数及时限	说明	备注
低1后备	21	零序过流保护	Ⅰ段2时限	固定采用自产零序电流	选配J
	22	零序过压告警	Ⅰ段1时限	固定采用自产零序电压	
	23	过负荷保护	Ⅰ段1时限	固定投入 取低压1分支和低压2分支和电流	
低2后备	24	复压过流保护	Ⅰ段3时限 Ⅱ段3时限	Ⅰ段复压可投退、方向可投退、方向指向可整定 Ⅱ段不带方向，复压可投退	
	25	零序过流保护	Ⅰ段2时限	固定采用自产零序电流	选配J
	26	零序过压告警	Ⅰ段1时限	固定采用自产零序电压	
接地变	27	速断过流保护	Ⅰ段1时限		选配J
	28	过流保护	Ⅰ段1时限		
	29	零序过流保护	Ⅰ段3时限 Ⅱ段1时限	固定采用外接零序电流	
低1电抗	30	复压过流保护	Ⅰ段2时限		选配E
低2电抗	31	复压过流保护	Ⅰ段2时限		选配E
公共绕组	32	零序过流保护	Ⅰ段1时限	自产零序和外接零序"或"门判别	选配G
	33	过负荷保护	Ⅰ段1时限	固定投入	
选配功能	34	220kV 变压器	T2		
	35	高、中压侧阻抗保护	D		
	36	低压侧小电阻接地零序过流保护，接地变后备保护	J		
	37	低压侧限流电抗器后备保护	E		
	38	自耦变（公共绕组后备保护）	G		
	39	220kV 双绕组变压器	A	无中压侧后备保护	

 习 题

变压器保护通常配置哪些保护类型？

第二节 220kV 变压器微机保护装置原理

学习目标

1. 理解变压器纵联差动保护原理。
2. 理解变压器后备保护及非电量保护原理。

知 识 点

一、变压器主保护原理

（一）变压器纵联差动保护

1. 纵联差动保护的基本原理

纵联差动保护是基于基尔霍夫电流定律，把输入电流与输出电流的相量差 $\sum i$ 作为动作量的保护，$\sum i$ 称为差动电流，简称差流，用 I_{cd} 表示。在变压器正常运行或外部故障时，$I_{cd}=0$，差动保护不动作。需要注意的是差动电流公式中的电流是归算后的二次电流的相量和。当变压器内部故障时，若负荷电流不计，则只有流进变压器的电流而没有流出变压器的电流，I_{cd} 很大，当 I_{cd} 满足动作条件时，差动保护动作，切除变压器。

为使差动保护动作正确，应注意以下几点：

（1）YNd 接线的变压器，正常运行及外部故障时，由于两侧电流之间存在相位差而产生差流。为保证纵差保护不误动，必须进行相位平衡。

（2）由于变压器各侧额定电流不等，各侧 TA 变比不等，还必须对各侧差动计算电流进行幅值平衡。

（3）YNd 接线的变压器，YN 侧区外发生接地故障时，零序电流仅在变压器 YN 侧流通，该零序电流即为差动电流，为保证差动保护不误动，差动电流计算值中应滤除相应的零序电流分量。

（4）从理论上讲，正常运行时流入变压器的电流等于流出变压器的电流（折算值）。但由于变压器各侧额定电流不同，各侧 TA 特性不同产生的误差、有载调压变比变化产生的误差以及变压器励磁电流产生的误差，这将使差动回路的不平衡电流增加，需要引入制动电流。

2. 纵联差动保护的相位平衡

在电力系统中 YNd11 接线变压器被广泛运用，以下以 YNd11 接线变压器为例分析差动保护的相位平衡。

微机型变压器保护各侧的 TA 二次均接成 Y 形，利用软件进行相位校正，校正方法有两种，方法一是星形侧向三角形侧（Y→d）校正，即将 Y 侧三相二次电流逆时针转过 30°；方法二是三角侧向星形侧（d→Y）校正，即将 d 侧三相二次电流顺时针转过 30°。

（1）方法一：星形侧向三角形侧（Y→d）校正。

以 d 侧二次电流为基准，YN 侧内转角相位校正算法如下：

YN 侧

$$\left.\begin{aligned} \dot{I}'_{YA2} &= (\dot{I}_{YA2} - \dot{I}_{YB2})/\sqrt{3} \\ \dot{I}'_{YB2} &= (\dot{I}_{YB2} - \dot{I}_{YC2})/\sqrt{3} \\ \dot{I}'_{YC2} &= (\dot{I}_{YC2} - \dot{I}_{YA2})/\sqrt{3} \end{aligned}\right\} \qquad (2-1)$$

d 侧

$$\left.\begin{aligned} \dot{I}'_{\Delta a2} &= \dot{I}_{\Delta a2} \\ \dot{I}'_{\Delta b2} &= \dot{I}_{\Delta b2} \\ \dot{I}'_{\Delta c2} &= \dot{I}_{\Delta c2} \end{aligned}\right\} \qquad (2-2)$$

式中 　$\dot{I}_{YA2}$、$\dot{I}_{YB2}$、$\dot{I}_{YC2}$——YN 侧 TA 二次电流；

$\quad\quad\dot{I}'_{YA2}$、$\dot{I}'_{YB2}$、$\dot{I}'_{YC2}$——YN 侧校正后的各相电流；

$\quad\quad\dot{I}_{\Delta a2}$、$\dot{I}_{\Delta b2}$、$\dot{I}_{\Delta c2}$——d 侧 TA 二次电流；

$\quad\quad\dot{I}'_{\Delta a2}$、$\dot{I}'_{\Delta b2}$、$\dot{I}'_{\Delta c2}$——d 侧校正后的各相电流。

经过软件校正后，差动回路两侧电流之间的相位一致。同理，对于三绕组变压器，若采用 YNynd11 接线方式，YN 及 yn 侧的相位校正方法都是相同的。

（2）方法二：三角形侧向星形侧（d→Y）校正。

以 Y 侧二次电流为基准，d 侧内转角相位校正算法如下：

d 侧

$$\left.\begin{aligned} \dot{I}'_{\Delta a2} &= (\dot{I}_{\Delta a2} - \dot{I}_{\Delta c2})/\sqrt{3} \\ \dot{I}'_{\Delta b2} &= (\dot{I}_{\Delta b2} - \dot{I}_{\Delta a2})/\sqrt{3} \\ \dot{I}'_{\Delta c2} &= (\dot{I}_{\Delta c2} - \dot{I}_{\Delta b2})/\sqrt{3} \end{aligned}\right\} \qquad (2-3)$$

YN 侧

$$\left.\begin{array}{l} \dot{I}'_{YA2} = \dot{I}_{YA2} - \dot{I}_{Y0} \\ \dot{I}'_{YB2} = \dot{I}_{YB2} - \dot{I}_{Y0} \\ \dot{I}'_{YC2} = \dot{I}_{YC2} - \dot{I}_{Y0} \end{array}\right\} \qquad (2-4)$$

式中 $\dot{I}_{Y0}$——星形侧零序二次电流。

经过软件校正后，差动回路两侧电流之间的相位一致。同理，对于三绕组变压器，若采用 YNynd11 接线方式，d 侧二次电流的软件算法都是相同的。

对于 YNd 接线的变压器，当 YN 侧线路上发生接地故障（对纵差保护而言是区外故障）时，YN 侧二次有零序电流，而低压侧绕组为 d 连接，d 侧二次无零序电流，形成差流，纵差保护误动作而切除变压器。所以式（2-4）中 YN 侧必须减去零序电流。零序电流可采用

自产零序电流，即 $\dot{I}_{Y0} = \dfrac{1}{3}(\dot{I}_{YA2} + \dot{I}_{YB2} + \dot{I}_{YC2})$。

3. 纵联差动保护的幅值校正

由于变压器各侧一次额定电流不等，实际选用的 TA 变比不同，即在正常运行时，差流不为零。微机型变压器保护装置在软件上进行幅值校正，即引入一个系数，将两个大小不等的电流折算成相等的电流，该系数称作为平衡系数。将一侧电流作为基准，另一侧电流乘以该侧平衡系数，以满足在正常运行和外部故障时差流等于零。

根据变压器的容量，联结组别、各侧电压及各侧 TA 的变比，可以计算出差动两侧之间的平衡系数。各厂家对平衡系数的计算和描述各有不同，由于现在的微机保护不需要整定平衡系数，保护装置根据给定的容量、各侧额定电压、各侧 TA 变比，自动计算平衡系数，此处阐明通入保护装置的二次电流怎样达到平衡，适用不同保护厂家的变压器纵差保护。

设变压器的额定容量为 S_N，联结组别为 YNd11，三侧的额定电压分别为 U_{NH}、U_{NM}、U_{NL}，三侧差动 TA 的变比分别为 N_{TAH}、N_{TAM}、N_{TAL}，计算差动元件两侧之间的平衡系数 K。

变压器各侧额定电流计算（电压取中间抽头）：

$$I_{eH} = \frac{S_N}{\sqrt{3}U_{NH}N_{TAH}} ; \quad I_{eM} = \frac{S_N}{\sqrt{3}U_{NM}N_{TAM}} ; \quad I_{eL} = \frac{S_N}{\sqrt{3}U_{NL}N_{TAL}}$$

注意在差动保护平衡计算时，低压侧额定电流应按变压器全容量计算。

则高压侧平衡系数：$K_H = 1$；中压侧平衡系数：$K_M = \dfrac{I_{eM}}{I_{eH}}$；低压侧平衡系数：$K_L = \dfrac{I_{eL}}{I_{eH}}$。

4. 变压器纵联差动保护比率制动特性

（1）比率制动式差动保护概念的引入。若差动保护动作电流采用固定值，就必须按躲过区外故障差动回路最大不平衡电流来整定，定值就高，但对绕组内部匝间短路和距离中性点较近的单相接地短路，无法灵敏动作，图2－4中需大于I_{cd2}，差动保护不能灵敏动作。反之若考虑区内故障差动保护能灵敏动作，就必须降低差动保护定值，图2－1中I_{cd1}，但此时区外故障时差动保护就可能误动。

所谓比率制动式差动保护，其动作电流是随外部短路电流增大而增大，既能保证外部短路不误动，又能保证内部故障有较高的灵敏度。

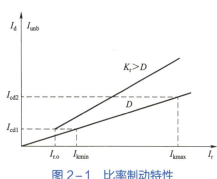

图2－1　比率制动特性

（2）比率制动特性。由于在正常运行时差动回路中仍有少量的不平衡电流。因此引入制动电流I_r，即使不同厂家所采用的I_r不同，但区内故障时I_d值大，I_r值小，区内故障时虽有一定的制动量，差动保护的灵敏度仍然很高。

以差动电流I_d为纵轴，制动电流I_r为横轴，微机型差动保护的二折线比率制动特性曲线如图2－2所示，a、b线表示差动保护动作值，也就是a、b线上方为动作区，下方为制动区。a、b线的交点称为拐点，该点的制动电流称为拐点电流。c线表示区内故障时的差动电流，d线表示区外故障时的差动电流（不平衡电流I_{unb}），由于正常运行时差动回路存在不平衡电流，为防止误动，因此差动保护的动作电流的整定值必须大于正常运行时的最大不平衡电流。

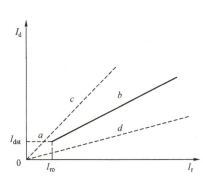

图2－2　比率制动特性曲线

由图2－2可见，差动元件的比率制动特性为

$$\left.\begin{array}{ll} I_d \geqslant I_{dst} & (I_r \leqslant I_{ro}) \\ I_d \geqslant I_{dst} + K(I_r - I_{ro}) & (I_r > I_{ro}) \end{array}\right\} \qquad (2-5)$$

式中　K——比率制动系数；

$\quad\ I_{dst}$——差动元件最小动作电流，也称差动门槛值；

$\quad\ I_{ro}$——拐点电流。

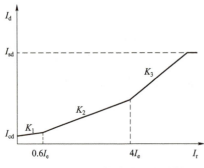

图 2-3　三折线比率制动特性

微机型差动保护广泛采用的三折线比率制动特性，如图 2-3 所示。

特性曲线有两个拐点，拐点电流分别为 I_{ro}、I_{r1}，其大小由保护装置软件设定。

在图 2-3 中，当装置计算得到差动电流 I_d 和制动电流 I_r 所对应的工作点位于三折线的上方（动作区），差动元件动作。

以 PCS-978 为例，其动作方程为

$$\begin{cases} I_d > K_1 I_r + I_{cd} & (I_r \leq 0.6 I_e) \\ I_d > K_2(I_r - 0.6 I_e) + 0.12 I_e + I_{cd} & (0.6 I_e \leq I_r \leq 4 I_e) \\ I_d > K_3(I_r - 4 I_e) + K \times 3.4 I_e + I_{cd} + 0.12 I_e & (I_r > 4 I_e) \\ I_r = \dfrac{1}{2} \sum_{i=1}^{m} |I_i| \\ I_d = \left| \sum_{i=1}^{m} I_i \right| \end{cases} \qquad (2-6)$$

式中　I_i——变压器各侧二次电流；

I_{cd}——稳态比率差动启动定值。

（3）影响比率制动动作特性的因素。影响比率制动动作特性的因素有三个，即差动门槛值，拐点电流和比率制动系数。

1）差动门槛值提高。由图 2-4（a）可见，差动门槛值由 I_{dst} 提高到 I'_{dst}，使差动保护动作区域缩小，降低了保护的灵敏度，但使缓冲区域增加，躲区外故障不平衡电流的能力增加，保护误动可能性降低。反之，若降低差动门槛值，躲区外故障不平衡电流的能力降低，但增加了保护的灵敏度。

2）拐点电流增加。由图 2-4（b）可见，拐点电流由 I_{r0} 提高到 I'_{r0}，使差动保护动作区域增加，使灵敏度增加，但使缓冲区域减少，躲区外故障不平衡电流的能力减弱，保护误动可能性增大。反之，若降低拐点电流，降低了保护的灵敏度，但躲区外故障不平衡电流的能力增加。

3）比率制动系数 K 值增加。由图 2-4（c）可见，第二段折线（b 线）的斜率由 K 提高到 K'，使差动保护动作区域减少，降低了灵敏度，但使缓冲区域增加，躲区外故障不平衡电流的能力相应增加，保护误动可能性降低。反之，若降低 K 值，躲区外故障不平衡电流的能力降低，保护误动的可能性加大，但保护的灵敏度增加。

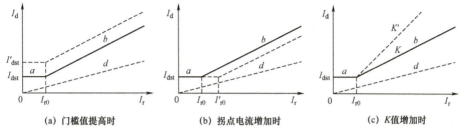

(a) 门槛值提高时 　　(b) 拐点电流增加时 　　(c) K值增加时

图 2-4 比率制动特性的影响因素

5. 励磁涌流闭锁元件

（1）励磁涌流产生的原因。在空投变压器的瞬间，铁芯中的磁通由：① 磁通的强制分量 $\Phi_{\sim}=\Phi_m\cos(\omega t+\alpha)$，也称交流分量或稳态分量。② 决定于合闸角 α 的磁通自由分量 $\Phi_-=\Phi_m\cos\alpha$，也称直流分量或暂态分量。③ 剩磁 Φ_s 三部分组成。如果在空投变压器合闸瞬间，电压瞬时值 u 为零，即 $t=0$ 时合闸，合闸角 $\alpha=0$。此时变压器铁芯中磁通强制分量为 $\Phi_{\sim}=-\Phi_m$，自由分量为 $\Phi_-=+\Phi_m$，如果剩磁通 Φ_s 与自由分量方向一致，在不计自由分量衰减的情况下，在合闸后经半周（0.01s），铁芯中的磁通可达到最大值（$2\Phi_m+\Phi_s$）。此时变压器铁芯中的磁通波形如图 2-5 所示。

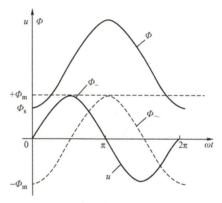

图 2-5 空投变压器铁芯中磁通波形
（$t=0$、$\alpha=0$ 且不计衰减时）

由于变压器的铁芯尺寸是按照额定电压设计的，对应的磁通 Φ_m 在铁芯基本磁化曲线饱和点附近，（$2\Phi_m+\Phi_s$）使变压器铁芯严重饱和，励磁电流激增，这就是产生励磁涌流的原因。

如果在空投变压器合闸瞬间，电压瞬时值 u 为最大值，即 $t=0$ 时合闸，合闸角 $\alpha=90°$。此时变压器铁芯中磁通强制分量为 $\Phi_{\sim}=0$，自由分量为 $\Phi_-=0$，只有剩磁通 Φ_s，变压器铁芯不会饱和，也不会产生励磁过电流。此时的励磁电流等于正常运行时的励磁电流。

一般情况下空投变压器，励磁涌流的大小在上述两种情况之间。对于三相变压器空载合闸，通常三相励磁涌流是不等的。图 2-6 为某台三相变压器空投时三相励磁涌流的波形。

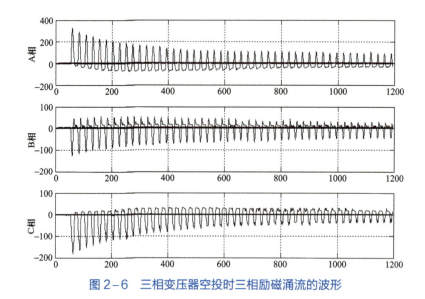

图2-6 三相变压器空投时三相励磁涌流的波形

（2）励磁涌流的特点。由图2-6三相励磁涌流的波形可见，励磁涌流有以下几个特点：

1）偏于时间轴一侧，即涌流中含有大量的直流分量。

2）波形是间断的，且间断角很大，通常大于60°。

3）在一个周期内正半波与负半波不对称。

4）含有大量的二次谐波分量，若将涌流波形用傅里叶级数展开或用谐波分析仪进行测量分析，绝大多数涌流中二次谐波分量与基波分量的百分比大于15%，有的甚至达50%以上。

5）在同一时刻三相涌流之和近似等于零。

6）励磁涌流幅值大且是衰减的。衰减的速度与合闸回路电阻、变压器绕组中的等效电阻及电感有关。对于中、小型变压器的励磁涌流最大可达额定电流的10倍以上，且衰减较快；对于大型变压器一般不超过额定电流的4～5倍，但衰减慢，时间较长。

（3）躲励磁涌流的措施。在变压器纵差保护中，在工程中常用的判别励磁涌流的方法有：二次谐波、波形对称原理和波形间断角比较三种原理。当判定是励磁涌流引起的差流时，将差动保护闭锁。

1）二次谐波制动原理。二次谐波制动原理是利用差动元件中差电流的二次谐波分量电流 $I_{2\omega}$ 与基波分量电流 $I_{1\omega}$ 的比来反应二次谐波制动能力，即

$$K_{2\omega} = \frac{I_{2\omega}}{I_{1\omega}} \qquad (2-7)$$

当二次谐波制动比 $K_{2\omega}$ 大于整定值 $K_{2\omega\cdot set}$ 时闭锁差动保护，反之，小于整定值 $K_{2\omega\cdot set}$ 时开放差动保护。 $K_{2\omega\cdot set}$ 通常取 15%。

二次谐波制动通常有 2 种方式：

a. 二次谐波制动比最大相制动方式。二次谐波制动比最大相制动方式的表达式为

$$\max\left\{\frac{I_{da2}}{I_{da1}}, \frac{I_{db2}}{I_{db1}}, \frac{I_{dc2}}{I_{dc1}}\right\} > K_2 \qquad (2-8)$$

式中　I_{da2}、I_{db2}、I_{dc2} 和 I_{da1}、I_{db1}、I_{dc1} ——分别为三相差动电流中的二次谐波和基波。

b. 分相制动方式。分相制动方式是指本相二次谐波制动比对本相差动保护实现制动，取三相差流中二次谐波的最大值与该相基波之比构成制动。其表达式为

$$\frac{\max\{I_{da2}, I_{db2}, I_{dc2}\}}{I_{d\phi1}} > K_2 \qquad (2-9)$$

2）间断角识别原理。变压器内部故障时，故障电流波形无间断或间断角很小；而变压器空投时，励磁涌流的波形是间断的，具有很大的间断角。

图 2-7 所示为短路电流和励磁涌流波形，由 2-7（a）可见，短路电流的波形是连续的，正、负半周波宽 θ_w 为 180°，波形间断角 θ_j 为 0°。由图 2-7（b）可见，对称性涌流波形出现不连续间断，在最严重情况下，波宽 $\theta_{w\cdot max}$ 为 120°，波形间断角 $\theta_{j\cdot min}$ 为 50°。由图 2-7（c）可见，非对称性涌流波形同样出现不连续间断，且波形偏向时间轴一侧，在最严重情况下，波宽 $\theta_{w\cdot max}$ 为 155.4°，波形间断角 $\theta_{j\cdot min}$ 为 80°。

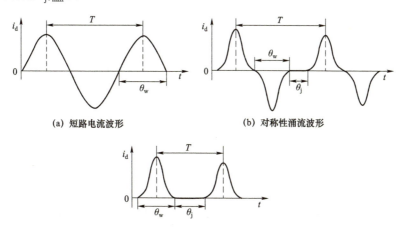

(a) 短路电流波形　　　　(b) 对称性涌流波形

(c) 非对称性涌流波形

图 2-7　短路电流和励磁涌流波形

显然，检测差动回路电流波形的 θ_w 和 θ_j 可判别出是短路电流还是励磁涌流。当差动元件的启动电流 $I_{d\cdot set}$ 为定值时，整定的闭锁角 $\theta_{j\cdot set}$ 越小，空投变压器时，差动元件越不容易误动。反之，闭锁角 $\theta_{j\cdot set}$ 整定值越大，躲励磁涌流的能力越小。通常整定值取 $\theta_{w\cdot set}=140°$、$\theta_{j\cdot set}=65°$，即 $\theta_j>65°$、$\theta_w<140°$ 有一个条件满足时，判为励磁涌流，闭锁纵差保护；当 $\theta_j\leqslant 65°$、$\theta_w\geqslant140°$ 两个条件同时满足时，判为内部故障时的短路电流，开放纵差保护。

可见，根据以上两个励磁涌流判据，对于非对称性励磁涌流，能够可靠闭锁纵差保护。对于对称性励磁涌流，虽然 $\theta_{j\cdot min}=50.8°<65°$，但 $\theta_w=120°<140°$，同样能够可靠闭锁纵差保护。

3）波形对称原理。在微机型变压器纵差保护中，采用波形对称算法，判断差流波形是否对称，将励磁涌流与故障电流区分开来。如图2-8所示为短路电流和励磁涌流波形。

图2-8中，i_t 为某一时刻 t 的电流，$i_{(t+T/2)}$ 为某一时刻 t 起延时半个周期的电流。首先分析在波形对称与不对称情况下，i_t 与 $i_{(t+T/2)}$ 的大小关系。

由图2-8（a）可见，内部短路时波形对称。如果在某一时刻 t 的电流 $i_t>0$，则经过半周（$T/2$）的电流 $i_{(t+T/2)}<0$，计算 $|i_t-i_{(t+T/2)}|$ 数值较大，而 $|i_t+i_{(t+T/2)}|$ 较小，即 $|i_t-i_{(t+T/2)}|>|i_t+i_{(t+T/2)}|$。

由图2-8（b）可见，空载合闸时非对称性励磁涌流，如果在某一时刻 t 的电流 $i_t>0$，则经过半周（$T/2$）的电流 $i_{(t+T/2)}>0$，计算 $|i_t-i_{(t+T/2)}|$ 数值较小，而 $|i_t+i_{(t+T/2)}|$ 较大，即：$|i_t-i_{(t+T/2)}|<|i_t+i_{(t+T/2)}|$。

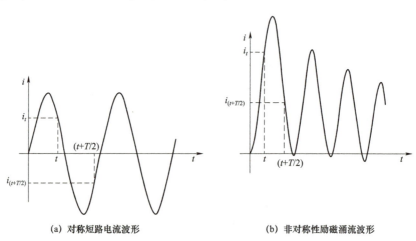

(a) 对称短路电流波形　　　　　　　(b) 非对称性励磁涌流波形

图2-8　短路电流和励磁涌流波形

由以上分析可得：若 $|i_t-i_{(t+T/2)}|<|i_t+i_{(t+T/2)}|$，判为励磁涌流，闭锁纵差保护。

反之可得动作判据为

$$K|i_t - i_{(t+T/2)}| > |i_t + i_{(t+T/2)}|$$ （2-10）

式中 K——设定常数，也称波形不对称系数，一般可取 $K = 0.5$。

通常用 i_t、$i_{(t+T/2)}$ 两个电流和、差的半周或全周积分值 S_+、S_- 作为动作判据，即

$$KS_- > S_+$$ （2-11）

满足以上条件认为是波形对称的，是区内故障产生的差流，开放差动保护；否则认为是励磁涌流引起的差流，闭锁差动保护。

6. 差动速断元件

由于变压器纵差保护设置了励磁涌流闭锁元件，若判断为励磁涌流引起的差流时，会将差动保护闭锁。但当变压器内部发生严重短路故障时，由于短路电流很大，TA 严重饱使交流暂态传变严重恶化，TA 二次电流的波形将发生畸变，含有大量的高次谐波分量。若涌流判别元件误判成差流是励磁涌流产生的，闭锁差动保护，将造成变压器严重后果。

为克服上述缺点，差动保护都配置了差动速断元件。差动速断没有制动量，差动速断元件只反应差流的有效值，不管差流的波形是否畸变及谐波分量的大小，只要差流的有效值超过整定值，将迅速动作，跳开变压器各侧断路器，把变压器从电网上切除。差动速断动作一般在半个周期内实现。而决定动作的测量过程在四分之一周期内完成，此时 TA 还未严重饱和，能实现快速正确切除故障。

差动速断动作判据

$$I_d > I_{sd}$$ （2-12）

式中 I_{sd}——差动速断电流整定值。

差动速断元件的整定值应按躲过变压器励磁涌流来确定，即

$$I_{sd} = KI_n$$ （2-13）

式中 K——系数，一般取 4~8；

I_n——变压器差动 TA 二次额定电流。

差动速断保护灵敏系数应按正常运行方式下保护安装处两相金属性短路计算，要求灵敏系数 $K_{sen} \geq 1.2$。

7. 差流越限告警

正常情况下，监视各相差流异常，延时 5s 发出告警信号。差流越限告警判据为

$$I_{d\varphi} > K_{yx}I_{cd}$$ （2-14）

式中　$I_{d\varphi}$——各相差动电流；

　　　K_{yx}——装置内部固定的系数（取 0.3）；

　　　I_{cd}——差动保护启动电流定值。

8. 变压器稳态比率差动保护逻辑框图

变压器稳态比率差动保护逻辑框图如图 2-9 所示。

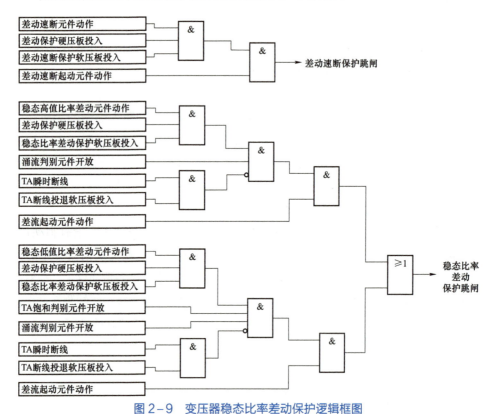

图 2-9　变压器稳态比率差动保护逻辑框图

（二）变压器主保护工频变化量比率差动保护

由于变压器的负荷电流是穿越性的，因此当发生内部短路故障时负荷电流总起制动作用。为提高灵敏度，特别是匝间短路故障时的灵敏度，应将负荷电流从制动电流中去除。因而可采用故障分量的比率制动特性，即工频变化量比率制动特性，如图 2-10 所示，其中 $\Delta I_{dst} = 0.2I_n$ 称为固定门槛值、$K_1 = 0.6$、$K_2 = 0.75$ 为固定值，由软件设定。

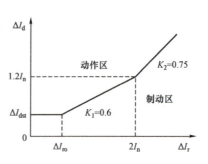

图 2-10　工频变化量比率制动特性

工频变化量比率制动特性可表示为

$$
\left.
\begin{aligned}
\Delta I_{\mathrm{d}} &> 1.25\Delta I_{\mathrm{dh}} + 0.2I_{\mathrm{n}} \\
\Delta I_{\mathrm{d}} &> 0.6\Delta I_{\mathrm{r}} && (\Delta I_{\mathrm{r}} \leqslant 2I_{\mathrm{n}}) \\
\Delta I_{\mathrm{d}} &> 0.75\Delta I_{\mathrm{r}} - 0.3I_{\mathrm{n}} && (\Delta I_{\mathrm{r}} > 2I_{\mathrm{n}})
\end{aligned}
\right\}
\qquad (2-15)
$$

式中　ΔI_{dh}——浮动门槛，随着工频变化量动作电流的增加而自动提高，取 1.25 倍可门槛值始终高于不平衡输出，保证在系统振荡或频率偏移时保护不误动；

　　　ΔI_{d}——工频变化量动作电流，是变压器各侧相电流故障分量的相量和，$\Delta I_{\mathrm{d}} = |\Delta \dot{i}_1 + \Delta \dot{i}_2 + \Delta \dot{i}_3 + \cdots + \Delta \dot{i}_m|$；

　　　ΔI_{r}——工频变化量制动电流，是变压器各侧相电流故障分量的标量和（绝对值和）的最大值，取最大相制动电流有利于防止非故障相误动，$\Delta I_{\mathrm{r}} = \max\{|\Delta \dot{i}_1| + |\Delta \dot{i}_2| + |\Delta \dot{i}_3| + \cdots + |\Delta \dot{i}_m|\}$。

工频变化量比率制动的差动保护按相判别，当满足上述条件时，工频变化量比率制动的差动保护动作，经过励磁涌流判别元件、过励磁判别元件后出口。由于工频变化量比率制动系数可取较高数值，其本身的特性就决定了区外故障时，抗 TA 暂态和稳态饱和的能力较强。

二、变压器的后备保护原理

（一）复合电压闭锁的过流（方向）保护

对于单侧电源的变压器，后备保护应装设在电源侧，作为纵差保护、瓦斯保护及相邻元件保护的后备。对于多侧电源的变压器，各侧都应装设后备保护。当作为纵差保护、瓦斯保护后备时，动作后跳开各侧断路器。此时装设在主电源侧的保护对变压器各侧的故障应均能满足灵敏度的要求。当作为各侧母线和线路的后备保护时，动作后跳开本侧断路器。此外当变压器某侧的断路器与电流互感器之间发生故障（死区故障）时，后备保护应能正确反应，起到后备保护作用。

1. 复合电压闭锁元件

复合电压闭锁元件是由正序低电压和负序过电压元件按"或"逻辑构成。在微机保护中，由接入装置的三个相电压（线电压）来获得低电压元件，并由算法获得自产负序电压元件。为提高保护的灵敏度，三相电压可以取自负荷侧。

系统发生不对称短路时，将出现较大的负序电压，负序过电压元件将动作，一方面开放过流保护，过电流元件动作后经设定的时限动作于跳闸。如出现对称性三相短路，由于短路瞬间也会出现短时的负序电压，负序过电压元件、低电压元件动作。在特殊的对称性三相短路情况下，短路瞬间不出现负序电压或出现小于负序电压元件动作值，这时只能等电压降低到低电压元件的动作值，复合电压闭锁元件动作，开放过流保护。复合电压元件动作条件如下。

（1）任一个相间电压满足

$$\min(U_{ab}, U_{bc}, U_{ca}) < U_{\varphi\varphi\,set} \qquad (2-16)$$

式中　$U_{\varphi\varphi\,set}$——低电压（线电压）定值。

（2）负序电压 U_2 满足

$$U_2 > U_{2set} \qquad (2-17)$$

式中　U_{2set}——负序电压定值。

满足以上任意一个条件，复合电压元件动作开放过流保护。

2. 过电流元件

由接入装置的三相电流来获得过电流元件，三相电流一般取自电源侧。过电流元件的动作条件为

$$I_{\varphi} > I_{set} \qquad (2-18)$$

式中　I_{φ}——I_A、I_B、I_C 任一电流；

I_{set}——电流元件整定值。

3. 功率方向判别元件

功率方向元件的电压、电流取自本侧的电压和电流。下面介绍功率方向元件的基本原理。

（1）90°接线的功率方向元件的基本原理。对于传统的相间短路功率方向继电器，采用 90°接线方式。微机保护中为保证各种相间短路故障时方向元件能可靠灵敏动作，通常也采用 90°接线方式。微机保护中方向元件可由控制字（软压板）选择正方向或反方向动作。90°接线的功率方向元件接线方式见表 2-2。

表 2-2　　　　　　　　90°接线的功率方向元件接线方式

接线方式	接入方向元件电流 $\dot{I}_g$	接入方向元件电压 $\dot{U}_g$
A 相功率方向元件	$\dot{I}_A$	$\dot{U}_{BC}$
B 相功率方向元件	$\dot{I}_B$	$\dot{U}_{CA}$
C 相功率方向元件	$\dot{I}_C$	$\dot{U}_{AB}$

在图 2-11 中，先在水平方向做出 $\dot{U}_g$ 相量，超前 α 角度方向再做 $\dot{U}_g e^{j\alpha}$ 相量，垂直于 $\dot{U}_g e^{j\alpha}$ 相量的直线 ab 的阴影线侧为正方向短路时 $\dot{I}_g$ 的动作区，即 $\dot{I}_g$ 落在

这一区域功率方向元件动作，当 $\dot{i}_g$ 与 $\dot{U}_g e^{j\alpha}$ 方向一致时，功率方向元件最灵敏。

正方向功率方向元件的动作方程为

$$-90° < \arg \frac{\dot{i}_g}{\dot{U}_g e^{j\alpha}} < 90° \quad （正方向元件） \tag{2-19}$$

通常称 α 为 90° 接线的功率方向元件的内角，一般为 30° 或 45°。显然当 $\dot{i}_g$ 超前 $\dot{U}_g$ 的角度正好为 α 时，正方向元件动作最灵敏。如设 $\dot{i}_g$ 滞后 $\dot{U}_g$ 的角度 $\alpha > 0$，$\dot{i}_g$ 超前 $\dot{U}_g$ 的角度 $\alpha < 0$。则最大灵敏角 $\varphi_{sen} = -\alpha$。在 $\dot{i}_g$ 超前 $\dot{U}_g$ 的角度为 30° 或 45° 时，正方向元件动作最灵敏。

在分析短路后功率方向元件动作行为时，只要画出加在功率方向元件上的电压、电流的相量，就可确定电流的动作区域。若最大灵敏角为 –30°，在 $\dot{U}_g$ 相量滞后 60°（即 90° – 30° = 60°）的方向上画出一条如图 2-11 中的 ab 直线，就是动作的边界线，ab 线靠 $\dot{U}_g$ 一侧就是电流的动作区（阴影区）。即 $\dot{i}_g$ 在滞后 $\dot{U}_g$ 60° 至 $\dot{i}_g$ 超前 $\dot{U}_g$ 120° 区域内，正方向元件动作。

反方向功率方向元件实现反方向保护，动作区域与正方向元件相反。反方向功率方向元件的动作方程为

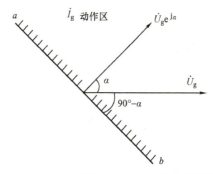

图 2-11 90° 接线功率方向元件的动作特性

$$90° < \arg \frac{\dot{i}_g}{\dot{U}_g e^{j\alpha}} < 270° \quad （反方向元件） \tag{2-20}$$

如果内角 α 仍取 30° 或 45°，反方向元件的最大灵敏角为 150° 或 135°，即电流 $\dot{i}_g$ 在滞后电压 $\dot{U}_g$ 150° 或 135° 时，反方向元件动作最灵敏。若最大灵敏角为 150°，则 $\dot{i}_g$ 滞后 $\dot{U}_g$ 的角度 φ_k 在（60° < φ_k < 240°）区域内反方向元件动作。

在保护装置中，由控制字来设定过流保护的方向。接入保护装置的 TA 极性，将正极性端设定在母线侧。当控制字设定为"1"时，表示方向指向系统（母线），最大灵敏角为 150° 或 135°；当控制字设定为"0"时，表示方向指向变压器，最大灵敏角为 –30° 或 –45°。

（2）以正序电压为极化量方向元件的基本原理。在微机型复合电压闭锁的方向过流保护中，方向元件采用以正序电压为极化量的方向元件，该方向元件用 0° 接线方式，同名相的正序电压与相电流作相位比较。用于保护正方向短路故障的方向元件，其最大灵敏角取 45°。动作方程为

$$-90° < \arg\frac{\dot{I}_\varphi e^{j45°}}{\dot{U}_{\varphi 1}} < 90° \text{ （正方向元件）} \tag{2-21}$$

或

$$-135° < \arg\frac{\dot{I}_\varphi}{\dot{U}_{\varphi 1}} < 45° \text{ （正方向元件）} \tag{2-22}$$

当 $\dot{U}_{\varphi 1}$ 超前于 $\dot{I}_\varphi$ 45° 时，分子与分母同相，方向元件动作最灵敏。所以最大灵敏角为 45°。

设系统内的正、负序阻抗角相等为 75°，在不计负荷电流时，正方向 BC 两相金属性短路，相量图如图 2-12（a）所示。图中 $\dot{E}_A$、$\dot{E}_B$、$\dot{E}_C$ 为三相电动势。

直线 1 超前于相量 $\dot{U}_{B1}$ 45°（即 90°-45°=45°），为 B 相方向元件电流的动作边界线，直线的下侧（向着 $\dot{U}_{B1}$ 的一侧）是电流的动作区（阴影区）。从图中可见保护安装处的 $\dot{U}_{B1}$ 超前 $\dot{I}_B$ 45°，所以 B 相方向元件最灵敏。

直线 2 超前于相量 $\dot{U}_{C1}$ 45°（即 90°-45°=45°），为 C 相方向元件电流的动作边界线，直线的左侧（向着 $\dot{U}_{C1}$ 的一侧）是电流的动作区（阴影区）。从图中可见保护安装处的 $\dot{U}_{C1}$ 超前 $\dot{I}_C$ 105°，尽管不在最大灵敏角的方向上，C 相方向元件也能动作。

如果是经电阻短路，$\dot{U}_{B1}$ 超前 $\dot{I}_B$ 的角度虽略有减少，虽然 $\dot{I}_B$ 不在最大灵敏角方向上，但 B 相方向元件仍能较灵敏动作。$\dot{U}_{C1}$ 超前 $\dot{I}_C$ 的角度也略有减少且靠近最大灵敏角方向，所以 C 相方向元件趋向于更灵敏动作。

正方向三相对称短路时，三个方向元件动作行为相同。以 A 相方向元件为例，其正方向三相金属性短路的相量图如图 2-12（b）所示。超前于 $\dot{U}_{A1}$ 相量 45°（即 90°-45°=45°）的直线 1 为 A 相方向元件的电流动作边界线，直线右上方（向着 $\dot{U}_{A1}$ 的一侧），是 A 相方向元件的电流动作区（阴影区）。从图中可见保护安装处的 $\dot{U}_{A1}$ 超前 $\dot{I}_A$ 75°，A 相方向元件虽不在最大灵敏角方向上，但也能较灵敏动作。

反方向短路时，在图 2-12 中电流方向相反，短路电流落在不动作区，方向元件不会动作。

反方向的方向元件用于反方向的短路保护。其动作区是正方向元件的不动作区，动作方程为

$$90° < \arg\frac{\dot{I}_\varphi e^{j45°}}{\dot{U}_{\varphi 1}} < 270° \text{ （反方向元件）} \tag{2-23}$$

或

$$45° < \arg\frac{\dot{I}_\varphi}{\dot{U}_{\varphi 1}} < 225° \text{ （反方向元件）} \tag{2-24}$$

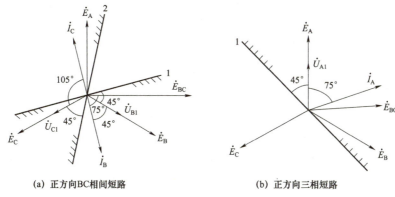

(a) 正方向BC相间短路　　　　　(b) 正方向三相短路

图 2-12　相间短路故障时的相量关系

从式（2-24）可见，当 $\dot{I}_\varphi$ 超前 $\dot{U}_{\varphi1}$ 135° 时，反方向元件动作最灵敏。或者说当 $\dot{U}_{\varphi1}$ 超前 $\dot{I}_\varphi$ 225° 时反方向元件动作最灵敏，所以最大灵敏角为 225°。

需要注意的是，在正、反向出口发生三相金属性短路故障时，由于 $\dot{U}_{\varphi1}$ 为零，方向元件将无法进行相位比较，造成在正方向出口三相短路时可能拒动，出现死区；反方向出口三相短路时可能误动。因此对电压 $\dot{U}_{\varphi1}$ 应具备"记忆"功能，从而保证功率方向元件能正确判断故障方向，消除功率方向元件死区。

在保护装置中，由控制字来设定过流保护的方向。接入保护装置的 TA 极性，将正极性端设定在母线侧。当控制字设定为"1"时，表示方向指向系统（母线），最大灵敏角为 225°；当控制字设定为"0"时，表示方向指向变压器，最大灵敏角为 45°。

4. TV 断线对复压闭锁过流（方向）保护的影响

由于功率方向元件、复合电压元件都要用到电压量，因此 TV 断线将对该保护产生影响。因此复压闭锁方向过流保护应采取如下措施：

低压侧固定不带方向，复合电压元件正常时取自本侧的复合电压。若判断出低压侧 TV 断线时，再发 TV 断线告警信号，同时将该复合电压元件退出，保护不经复压元件闭锁。

高、中压侧正常时功率方向元件采用本侧的电压，复合电压元件由各侧复合电压"或"逻辑构成。若判断出高、中压侧 TV 断线时，再发 TV 断线告警信号，同时该侧复压元件采用其他侧的复合电压，并将方向元件退出。

关于 TV 断线的判别可用以下两个判据：

（1）判定 TV 三相断线。启动元件未启动，正序电压小于 30V，且任一相电流大于 $0.04I_N$（断路器合位），延时 10s 报该侧母线 TV 异常。

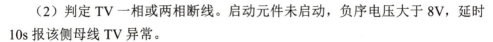

（2）判定 TV 一相或两相断线。启动元件未启动，负序电压大于 8V，延时 10s 报该侧母线 TV 异常。

5. 变压器各侧复压闭锁过流（方向）保护的配置

在 220kV 电压等级的变压器后备保护中，高压侧配置复压闭锁方向过流保护。保护分为两段，第一段带方向（可设定），设两个时限。如果方向指向变压器，第一时限跳中压侧母联断路器，第二时限跳中压侧断路器；如果方向指向母线（或系统），第一时限跳高压侧母联断路器，第二时限跳高压侧断路器。第二段不带方向，延时跳开变压器各侧断路器。

中压侧配置复压闭锁方向过流保护，设三时限。第一、二时限带方向，方向可整定。如果方向指向变压器，第一时限跳高压侧母联断路器，第二时限跳高压侧断路器；如果方向指向母线（或系统），第一时限跳中压侧母联断路器，第二时限跳中压侧断路器。第三时限不带方向，延时跳开变压器各侧断路器。中压侧还配置了限时速断过流保护，延时跳开本侧断路器。

低压侧各分支上配置有过流保护，设两时限，第一时限跳开本侧分支分段断路器，第二时限跳开本侧分支断路器。低压侧各分支上还配置有复压过流保护，不带方向，设三时限，第一时限跳开本侧分支分段断路器，第二时限跳开本侧分支断路器，第三时限跳开变压器各侧断路器。

6. 复合电压方向过电流保护动作逻辑框图

图 2-13 为复合电压过电流（方向）保护动作逻辑框图，图中只画出 I 段，其他段类似，最后一段不设方向元件。U_2 为保护安装侧母线上负序电压，U_{2set} 为负序整定电压，$U_{\varphi\varphi.min}$ 为母线上最低相间电压，KW1、KW2、KW3 保护安装侧 A、B、C 相的功率方向元件，I_A、I_B、I_C 为保护安装侧变压器三相电流，I_{Iset} 为I段电流定值，由图 2-18 可以看出，负序电压 U_2 与相间低电压 $U_{\varphi\varphi.min}$ 构成"或"关系，各相的电流元件和该相的方向元件构成"与"的关系。

KG1 为控制字，KG1 设为"1"时方向元件投入，KG1 设为"0"时方向元件退出。

KG2 为其他侧复合电压的控制字，KG2 设为"1"时，其他侧复合电压闭锁该侧方向电流保护，KG2 设为"0"时，其他侧复合电压闭锁退出。引入其他侧复合电压的作用是提高复合电压元件的灵敏度。KG3 为复合电压的控制字，KG3 设为"1"时，复合电压起闭锁作用，KG3 设为"0"时，复合电压不起闭锁作用。KG4 为保护段投、退的控制字，KG4 设为"1"时，该段保护投入，KG4 设为"0"时，该段保护退出。XB1 为保护段投、退压板。

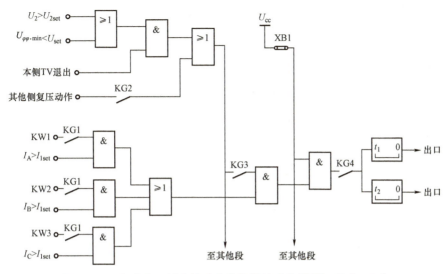

图2-13　复合电压过电流（方向）保护动作逻辑框图（Ⅰ段）

可见，① 当KG1为"1"、KG3为"1"时，为复合电压闭锁的方向过电流保护；② 当KG1为"0"、KG3为"1"时，为复合电压闭锁的过电流保护；③ 当KG1为"1"、KG3为"0"时，为方向过电流保护；④ 当KG1为"0"、KG3为"0"时，为过电流保护。

（二）零序电流（方向）保护

对于中性点直接接地电网中的变压器，应装设零序电流（方向）保护，作为变压器主保护的后备保护及相邻元件的（包括母线）接地故障的后备保护。

1. 零序电流元件

当$3I_0$电流大于该段零序电流定值时，该段零序过流元件动作。

2. 零序方向元件

普通三绕组变压器高、中压侧同时接地运行时，任一侧发生接地故障时，在高、中压侧都会有零序电流流通，要使变压器两侧的零序电流保护配合，就需要零序方向元件。对于三绕组自耦变压器，高、中压侧除点的直接联系外，两侧共用一个接地，在任一侧发生接地故障时，高、中压侧都会有零序电流流通，同样需要零序方向元件使变压器两侧的零序电流保护配合。但是，对于普通三绕组变压器，由于低压绕组通常为三角形连接，在零序等值电路中相当于短路，如果变压器低压绕组的等值电抗等于零，则高压侧（中压侧）发生接地故障时，中压侧（高压侧）就没有零序电流流通，变压器两侧的零序电流保护就不存在配合问题，无须设零序方向元件。显然，只要三绕组变压器低压绕组的等值电抗不为零，就需要设零序方向元件。

因此，只有在低压绕组等值电抗不等于零且高、中压侧中性点均接地的三绕组变压器及自耦变压器的零序电流保护中，才设置零序方向元件。当然，YNd接线的双绕组变压器的零序电流保护就不需要零序方向元件。

高、中压侧中性点均接地的三绕组变压器如图2−14所示。设高压侧系统1的零序等值电抗为Z_{H0}，中压侧系统2的零序等值电抗为Z_{M0}。

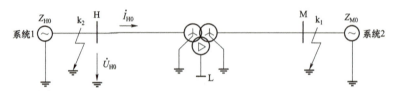

图2−14　高、中压侧中性点均接地的三绕组变压器及系统

下面讨论装设在变压器高压侧零序电流保护中零序方向元件的$\dot{I}_{H0}$与$\dot{U}_{H0}$的相位关系。其中$\dot{I}_{H0}$的正方向从本侧母线（H）指向变压器，即TA的正极性在母线侧，$\dot{U}_{H0}$的正方向由母线（H）对地。

如图2−14所示为高、中压侧接地短路时的零序网络图。图2−15（a）为中压侧母线M处k_1点发生接地短路故障时的零序网络图，由图可见，$\dot{U}_{H0}$与$\dot{I}_{H0}$的关系为

$$\dot{U}_{H0} = -\dot{I}_{H0} Z_{H0} \tag{2−25}$$

如果零序方向元件正方向（动作方向）指向变压器，此时就相当于在保护正方向上发生了接地故障，式（2−25）表明了该零序方向元件的相位关系。应当指出，在变压器内部接地短路时，$\dot{U}_{H0}$与$\dot{I}_{H0}$的相位关系相同。

正方向指向变压器时的零序方向元件的动作方程为

$$-90° < \arg \frac{3\dot{U}_0}{3\dot{I}_0 e^{j(\varphi_{M0}+180°)}} < 90° \quad （动作方向指向变压器） \tag{2−26}$$

如果零序阻抗角φ_{M0}为75°，由式（2−26）可得最大灵敏角为255°，也就是−105°。

图2−15（b）为高压侧母线H处k_2点发生接地短路故障时的零序网络图，如果$\dot{I}_{H0}$的正方向仍是母线流向变压器，则由图可见$\dot{U}_{H0}$与$\dot{I}_{H0}$的关系为

$$\dot{U}_{H0} = \dot{I}_{H0} \left[Z_{T1} + \frac{(Z_{T2}+Z_{M0})Z_{T3}}{Z_{T2}+Z_{M0}+Z_{T3}} \right] \tag{2−27}$$

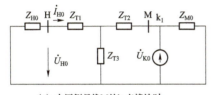

(a) 中压侧母线M处k₁点接地时

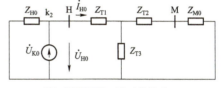

(b) 高压侧母线H处k₂点接地时

图2-15　高、中压侧接地短路时的零序网络图

如果零序方向元件正方向（动作方向）指向本侧系统，此时就相当于在保护正方向上发生了接地故障，式（2-27）表明了该零序方向元件的相位关系。

正方向指向本侧系统（母线）时的零序方向元件的动作方程为

$$-90° < \arg \frac{3\dot{U}_0}{3\dot{I}_0 e^{j\varphi_{M0}}} < 90° \quad （动作方向指向本侧系统） \qquad （2-28）$$

如果零序阻抗角 φ_{M0} 为75°，由式（2-28）可得最大灵敏角为75°。

在微机型变压器保护装置中，是由控制字来设定零序方向元件的指向。当控制字为"1"时，方向指向系统（母线），最大灵敏角为75°。当控制字为"0"时，方向指向变压器，最大灵敏角为-105°。还需要注意的是，方向元件所用的零序电压为自产零序电压，若采用自产零序电流时，TA 的正极性端在母线侧；若采用中性点零序电流时，TA 的正极性端在变压器侧。

3. 变压器高、中压侧零序电流方向和零序电压保护的配置

220kV 电压等级变压器高压侧的零序方向保护为二段式，第一段带方向，方向可整定，设有两个时限。如果方向指向变压器，第一时限跳开中压侧母联断路器，第二时限跳开中压侧断路器；如果方向指向系统（本侧母线），第一时限跳开高压侧母联断路器，第二时限跳开高压侧断路器。第二段不带方向，经延时跳开变压器各侧断路器。高压侧设有"零序过流Ⅰ段方向指向母线"控制字，当控制字整定为"1"时方向指向系统（母线），为"0"时方向指向变压器。高压侧还设有"零序过流Ⅰ段1时限""零序过流Ⅰ段2时限"及"零序过流Ⅱ段"三个控制字选择投退，当控制字整定为"1"时相应保护投入，为"0"时相应保护退出。

中压侧的零序方向保护为二段式。第一段带方向，方向可整定，设有两个时限。如果方向指向变压器，第一时限跳开高压侧母联断路器，第二时限跳开高压侧断路器；如果方向指向系统（本侧母线），第一时限跳开中压侧母联断路器，第二时限跳开中压侧断路器。第二段不带方向，经延时跳开变压器各侧断路器。中压侧设有"零序过流Ⅰ段方向指向母线"控制字，当控制字整定为"1"时方向指向系统（母线），为"0"时方向指向变压器。中压侧还设有"零序过

流Ⅰ段1时限""零序过流Ⅰ段2时限"及"零序过流Ⅱ段"三个控制字选择投退，当控制字整定为"1"时相应保护投入，为"0"时相应保护退出。

4. TV 断线、本侧电压退出对零序电流方向保护的影响

TV 断线将影响零序电流方向元件动作的正确性，因此当判断出 TV 断线后，在发告警信号的同时，本侧的零序电流方向保护退出零序方向元件，此时为零序电流保护。在这种情况下发生反方向接地故障时保护动作是允许的。这样保护装置不需要再设置"TV 断线保护投退原则"控制字来选择零序方向元件的投退。

当本侧 TV 检修或旁路代路为切换 TV 时，为保证本侧零序电流方向元件动作的正确性，需将本侧的"电压投/退"置于退出位置，此时零序电流方向保护退出零序方向元件，成为零序电流保护。

5. 零序（接地）保护逻辑框图

变压器零序（接地）保护是分侧装设的，应装设在变压器中性点接地一侧，所以对于 YNd 接线的双绕组变压器，装设在 YN 侧；对于 YNynd 接线的三绕组变压器，YN 及 yn 侧均应装设；对于自耦变压器，在高压侧和中压侧均应装设。

图 2-16 所示为变压器零序（接地）保护逻辑框图，KAZ1、KAZ2 分别为Ⅰ段Ⅱ段零序电流元件，用于测量零序电流。KWZ 为零序方向元件，为避免 $3\dot{U}_0$、$3\dot{I}_0$ 引入时的极性错误，采用自产 $3\dot{U}_0$ 及自产 $3\dot{I}_0$ 作为零序方向元件的输入量。KVZ 为零序电压闭锁元件，采用 TV 开口三角形的零序电压作为输入量，由图 2-16 可见，KAZ1、KAZ2、KWZ、KVZ 构成了变压器中性点接地运行时的零序电流方向保护。作为零序电流测量元件，输入的零序电流可通过控制字选择自产或外接的 $3\dot{I}_0$。

KG1、KG2 方向元件控制字，控制字为"1"时方向元件投入，为"0"时方向元件退出。KG3、KG4 为零序电流Ⅰ、Ⅱ段是否经零序电压闭锁控制字，KG5、KG6 为零序电流Ⅰ、Ⅱ段是否经谐波闭锁的控制字，KG7~KG11 为零序电流Ⅰ、Ⅱ段带动作时限的控制字。由图 2-16 可见，通过控制字可构成零序电流保护，也可构成零序电流方向保护。并且各段可以获得不同的动作时限。

零序电流启动可采用变压器中性点回路的零序电流，启动值应躲过正常运行时的最大不平衡电流。零序电压闭锁元件（KVZ）的动作电压应躲过正常运行时开口三角的最大不平衡电压，一般取 3~5V。为防止变压器励磁涌流对零序电流保护的影响，采用谐波闭锁措施，利用励磁涌流中的二次谐波及其偶次谐波来实现制动闭锁，当谐波含量超过一定比例时，闭锁零序电流方向保护。

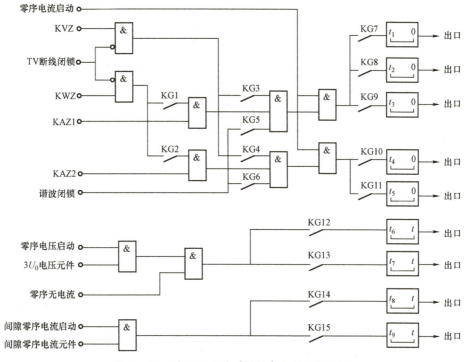

图 2-16 变压器零序（接地）保护逻辑框图

当变压器中性点不接地运行时，采用零序过电压元件（$3\dot{U}_0$）和间隙零序电流元件来构成变压器的零序保护。图 2-16 中，KG12～KG15 为零序过电压、间隙零序电流带动作时限的控制字。考虑到变压器中性点的保护间隙击穿放电过程中，会出现间隙零序电流和零序过电压交替出现，带一定的时限 t 返回可保证间隙零序电流和零序电压保护的可靠性。

三、变压器的非电量保护原理

变压器非电量保护，主要有瓦斯保护、压力保护、温度保护、油位保护及冷却器全停保护。

（一）瓦斯保护

GB 14285《继电保护和安全自动装置技术规程》规定，0.4MVA 及以上车间内油浸式变压器和 0.8MVA 及以上油浸式变压器，均应装设瓦斯保护。当油箱内故障产生轻微瓦斯或油面下降时，应瞬时动作于信号；当油箱内故障产生大量气体时，应瞬时动作跳开变压器各侧断路器。瓦斯保护能反应油箱内的轻微故障和严重故障，但不能反映引出线故障。重瓦斯的出口一般通过变压器保护装置的非电量保护出口，调试检验时应注意检验相关回路。

（1）轻瓦斯保护主要反应变压器油箱内油位降低。轻瓦斯继电器由开口杯、干簧触点等组成。正常运行时，继电器内充满油，开口杯浸在油内，处在上浮位置，当油面降低时，开口杯下沉，干簧触点闭合，发出轻瓦斯告警信号。

（2）重瓦斯保护反应变压器油箱内故障。重瓦斯继电器由挡板、弹簧及干簧触点等组成。当变压器油箱内发生严重故障时，伴随有电弧的故障电流使变压器油分解，产生大量气体（瓦斯），油箱内压力升高向外喷油，油流冲击挡板，使干簧触点闭合，作用于切除变压器。

应当指出，重瓦斯保护是变压器油箱内部故障的主保护，能反映变压器内部的各种故障。当变压器少量绕组发生匝间短路时，虽然故障点的短路电流很大，但在差动回路中产生的差流可能不大，差动保护可能拒动。此时靠重瓦斯保护切除故障。

（二）压力保护

压力保护也是变压器油箱内部故障的主保护。其作用原理与重瓦斯保护基本相同，但它反映的是变压器油的压力。

压力继电器又称压力开关，由弹簧和触点组成。置于变压器本体油箱上部。

当变压器内部故障时，温度升高，油膨胀压力增高，弹簧动作带动继电器触点，使触点闭合，作用于切除变压器。

（三）温度及油位保护

温度保护包括油温和绕组温度保护，当变压器温度升高到预先设定的温度时，温度保护发出告警信号，并投入启动变压器的备用冷却器。

油位保护是反映油箱内油位异常的保护。运行时，因变压器漏油或其他原因使油位降低时动作，发出告警信号。

（四）冷控失电保护

为提高传输能力，对于大型变压器均配置有各种的冷却系统，如风冷、强迫油循环等。在运行中，若冷控失电，变压器的温度将迅速升高。若不及时处理，可能导致变压器绕组绝缘损坏。

根据 DL/T 572—2010《电力变压器运行规程》，强油循环风冷和强油循环水冷变压器，当冷却系统故障切除全部冷却器时，应立即发出告警信号，允许带额定负载运行 20min。如 20min 后顶层油温未达到 75℃，则允许上升到 75℃，但在这种状态下运行的最长时间不得超过 1h。

冷却器全停保护的逻辑框图如图 2−17 所示。图中 K1 为冷却器全停触点，冷却器全停后闭合；XB 为保护投入压板，当变压器带负荷运行时投入；K2 为变压器温度触点。

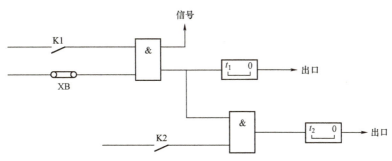

图 2−17　冷却器全停保护逻辑框图

变压器带负荷运行时，压板由运行人员投入。若冷却器全停，K1 触点闭合，发出告警信号，同时启动 t_1 延时元件开始计时，经长延时 t_1 后动作出口，切除变压器。若冷却器全停之后，变压器温度升高，如超温，K2 触点闭合，经短延时 t_2 去切除变压器。

在某些保护装置中，冷控失电保护中的投入压板 XB，用变压器各侧隔离开关的辅助触点串联起来代替。这种保护构成方式的缺点是：回路复杂，动作可靠性降低。其原因是：如某一对辅助触点接触不良时，该保护即被解除。

习　题

1. 变压器励磁涌流有哪些特点？
2. 为什么差动保护不能代替气体保护？

第三节　220kV 变压器微机保护装置调试

学习目标

1. 掌握变压器微机保护装置调试的工作前准备和安全技术措施。
2. 掌握变压器微机保护装置调试的开入量调试、开出量调试和功能调试等内容。

📑 知识点

一、变压器保护装置调试的安全和技术措施

工作前准备、安全技术措施和其他危险点分析及控制见附录一。

220kV 变压器保护现场工作安全技术措施举例。

220kV 变压器保护装置检查调试安全措施票见表 2－3。

表 2－3　　　　　220kV 变压器保护装置检查调试安全措施票

现场工作安全技术措施			
工作内容：RCS－978E 保护全部校验（仅供参考）			
序号	所采取的安全技术措施	打"√"	
		执行	恢复
1	信号回路：控制屏：拉开 DK 信号电源隔离开关；拆开 1～4YBM、190、290、390、＋SM		
2	电流回路： （1）第一主变压器保护屏拆开： 拆开 220kV 侧电流回路：A4111、B4111、C4111、N411； 拆开 110kV 侧电流回路：A4211、B4211、C4211、N4211； 拆开 10kV 侧电流回路：A4311、B4311、C4311、N4311； 拆开公共绕组电流回路：A4001、B4001、C4001、N4001。 （2）第二主变压器保护屏拆开： 拆开 220kV 侧电流回路：A4121、B4121、C4121、N4121； 拆开 110kV 侧电流回路：A4221、B4221、C4221、N4221； 拆开 10kV　侧电流回路：A4321、B4321、C4321、N4321； 拆开公共绕组电流回路：A4002、B4002、C4002、N4002。 220、110kV 旁路断路器电流互感器不得拆开		
3	电压回路：以下各端子拆开后均包好 （1）第一主变压器保护屏拆开（220kV）：A630、B630、C630、L630、N600；A640、B640、C640、L640。 （2）第二主变压器保护屏：拆开（110kV）：A630、B630、C630、L630；A640、B640、C640、L640、N600。 拆开（10kV）：A630、B630、C630、L630；A640、B640、C640、L640、N600		
4	直流回路： （1）联跳回路： 1）第一主变压器保护屏： 脱开 2501 断路器失灵启动 220kV 母差压板 8LP21。拆开 1（4D60）、025（4D148、4D147）并包好。 脱开失灵启动解除复压闭锁压板 8LP22。 检查跳 220kV 旁路 2520 断路器切换连片：1QP1、1QP2、1QP3、1QP4 应不在"跳旁路"位置，并在保护搭跳断路器时，派专人监护这些压板，防止压错连片。 脱开跳 220kV 母联 2510 断路器压板：1LP20；拆开 1CD7、1CD27 并包好。		

续表

序号	所采取的安全技术措施	打"√"	
		执行	恢复
4	脱开跳 110kV 母联 710 断路器压板：1LP22；拆开 1CD19、1CD39 并包好。 　脱开跳 10kV 母联 310 断路器压板：1LP24；拆开 1CD15、1CD35 并包好。 　脱开启动高压侧 2501 断路器失灵保护压板 1LP19。 　2）第二主变压器保护屏： 　跳 110kV 旁路 760 断路器切换连片：2QP1、2QP2 应不在"跳旁路"位置，并在保护搭跳断路器时，派专人监护这些压板，防止压错连片。 　跳 10kV 旁路 110 断路器切换连片：2QP3、2QP4 应不在"跳旁路"位置，并在保护搭跳断路器时，派专人监护这些压板，防止压错连片。 　跳 220kV 母联 2510 断路器：2LP20 已脱开；拆开 1CD7、1CD27 并包好。 　跳 110kV 母联 710 断路器：2LP22 已脱开；并拆开 1CD19、1CD39 并包好。 　跳 10kV 母联 110 断路器：2LP24 已脱开；并拆开 1CD15、1CD35 并包好。 　脱开启动高压侧 2501 断路器失灵保护压板 2LP19。 　（2）控制回路：取下高压、中压、低压三侧断路器操作电源熔丝共 8 只		
5	压板原始状态：		
6	切换开关（包括空气开关）原始位置及补充安全措施：		
7	检查 220kV 母差保护屏 2 号主变压器启动失灵和跳 2 号主变压器压板应已停用		
8	检查 110kV 母差保护屏跳 2 号主变压器压板应已停用		
执行日期		恢复日期		填票人		审核人		执行人		监护人	

关于变压器保护的检查与清扫、回路绝缘检查、检查基本信息、装置直流电源检查、装置通电初步检查、定值及定值区切换功能检查等部分内容，详见附录二。

二、变压器保护装置调试（以PCS-978为例）

（一）开入量调试

（1）投退保护功能压板。检查差动保护、零序差动保护、Ⅰ侧过流保护、Ⅰ侧接地零序保护、Ⅱ侧过流保护、Ⅱ侧接地零序保护、Ⅲ侧后备保护、公共绕组后备保护等保护功能压板投入或退出，要求开入正确。

（2）检查其他开入量状态。检查退Ⅰ侧电压、退Ⅱ侧电压、退Ⅲ侧电压等压板投入或退出，要求开入正确。

（二）开出量调试

（1）拉开装置直流电源，装置报直流断线，要求告警正确，输出触点正确。

（2）模拟 TV、TA 异常及断线信号，装置告警，要求告警正确，输出触点正确。

（3）模拟过负荷保护、Ⅲ侧零序报警、公共绕组报警、Ⅰ侧报警、Ⅱ侧报警、Ⅲ侧报警等信号，要求告警正确，输出触点正确。

（三）功能调试

1. 差动保护功能调试

变压器、电流互感器参数见表 2-4。

表 2-4　　　　　　　　　变压器、电流互感器参数表

项目	高压侧（Ⅰ侧）	中压侧（Ⅱ侧）	低压侧（Ⅲ侧）
变压器额定容量 S_N（MVA）	120MVA		
各侧额定电压 U_N（kV）	220	115	10.5
接线方式	YN	yn	d11
各侧 TA 变比 n_{TA}	630A/5A	1250A/5A	4000A/5A
变压器各侧一次额定电流 I_N（A）	315	602	6598
变压器各侧二次额定电流 I_n（A）	2.499	2.29	8.248
各侧平衡系数 K_{ph}	1	1.09	0.303

由于软件计算、相位补偿的原因，在用单相法进行差动试验时，高、中压侧电流回路接线宜采用 A 进 B 出（或 B 进 C 出、C 进 A 出）的接线方法，加相间电流就避免了保护装置自产零序电流对定值校验的影响，其原因是 $3\dot{I}_0 = \dot{I}_A + \dot{I}_B + \dot{I}_C = \dot{I}_A + (-\dot{I}_A) + 0 = 0$。低压侧宜采用 A 进 N 出（或 B 进 N 出、C 进 N 出）的接线方法。这样在高、中压侧所加电流即为装置采样到的差动电流，低压侧所加电流应为计算电流的 1.732 倍。

压板：投入变压器主保护硬压板 1LP1。

（1）差动启动值调试。将"纵差保护投退"控制字为"1"，"差动速断保护投退"控制字为"0"。"TA 断线闭锁差动"控制字为"0"。

选择测试模块："通用试验"，将电流幅值设置为动作值下的数值，改变变化步长，电流慢慢递增，直至差动保护动作。

PCS-978 变压器差动保护，对于 Y0 侧接地系统，装置采用 Y0 侧零序电流补偿，△侧电流相位校正的方法实现差动保护电流平衡，在测试侧加入单相电流，以任意一侧跳闸出口接点为监测点，仅在一侧通入试验电流，记录保护动作电流。分别测试高压侧、中压侧的差动动作电流，在 Y0 侧加 1.05 倍定值

时，可靠动作；加 0.95 倍定值时，应可靠不动作；加 1.2 倍定值时，测试动作时间定值误差不应大于 5%，动作时间不应大于 60ms。在△侧分别加 1.732×1.2 倍、1.732×1.05 倍、1.732×0.95 倍低压侧额定电流△侧观察保护动作情况。

注：高、中压侧电流回路接线宜采用 A 进 B 出（或 B 进 C 出、C 进 A 出）的接线方法，否则会产生零序电流；同时 RCS-978 差动值为各侧的标幺值。

（2）差动速断保护调试。差动速断保护测试方法相似，将"差动速断保护投退"控制字为"1"，"纵差保护投退"控制字为"0"，此时动作电流为差动速断动作电流。以任意一侧跳闸出口接点为监测点，仅在一侧通入试验电流，记录保护动作电流。分别测试高压侧、中压侧和低压侧的差动速断动作电流，在 1.05 倍定值时，可靠动作；在 0.95 倍定值时，应可靠不动作；在 1.2 倍定值时，测试动作时间定值误差不应大于 5%，动作时间不应大于 40ms。

（3）稳态比率制动特性调试。"纵差保护投退"控制字为"1"，"TA 断线闭锁差动保护"控制字为"0"。"差动速断保护投退"控制字为"0"。

稳态比率差动：在任两侧加入反相位电流，验证稳态比率差动特性。

高压侧对中压侧：① 每段折线取两个点。加模拟量时设定 I_1 的模拟量为计算值不变，I_2 的模拟量为在计算值的基础上稍微增加一点，且 I_1 与 I_2 相位差 180°。设定 I_2 的变化步长之后，慢慢下降中压侧电流 I_2，直至差动保护动作。② 试验时，退出其他原理的差动保护，仅投稳态比率差动保护。③ 高、中压侧电流回路接线宜采用 A 进 B 出（或 B 进 C 出、C 进 A 出）的接线方法，否则会产生零序电流。

高压侧对低压侧：① 单相试验时，I_1 的标幺值等于 1.732 倍 I_2 的标幺值，② 每段折线取两个点。加模拟量时设定 I_1 的模拟量为计算值不变，I_2 的模拟量为在计算值的基础上稍微增加一点，且 I_1 与 I_2 相位差 180°。设定 I_2 的变化步长之后，慢慢下降低压侧电流 I_2，直至差动保护动作。③ 试验时，退出其他原理的差动保护，仅投稳态比率差动保护。④ 高压侧电流回路接线宜采用 A 进 B 出（或 B 进 C 出、C 进 A 出）的接线方法，否则会产生零序电流；低压侧侧电流从 A（或 B 或 C）相极性端进入，由 A（或 B 或 C）相非极性端流回试验仪器，低压侧保护装置感受差流为所加值的 0.577 倍。⑤ 由于计算方法相同，中压侧对低压侧不列出。固定一支路，变化另一个支路。

2. 二次谐波制动调试

只投入比率差动保护，退出 TA 断线闭锁（分侧及零序差动不受二次谐波制动影响）。在测试侧只加入单相电流。从电流回路加入基波电流分量，使差动保护可靠动作（此电流不可过小，因小值时基波电流本身误差会偏大）。再叠加二次谐波电流分量，从大于定值减小到使差动保护动作。在试验仪主菜单中选"通用试验"菜单，在谐波菜单中的参数设置中将变量整定为 I_b，I_b 频率 100Hz 为二次谐波，再设定 I_b 步长，最好单侧单相叠加，因多相叠加时不同相中的二次谐波会相互影响，不易确定差流中的二次谐波含量。加入二次谐波分量，当显示值大于基波的 15% 时，差动保护应不动作，小于该值时差动保护应动作。

3. 高压侧后备保护调试

PCS-978 装置采用复合电压闭锁的方向过电流保护作为变压器相间故障的后备保护。方向元件采用正序电压，并带有记忆，近处三相短路时方向元件无死区。接线方式为零度接线方式。正极性端应在母线侧。当方向指向变压器，灵敏角为 45°；当方向指向系统，灵敏度为 225°。方向元件的动作特性如图 2-18 所示，阴影区为动作区。

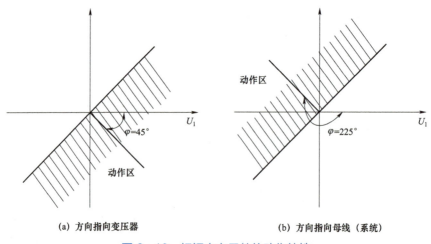

(a) 方向指向变压器　　　　　　(b) 方向指向母线（系统）

图 2-18　相间方向元件的动作特性

复合电压元件的复合电压指相间电压低或负序电压高。对于变压器某侧复合电压元件可经其他侧的电压作为闭锁电压。

以高压侧复合电压闭锁方向过流Ⅰ段 1 时限为例进行试验，其他各侧各段各时限测试方法类似。

（1）高压侧相间后备保护调试。压板及控制字：仅投"高压侧后备保护及高压侧电压硬压板"，其他压板退出。过流Ⅰ段经复压闭锁控制字置 1，复压过流Ⅰ段指向母线控制字置 0（0 表示变压器、1 表示母线，2 表示无方向），复压闭锁过流Ⅰ段 1 时限控制字置 1。

对过流的动作值和动作时间进行测试。在测试过程中，需要将非测试段退出。

电流整定值测试：退出过流保护经方向闭锁，在高压侧加入单相电流，并监视该套保护的跳闸触点。在 1.05 倍整定值时，可靠动作；在 0.95 倍整定值时，应可靠不动作。

负序电压整定值测试：投入"高压侧复压压板"，退出中、低压侧复压压板，在高压侧加入三相健全电压，等待 10s 后 TV 断线返回，装置无告警信号发出，加入单相电流并大于整定值，监视动作触点，降低某相电压使保护动作，记录此时的电压值，并计算出此时的负序电压的大小，即为负序电压元件的动作值。或打开测试仪序分量窗口，观察负序电压。降低一相电压直到保护动作，电压降低至（57.7V−3 倍负序电压定值）×1.05V 时复压应可靠不动作，（57.7V−3 倍负序电压定值）×0.95V 时可靠动作。触发时间要等于或大于时间定值。注意降低一相电压时，线电压不能低于低电压定值。如负序电压定值为 6V，测试仪上三个相电压的额定值为 57.74V，降一相电压（A 相）至 39.74V，由负序电压公式计算可得，此时负序电压为 6V，如再减少 A 相电压，负序电压将大于 6V，开放过流保护动作。

低电压整定值测试：投入"高压侧复压压板"，退出中、低压侧复压压板，在高压侧加入三相健全电压，等待 10s 后 TV 断线返回，装置无告警信号发出，加入单相电流并大于整定值，监视动作触点。降低三相电压直到到保护动作，记录动作电压。注意在测试仪上所加电压为相电压，而低电压定值为线电压。如低电压定值为 60V，相电压为 $60/\sqrt{3}=34.64V$，即当三个相电压都降至 34.64V 以下时，开放过流保护动作。

复压方向动作区、灵敏角测试：对方向动作特性进行测试。在测试过程中，需要将非测试段退出，将不要测试的功能（如零压闭锁退出），且电流值要大于整定值。以复压闭锁过流Ⅰ段 1 时限带方向，指向母线为例，在高压侧加入三相健全电压，等待 10s 后 TV 断线返回，装置无告警信号发出，加入 A 相电流并大于整定值，监视动作触点。降低三相电压低于低电压定值，以 A 相电压为参考。设置 A 相电流的相位在不动作区，选择相角变量。改变 A 相电流的相位进入动作区域直到保护动作，分别校验零序动作灵敏角、灵敏角 ±92°、±88° 的动作情况，记录动作的边界角度。做出两侧动作边界并计算灵敏角。

（2）高压侧接地后备保护调试。装置采用零序方向过流保护作为变压器中性点接地运行后备保护。装置零序过流元件所用零序电流为自产零序电流，装置零序方向元件所采用的零序电流、零序电压均为自产零序电流和零序电压。以高压侧零序过流Ⅰ段1时限为例进行试验，其他各侧各段各时限测试方法类似。

零序过流Ⅰ段固定经方向闭锁，方向灵敏角为75°。"零序过流Ⅰ段指向母线"控制字分三类（0、1.2），0表示指向变压器，1表示指向母线，2表示无方向。零序方向元件动作特性示意图如图2-19所示。

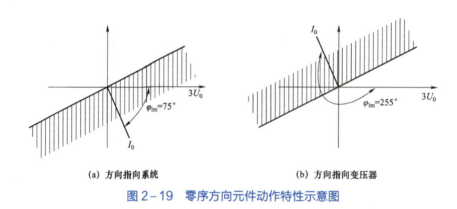

(a) 方向指向系统　　　　　　　　(b) 方向指向变压器

图2-19 零序方向元件动作特性示意图

检查系统参数中"Ⅰ侧后备保护投入"应置1；投入"Ⅰ侧接地后备保护"压板；注意定值中、"经方向闭锁""方向指向""TV断线保护投退"以及"220kV侧电压退出"压板状态；保护采用自产零序电压、电流。

零序过流保护整定值测试：仅投"高压侧后备保护及高压侧电压硬压板"，其他压板退出。零序过流Ⅰ段指向母线控制字置1（0表示指向变压器，1表示指向母线，2表示指向），零序过流Ⅰ段1时限控制字置1，退出零序过流保护经方向闭锁，在高压侧零序回路加入单相电流，并监视动作触点。在1.05倍整定值时，可靠动作；在0.95倍整定值时，应可靠不动作。

零序功率方向动作区及灵敏角测试：在高压侧加入三相健全电压，等待10s后TV断线返回，装置无告警信号发出，在高压侧零序电流回路加入A相电流并大于整定值，监视动作触点，降低A相电压，以A相电压为参考相。设置A相电流相角在不动作区，选择相角变量。改变A相电流相角进入动作区域直到保护动作。根据U_A和U_0、I_A和I_0的关系，就可得到U_0和I_0的关系，即零序过流保护的动作范围。分别校验零序动作灵敏角、灵敏角±92°、±88°的动作情况，做出两侧动作边界并记录动作的边界角度，计算灵敏角。

4. 中、低压侧后备保护调试

中、低压侧后备保护调试参考变压器高压侧后备保护。

5. 区外故障变压器平衡校验

压板及控制字：投入主保护及后备保护功能软压板；模拟正常运行控制字投入，主变压器主保护和后备保护投入。

（1）低压侧 A、C 相间故障，假设二次故障电流为 $\dot{I}_1$。

根据调试要求，低压侧加入电流为

$$\begin{cases} \dot{I}_{\Delta a2} = \dot{I}_1 \\ \dot{I}_{\Delta b2} = 0 \\ \dot{I}_{\Delta c2} = -\dot{I}_1 \end{cases}$$

PCS−978 为三角侧向星形侧（d→Y）相位校正（d 侧内转角），如第二节中差动保护的幅值校正原理所述，其低压侧计算电流为

$$\begin{cases} \dot{I}'_{\Delta a2} = (\dot{I}_{\Delta a2} - \dot{I}_{\Delta c2}) / \sqrt{3} \\ \dot{I}'_{\Delta b2} = (\dot{I}_{\Delta b2} - \dot{I}_{\Delta a2}) / \sqrt{3} \\ \dot{I}'_{\Delta c2} = (\dot{I}_{\Delta c2} - \dot{I}_{\Delta b2}) / \sqrt{3} \end{cases}$$

为使变压器平衡，高压侧计算电流应为

$$\begin{cases} \dot{I}'_{YA2} = -\dot{I}'_{\Delta a2} \times K_L = \dot{I}_{YA2} - \dot{I}_{Y0} \\ \dot{I}'_{YB2} = -\dot{I}'_{\Delta b2} \times K_L = \dot{I}_{YB2} - \dot{I}_{Y0} \\ \dot{I}'_{YC2} = -\dot{I}'_{\Delta c2} \times K_L = \dot{I}_{YC2} - \dot{I}_{Y0} \end{cases}$$

则高压侧加入电流为

$$\begin{cases} \dot{I}_{YA2} = \dot{I}'_{YA2} + \dot{I}_{Y0} \\ \dot{I}_{YB2} = \dot{I}'_{YA2} + \dot{I}_{Y0} \\ \dot{I}_{YC2} = \dot{I}'_{YA2} + \dot{I}_{Y0} \end{cases}$$

此时，变压器高、低压两侧电流平衡，装置无报文、无告警，查看装置差流应为 0。

（2）高压侧 A、C 相间故障，假设二次故障电流为 $\dot{I}_1$。

根据调试要求，高压侧加入电流为

$$\begin{cases} \dot{I}_{YA2} = \dot{I}_1 \\ \dot{I}_{YB2} = 0 \\ \dot{I}_{YC2} = -\dot{I}_1 \end{cases}$$

此时，高压侧计算电流为

$$\begin{cases} \dot{I}'_{YA2} = \dot{I}_{YA2} - \dot{I}_{Y0} = \dot{I}_1 \\ \dot{I}'_{YB2} = \dot{I}_{YB2} - \dot{I}_{Y0} = 0 \\ \dot{I}'_{YC2} = \dot{I}_{YC2} - \dot{I}_{Y0} = -\dot{I}_1 \end{cases}$$

为使变压器平衡，低压侧计算电流应为

$$\begin{cases} \dot{I}'_{\Delta a2} = -\dot{I}'_{YA2}/K_L = (\dot{I}_{\Delta a2} - \dot{I}_{\Delta c2})/\sqrt{3} \\ \dot{I}'_{\Delta b2} = -\dot{I}'_{YB2}/K_L = (\dot{I}_{\Delta b2} - \dot{I}_{\Delta a2})/\sqrt{3} \\ \dot{I}'_{\Delta c2} = -\dot{I}'_{YC2}/K_L = (\dot{I}_{\Delta c2} - \dot{I}_{\Delta b2})/\sqrt{3} \end{cases}$$

再结合故障分析条件，$\dot{i}_{c2} = -2\dot{i}_{b2} = -2\dot{i}_{a2}$，可求得低压侧加入电流。

此时，变压器高、低压两侧电流平衡，装置无报文、无告警，查看装置差流应为 0。

（3）高压侧 A 相单相接地故障，假设二次故障电流为 $\dot{i}_1$。

根据调试要求，高压侧加入电流为

$$\begin{cases} \dot{I}_{A2} = \dot{I}_1 \\ \dot{I}_{B2} = 0 \\ \dot{I}_{C2} = 0 \end{cases}$$

此时，高压侧计算电流为

$$\begin{cases} \dot{I}'_{YA2} = \dot{I}_{YA2} - \dot{I}_{Y0} \\ \dot{I}'_{YB2} = \dot{I}_{YB2} - \dot{I}_{Y0} \\ \dot{I}'_{YC2} = \dot{I}_{YC2} - \dot{I}_{Y0} \end{cases}$$

为使变压器平衡，低压侧计算电流应为

$$\begin{cases} \dot{I}'_{\Delta a2} = -\dot{I}'_{YA2}/K_L = (\dot{I}_{\Delta a2} - \dot{I}_{\Delta c2})/\sqrt{3} \\ \dot{I}'_{\Delta b2} = -\dot{I}'_{YB2}/K_L = (\dot{I}_{\Delta b2} - \dot{I}_{\Delta a2})/\sqrt{3} \\ \dot{I}'_{\Delta c2} = -\dot{I}'_{YC2}/K_L = (\dot{I}_{\Delta c2} - \dot{I}_{\Delta b2})/\sqrt{3} \end{cases}$$

再结合故障分析条件，$\dot{i}_{c2} = -\dot{i}_{a2}$，可求得低压侧加入电流。

此时，变压器高、低压两侧电流平衡，装置无报文、无告警，查看装置差流应为 0。

6. 整组传动

整组传动情况见表 2−5。

表 2−5　　　　　　　　整 组 传 动 情 况

保护	故障类型	断路器	信号指示及接点输出
差动	任选故障	三侧跳闸	保护动作、开关跳闸、失灵启动接点
高后备	任选故障	根据控制字要求跳开关	保护动作、开关跳闸、失灵启动接点、联跳接点

续表

保护	故障类型	断路器	信号指示及接点输出
中后备	任选故障	根据控制字要求跳开关	保护动作、开关跳闸、失灵启动接点、联跳接点
低后备	任选故障	根据控制字要求跳开关	保护动作、开关跳闸、联跳接点

注　1. 全部检验时，调整保护及控制直流电压为额定电压的80%，带断路器实际传动，检查保护和断路器
　　　　动作正确。对没有满足运行和检验要求的直流试验电源的变电站或保护小室，可仅检查80%额定电
　　　　压下逆变电源的负载能力。
　　 2. 后备保护检验时，注意检查主变压器闭锁调压、启动风冷的接点。
　　 3. 后备保护检验时，注意检查保护跳各侧母联开关的接点。
　　 4. 监测主变压器启动失灵接点动作情况是否带延时特性（返回时间不大于50ms）。
　　 5. 第一次全部检验或改变跳闸方式后需做保护控制字检查。
　　 6. 检查开关双跳圈与保护双配置一一对应情况。
　　 7. 核对监控系统、故障录波器、信息子站相对应保护事件正确。

习　题

1. 变压器保护调试包括哪些项目？（5种及以上）
2. 对于 PCS-978 变压器保护，在用单相法进行差动试验时，应注意什么？

第四节　220kV 变压器保护故障及异常处理

学习目标

1. 掌握变压器保护交流回路故障及异常处理方法。
2. 掌握变压器保护开入，开出回路故障及异常处理方法。
3. 掌握变压器保护操作回路故障及异常处理方法

知识点

一、变压器保护装置异常现象及处理方法

变压器保护装置异常现象及处理方法见表2-6。

表 2-6　　　　　　　　　　变压器保护装置异常现象及处理方法

序号	自报警元件	指示灯		是否闭锁装置	含义	处理意见
		运行	异常			
1	装置闭锁	○	●	是	装置闭锁总信号	查看其他详细自检信息
2	板卡配置错误	○	●	是	装置板卡配置和具体工程的设计图纸不匹配	通过"装置信息"→"板卡信息"菜单,检查板卡异常信息;检查板卡是否安装到位和工作正常
3	定值超范围	○	●	是	定值超出可整定的范围	请根据说明书的定值范围重新整定定值
4	定值项变化报警	○	●	是	当前版本的定值项与装置保存的定值单不一致	通过"定值设置"→"定值确认"菜单确认;通知厂家处理
5	装置报警	×	●	否	装置报警总信号	查看其他详细报警信息
6	通信传动报警	×	●	否	装置在通信传动试验状态	无须特别处理,传送试验结束报警消失
7	定值区不一致	×	●	否	装置开入指示的当前定值区号和定值中设置当前定值区不一致(华东地区专用)	检查区号开入和装置"定值区号"定值,保持两者一致
8	定值校验出错	×	●	否	管理程序校验定值出错	通知厂家处理
9	版本校验出错	×	●	否	装置的程序版本校验出错	工程调试阶段下载打包程序文件消除报警;投运时报警通知厂家处理
10	对时异常	×	×	否	装置对时异常	检查时钟源和装置的对时模式是否一致、接线是否正确;检查网络对时参数整定是否正确
11	不对应启动报警	×	●	否	保护板和启动板的保护逻辑判断出现不一致	检查装置的保护板和启动板采样是否正常
12	长期启动报警	×	●	否	保护长期启动报警	检查装置定值及采样
13	××××TA 断线	×	●	否	×××× 支路 TA 断线,根据定值整定不同,闭锁或不闭锁差动保护	检查对应支路二次回路
14	差流异常	×	●	否	差保护差电流异常	检查定值及二次回路
15	差回路 TA 断线	×	●	否	差动保护差回路TA 断线,根据定值整定不同,闭锁或不闭锁差动保护	检查二次回路
16	××××TA 异常	×	●	否	×××× 支路 TA 回路三相不平衡报警	检查对应支路二次回路

序号	自报警元件	指示灯		是否闭锁装置	含义	处理意见
		运行	异常			
17	××××TV 异常	×	●	否	××××TV 回路三相不平衡报警	检查对应支路二次回路
18	××侧失灵联跳节点报警	×	●	否	长时间有失灵开入，闭锁相关侧失灵联跳保护	检查失灵开入
19	××侧失灵联跳电流报警	×	●	否	××侧失灵联跳电流判据长时满足。不闭锁失灵联跳	检查本侧电流采样
20	光耦电源异常	×	●	否	光耦电源失去报警，装置失去硬开入，影响相关逻辑	检查装置电源及光耦开入回路电压是否正常
21	跳闸出口报警	○	●	是	跳闸出口监视报警	通知厂家处理
22	DSP 出错	○	●	是	DSP 运行出错	通知厂家处理
23	过负荷	×	×	否	×侧过负荷	按照运行规程处理

二、变压器保护交流回路故障异常现象及分析

（一）交流电流回路

交流电流回路最常见的故障是电流互感器二次回路断线，具体可能是：

（1）电流互感器二次绕组出线桩头内部引线松动或外部电缆芯未拧紧。

（2）电流互感器二次端子箱内端子排上接线接触不良或接错档。

（3）保护屏上电流端子接线接触不良或接错档。

（4）保护机箱背板电流端子接线接触不良或接错线。

（5）保护电流插件内电流端子接线接触不良或接错线。

（6）有电流互感器二次绕组极性错误或保护内小电流互感器引线头尾接反，三相电流不对称度较严重。

（7）如有旁路断路器代变压器某侧开关运行回路，主变压器保护屏上该侧旁路电流切换端子未切换或连接片接触不良。

交流电流回路有短接或分流现象，具体可能是：

（1）保护装置前某处电流互感器二次回路接线间有受潮的灰尘等导电异物。

（2）保护装置前某处电流互感器相线绝缘破损，有接地现象，和电流互感器二次原有的接地点形成回路。

（3）保护装置采样回路故障，使采样值和实际加入电流值不一致。

在电流互感器带负荷运行中若发现三相电流不平衡较严重或某相无电流，可用在电流互感器端子箱处测量电流互感器各二次绕组各相对 N 端电压的方法判别相应电流回路是否有开路现象。在正常情况下电流互感器二次回路的负载阻抗很小，在负荷电流下所测得的电压也应较小，若有开路或接触不良现象则负载阻抗变大，在负荷电流下所测得的电压也应明显增大。若负载电流较大时，可用高精度钳形电流表分别在电流回路各环节测量电流值，检查是否有分流现象。必要时，用数字钳形相位表检查各相进入保护装置电流的相位是否是正相序、和同名相电压的夹角是否符合功率输送的方向。

若在电流互感器带负荷运行中无法断定问题原因或查出大致原因后，需要对电流互感器停电对相关二次回路做进一步检查处理。在相关一次设备停电的情况下，检查电流回路的最基本方法，就是做电流回路的二次通电试验，即在电流互感器二次绕组桩头处或电流互感器端子箱处按 A、B、C 相分别（或同时但三相不同值）向变压器保护装置通入一定量及相位的电流，看相关保护装置是否能显示相同的电流及相位值。

（1）若保护装置显示的电流值明显较小可能是有分流现象，用高精度钳形电流表分别在电流回路各环节测量电流值，可以检查出分流大致的地点。

（2）若保护装置显示无电流值可能为电流回路开路，用数字万用表分别从保护装置背板电流端子开始在电流回路各环节测量电阻值，可以检查出开路大致的地点。

（3）若保护装置显示无电流值或电流值较小甚至较大，但保护装置入口处用高精度钳形电流表能测得和所加电流一致的值，证明保护装置的相应采样回路有异常。可用更换同型号交流或 CPU 等相关插件的方法予以验证。

（4）若保护装置显示电流值虽和所加电流值一致但和所加相别不一致，证明电流回路有串相现象存在；若保护装置显示电流值虽和所加电流值一致但和所加相位不一致，可能是保护装置电流引线头尾接反。

（5）若相关保护装置能显示相同的电流及相位值，则要电流互感器二次绕组桩头处或电流互感器端子箱处断开下接的二次回路，用做电流互感器伏安特性的方法，向电流互感器二次绕组通电以检查问题是否出自电流互感器二次绕组及其至二次绕组桩头处或电流互感器端子箱处的接线。

检查主变压器保护屏上本侧/旁路电流切换端子连接片位置应符合实际一次设备运行情况，在此基础上检查相应的连接片通断状态应良好（该通的接触良好，该断的绝缘良好）。

（二）交流电压回路

交流电压回路最常见的故障是电流互感器二次回路断线，具体可能是：

（1）压变二次绕组出线桩头内部引线松动或外部电缆芯未拧紧。

（2）压变二次端子箱内端子排上接线接触不良或接错挡。

（3）压变二次端子箱内总空气开关接点接触不良或接线接触不良。

（4）保护屏上电压端子接线接触不良或接错挡。

（5）保护屏上压变电源空气开关接点接触不良或接线接触不良。

（6）保护机箱背板电压端子接线接触不良或接错线。

（7）保护电压插件内电流端子接线接触不良或接错线。

（8）有压变二次绕组极性错误，三相电压不对称。

（9）若有压变电压切换、并列回路还可能是相关继电器接点、线圈或接线问题等。

（10）有旁路断路器代变压器某侧开关运行回路，主变压器保护屏上该侧旁路电压切换开关未切换或内部触点接触不良。

交流电压回路有短接引起压变空气开关跳闸现象，具体可能是：

（1）某处压变二次回路接线间有受潮的灰尘等导电异物。

（2）某处压变相线绝缘破损，有接地现象。

（3）引入变压器保护装置的两段母线二次电压接线不正确，保护切换电压时异相并列等。

保护装置采样回路故障，使采样值和实际加入电压值不一致。

在压变带负荷运行中若发现三相电压不平衡较严重、某相无电压或三相无电压，可用在正、副母电压屏顶小母线或公用测量屏引入本变压器保护屏的接入电缆端子排处测量进入变压器保护屏压变二次各相对 N 及相间电压的方法判别进入电压回路是否有异常现象。若进入的电压不正常则要在压变二次接线桩头或二次端子箱至接入变压器保护屏端子间查找，按压变电压二次回路的连接采用逐级测量电压的方法，查找出产生电压不平衡、某相无压或三相无压的原因。

若在压变带负荷运行中引入本变压器保护屏的接入电缆端子排处测量进入变压器保护屏压变二次各相对 N 及相间电压的方法判别进入电压回路正常，本变压器保护屏电压切换回路包括线路隔离开关辅助接点也正常，则需要对变压器保护屏停用以便对相关二次回路做进一步检查处理。在变压器保护屏停用的情况下，检查变压器保护电压回路的最基本方法，就是做电压回路的二次加压试验，即在进入变压器保护屏的压变电压端子排处按 A、B、C 相分别（或同时但三相不同值）向变压器保护装置通入一定量及相位的电压，看相关保护装置是否能显示相同的电压及相位值。

（1）若保护装置显示的电压值明显较小可能是有接线处接触不良现象，用数字万用表分别在电压回路各环节测量电压值，可以检查出接线处接触不良大致的地点。

（2）若保护装置显示无电压值可能为电压回路开路，用数字万用表分别从保护装置背板电压端子开始在电压回路各环节测量电阻值，可以检查出开路大致的地点。

（3）若保护装置显示无电压值或电压值较小甚至较大，但保护装置入口处用电压表能测得和所加电压一致的值，证明保护装置的相应采样回路有异常。可用更换同型号交流或 CPU 等相关插件的方法予以验证。

（4）若保护装置显示电压值虽和所加电压值一致但和所加相别不一致，证明电压回路有串相现象存在。若三相同时加入幅值不等的正序电压，保护反映的各相电压采样值和所加的不相等且之间相位混乱，则证明是电压中性线有开路现象。

检查主变压器保护屏上本侧/旁路电压切换开关位置应符合实际一次设备运行情况，在此基础上检查相应的切换开关触点通断状态应良好（该通的接触良好，该断的绝缘良好）。

三、变压器保护开入回路故障异常现象及分析

投入任何保护功能压板、按复归按钮、打印按钮等，相应开入量全部显示为"0"不变为"1"，可能的原因是：

（1）光耦正电源"24V 光耦＋"4B17 端子接触不良。

（2）光耦正电源"24V 光耦＋"至 1RD1 接线断线。

（3）保护装置内 24V 光耦电源异常。

投入某一保护功能压板，该开入量显示为"0"不变为"1"，可能的原因是：

（1）该开入量接入保护装置端子接触不良。如投入差动保护压板 1LP1，保护装置中"差动保护投入"开入量不能从"0"变为"1"，则可能是保护背板 2B7 端子接触不良。先用数字万用表确认保护装置内 24V 光耦电源正常（如果不正常则更换相关电源插件）且已由主变压器保护 4B17 端子引至端子排 1RD1 并引至各保护功能压板 1 号桩头，以此排除所有开入量不能从"0"变为"1"的问题；再用光耦正电源点通不能从"0"变为"1"的开入量尽量靠近保护装

置的接线端子，若该开入量此时能从"0"变为"1"，则为该开入量外回路接线有异常，按照相关回路用光耦正电源逐点点通，直至该开入量不能从"0"变为"1"时，则可判断出异常点的位置；若该开入量此时不能从"0"变为"1"，则为该开入量内部接线有误或光耦损坏。比如按下复归按钮 1FA 不能复归保护信号，保护装置中"复归"开入量不能从"0"变为"1"，可用短接线一头接在保护端子排 1RD1 "DC 24V+"电上，另一头点通 1RD3 端子，若该开入量此时能从"0"变为"1"，则可确定复归按钮触点接触不良或其引出线断线。

（2）该开入量接入保护装置的相关回路异常。如按复归按钮，不能复归保护信号，保护装置中"复归"开入量不能从"0"变为"1"，可能是"24V 光耦+"至复归按钮 1 号端子接线或复归按钮 2 号端子至保护装置背板 2B20 接线有异常，也可能是复归按钮触点接触不良等。

（3）保护装置内相关的光耦损坏等。

未投入某一保护功能压板等，该开入量显示为"1"，可能的原因是：

（1）该开入量实际被短接。如差动保护压板 1LP1 在分开位置，保护装置中"差动保护投入"开入量为"1"，可能是保护装置 2B7.2B9 端子间爬电，当投入中压侧相间后备保护 1LP8 压板时，差动保护也同时被投入。拆开异常从"0"变为"1"的开入量尽量靠近保护装置的接线端子，若该开关量仍然保持为"1"，则为该开入量内部接线有误或光耦损坏；若该开关量变为"0"，则为该开入量外回路接线有异常。断开所有的保护功能压板并检查确认复归按钮、打印按钮在分开状态，观察该开关量是否能变为"0"，若能变为"0"则逐个投入保护功能压板，看其与各压板开关量是否有联动现象，由此可知问题所在；若仍然不能变为"0"则表明该压板两端被短接，可采用逐根查线的方法去找到问题的根源。

（2）保护装置内相关的光耦损坏等。

四、变压器保护操作回路故障异常现象及分析

（一）保护出口跳闸回路

某套变压器电量保护发出跳闸命令时，断路器不跳。可能的原因是该套保护跳闸压板未投或接触不良；跳闸压板到保护端子或端子排的引线接触不良；保护端子排到操作箱回路的端子引线有问题；保护装置出口三极管坏或跳闸继电器线圈断线、接点接触不良；"本侧/旁路"跳闸出口切换压板位置和运行方式不对应等。可用万用表电压挡按相应的跳闸回路逐点测量，当测量的相邻两

点电压发生变化时，则问题就在这两点之间。若回路查不出问题则可在有跳闸令时用万用表测量对应的跳闸接点两端的电压，若接点及其引出线良好则电压应从接近直流操作电源额定电压降至零；也可以跳闸接点两端接线拆开，在有跳闸令时用万用表直接测量对应的跳闸接点的通断；以此来确定保护装置内部跳闸体系的完好。

变压器非电量保护如重瓦斯保护接点闭合发出跳闸命令时，断路器不跳。可能的原因是重瓦斯继电器至主变压器端子箱或主变压器端子箱至主变压器保护屏电缆接线不良；重瓦斯保护跳闸压板未投或接触不良；跳闸压板到保护端子或端子排的引线接触不良；保护端子排到操作箱回路的端子引线有问题；重瓦斯跳闸继电器线圈断线、接点接触不良等；"本侧/旁路"跳闸出口切换压板位置和运行方式不对应等。可先在主变压器保护屏上端子排拆开至主变压器端子箱的重瓦斯电缆芯，按下瓦斯继电器试验探针，测量非电量保护正电源和重瓦斯电缆芯是否导通或正电位是否到达重瓦斯电缆芯，以此区分是主变压器保护屏外部还是内部有问题；若问题在外部则去检查相关电缆接线、重瓦斯接点及其引线等；问题若在内部则可参照上一条电量保护的检查处理方法去处理。

（二）变压器各侧断路器控制回路

各间隔断路器控制回路故障异常现象及分析同线路保护相关部分。

习　题

1. 如何检查变压器交流电压回路？
2. 变压器保护开入量异常从"0"变为"1"，如何处理？

第五节　110kV 某变电站 1 号主变压器差动保护跳闸案例分析

一、案例概述

（一）基本情况

110kV 某变电站 110、35、10kV 均为单母分段接线方式，110kV 部分为户内 GIS，2019 年 3 月改造完成投运，1.2 主变压器型号均为 SSZ10–50000/ 110。

主变压器保护型号：PCS－9671，软件版本和校验码：V2.33，A846668D。

（二）故障前后运行方式

故障前，110kVⅠ、Ⅱ母线，35kVⅠ、Ⅱ母线，10kVⅠ、Ⅱ母线均分列运行，35、10kVⅠ段母线由1号主变压器供电，35、10kVⅡ段母线由2号主变压器供电。

2019年12月31日02:06:41，1号主变压器差动保护动作跳开主变压器三侧开关，故障相别为B相。故障后，1号主变压器跳闸，35、10kV备自投正确动作，35kVⅠ、Ⅱ母线，10kVⅠ、Ⅱ母线并列运行，全站中低压侧负荷由2号主变压器兼供。由于本次故障中低压侧备自投正确动作，未造成负荷损失。

（三）故障检查处理情况

2019年1月11日，110kV某变1号主变压器差动保护动作跳开主变压器三侧开关，故障相别为B相。接到故障通知后，变电检修室立即组织人员前往现场进行检查，首先对110kV GIS、1号主变压器、101开关柜进行外观检查，未发现明显放电痕迹；对1号主变压器差动跳闸报文、后台信息进行查阅、分析后确认1号主变压器差动保护区内低压侧B相存在接地放电。主变压器保护动作报文如图2－20所示。

图2－20　主变压器保护动作报文

检修人员对1号主变压器、101开关柜及连接电缆进行试验，1号主变压器及101开关柜内设备试验正常，在解开1号主变压器10kV侧B相电缆测量绝缘电阻时，绝缘电阻为0，同时在1号主变压器附近电缆沟内听到"噼、噼"的放电声，遂掀开电缆盖板寻找放电点，在最上层电缆支架上发现拐角处的电缆外皮存在烧灼痕迹（见图 2-21），内侧一根电缆已完全击穿。

图 2-21 故障相电缆表皮烧灼痕迹

二、案例分析

（一）保护动作行为分析

根据变压器保护和 10kV 开关站 I 线录波数据，以 B 相接地发生时刻为故障零点进行故障分析：

（1）故障发生 0~35ms 区间。由图 2-22 可看出变压器低压侧 B 相母线电压为零，A、C 相母线电压升高为线电压（100V），可以判断为 B 相接地故障，由于是不接地系统单点接地故没有故障电流。由图 2-23 可证明，变压器高、低压侧三相只有负荷电流而无故障电流，且负荷电流方向相反，为穿越性负荷电流。由图 2-24 可证明，变压器差流在此时间段为零。至于是 B 相差动区内还是区外故障，由后续时间段现象判断。

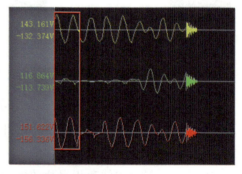

图 2-22 变压器低压侧母线电压波形

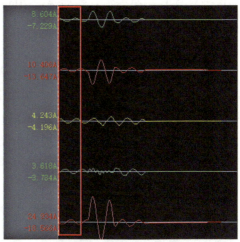

图 2-23 变压器差动保护高、低压测电流波形

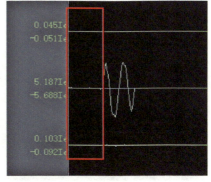

图 2-24 变压器差流波形

（2）故障发生 35～67ms 区间：由图 2-24 可看出此时 B 相出现了差流，判断可能又出现了接地点形成了短路电流回路；由图 2-25 可看出低压侧母线 B 相电压继续保持为零，同时 C 相电压也跌落为零，A 相电压有所下降，且 C 相出现故障电流，为线路出口处正方向区内故障，另外通过主变压器高、低压 C 相电流反相，也可判断为变压器区外故障。综上判断为变压器低压侧出口处 B 相差动区内、C 相差动区外异名相两点接地故障，在 B、C 相接地点之间流过电流，如图 2-26 所示。电流通过高压侧 B 相 TA－低压侧 B 相接地点－低压侧 C 相接地点－低压侧 C 相 TA－高压侧 C 相 TA 形成回路。如图 2-27 所示高压侧 B、C 相有电流，低压侧 C 相有电流，且 C 相为穿越性电流没有差流，而由于 B 相接地点在区内，低压侧 TA 上没有流过接地电流，故如图 2-28 所示差

动保护只有 B 相有差流，差动保护 20ms 动作，10ms 后 B、C 相故障电流切除，差动保护返回。

备注：

1）C 相接地为瞬时性接地故障，这是由于母线上先发生 B 相单相接地故障，非故障相电压升高为线电压，线路上 C 相某点绝缘不好被击穿，造成 C 相瞬时接地故障。如果 C 相是永久性故障，则备自投动作后会合闸于故障再动作。

2）线路故障电流虽然达到过流一段整定值，但由于动作时间整定为 0.1s，变压器差动保护先动作切除故障，因此线路保护只启动而不动作。

 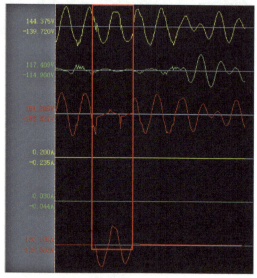

图 2-25   10kV 开关站 I 线电压、电流波形

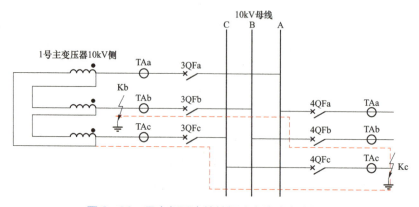

图 2-26   异名相两点接地短路电流流向路径图

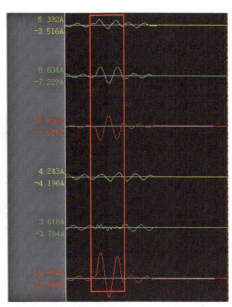

图 2-27 变压器差动保护高、低压测电流波形

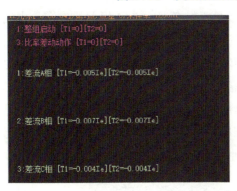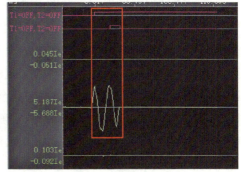

图 2-28 变压器差流波形

（3）故障发生 67～107ms 区间。67ms 时刻差动保护动作跳开主变压器三侧开关，但此时 B 相电压仍为零，A、C 相电压变为线电压，B 相单相接地故障未切除。如图 2-28 所示约 40ms 后 B 相电压恢复，这是由于主变压器保护切除高、低压侧开关不同期造成的，差动保护动作后先切除高压侧开关，低压侧开关滞后 40ms 左右跳开，B 相电压恢复。

主变压器低压侧开关跳开后，低压侧母线仍有电压存在，可能原因有：

1）低压侧正负母电压并接。

2）Ⅰ母对侧有小电源系统，电压反送。

3）低压侧开关切除后由于断口电容电压与线路电感发生铁磁谐振，为铁磁谐振电压。

由于副母未有接地报警，排除第一种可能。经排查对侧未有小电源，排除第二种可能。由图 2-29 第二个方框内电压波形非对称衰减，比较类似谐振电压，推测该电压为铁磁谐振电压，经 100ms 左右衰减为零，之后备自投正确动作，母线电压恢复正常。

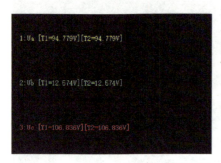
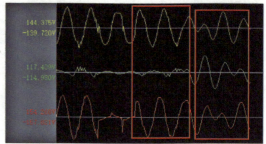

图 2-29　低压侧母线电压波形

（二）2.1 号主变压器 10kV 侧 B 相电缆绝缘击穿原因分析

在检查过程中发现，击穿的 B 相电缆处于转角处，为 4 根并排电缆最内侧一根，其接地放电点正好位于支架角钢的一个角上，电缆放电点、角钢一角已完全烧毁（见图 2-30）。同时发现 2019 年 3 月投运的 110kV GIS 的二次电缆也敷设在此电缆沟内，造成电缆沟内电缆混乱，一、二次电缆交错，而且 GIS 二次电缆未按要求放置在电缆支架上，其全部压在此次发生故障的一次电缆上（见图 2-31）。由于 1 号主变压器原 10kV 侧电缆采用的是 10kV 单芯电缆，外层无铠装，无阻水，机械力承受能力、防水性能较差，故障电缆在 GIS 二次电缆敷

图 2-30　故障电缆与角钢一角放电

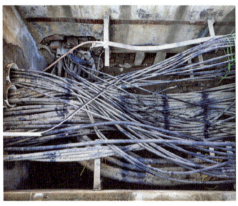

图 2-31 故障电缆承受 GIS 二次电缆压力

设过程中可能受到踩踏和移动，导致外皮损伤，长期处于二次电缆的压力下，使得位于角钢尖角上电缆绝缘长期受到应力，绝缘下降，且故障前几天连续阴雨，电缆沟内湿度较大，进一步造成电缆绝缘能力降低，最终在多种因素影响下发生电缆绝缘击穿放电故障。

三、措施及建议

（1）更换 110kV1 号主变压器 10kV 侧电缆，使 1 号主变压器恢复送电。

（2）变电站改扩建过程中，应尽量合理设计，避免一、二次电缆共沟，同时应加强电缆敷设路径、工艺及质量要求。

（3）加强工程验收管理，GIS 基建工程二次电缆敷设施工质量严重不良，二次电缆未按要求敷设在支架上，造成电缆沟内电缆混乱，一次电缆承受压力，是此次事故发生的主要原因。对存在隐患的设备坚决不予验收通过，并落实整改，做到零缺陷、零隐患投运。

（4）加强站内电缆的巡视、维护工作，必要时采用红外测温，局部放电检测等手段提前发现电缆缺陷。

第三章

母线保护原理、调试和故障处理

第一节　220kV 母线微机保护配置

学习目标

掌握 220kV 母线微机保护典型配置。

知识点

220kV 母线微机保护一般配置有：母差保护、母联失灵保护、母联死区保护、母联充电至死区保护、断路器失灵保护、TA 断线判别功能及 TV 断线判别功能。其中差动保护与断路器失灵保护可经硬压板、软压板及保护控制字分别选择投退。母联充电过流保护及母联非全相保护可根据工程需求配置。

220kV 及以上母线应当配置两套独立的母线保护。九统一后母线保护配置见表 3-1。

表 3-1　　　　　　　　　九统一后母线保护配置表

序号	功能描述	段数及时限	备注
1	差动保护		
2	失灵保护		
3	母联（分段）失灵保护		
4	TA 断线判别功能		
5	TV 断线判别功能		

续表

序号	功能描述	段数及时限	备注
6	双母线接线母线保护 双母双分段接线母线保护	A	
7	双母单分段母线保护	D	
8	母联（分段）充电过流保护	M	功能同独立的母联（分段）过流保护
9	母联（分段）非全相保护	P	功能同线路保护的非全相保护
10	线路失灵解除电压闭锁	X	

除了上述表中所配置保护外，根据 Q/GDW 1175—2013《变压器、高压并联电抗器和母线保护及辅助装置标准化设计规范》的 7.2.1.h 要求，"母线保护应能自动识别母联（分段）的充电状态，合闸于死区故障时，应瞬时跳母联（分段），不应误切除运行母线"。对于常规的母线保护逻辑，若母联充电至死区故障（母联 TA 靠近无源母线），因没有故障电流流过母联 TA，无法通过启动充电保护来闭锁差动保护并切除母联开关，差动保护将切除运行母线。为适应 Q/GDW 1175—2013 的要求，母线保护装置增加母联充电于死区故障保护。

由于母线保护关联到母线上的所有出线元件，因此，在设计母线保护时，还应考虑与其他保护及自动装置的配合。

（1）当母线发生短路故障或母线上故障断路器失灵时，为使线路对侧的闭锁式高频保护迅速作用于跳闸，母线保护动作后应使本侧的收发信机停信，此条仅针对收发信机式保护。

（2）当发电厂或重要变电站母线上发生故障时，为防止线路断路器对故障母线进行重合，母线保护动作后应闭锁线路重合闸。

（3）在母线发生短路故障而某一断路器失灵或故障点在断路器与电流互感器之间时，为使失灵保护能可靠切除故障，在母线保护动作后，应立即去启动失灵保护。

（4）当母线保护区内发生故障时，为使线路对侧断路器能可靠跳闸，母线保护动作后，应短接线路纵差保护的电流回路，使其可靠动作，切除对侧断路器。

习 题

母线保护通常配置哪些保护类型？

第二节 220kV 母线微机保护装置原理

学习目标

1. 理解母差保护原理。
2. 理解母联相关保护原理及断路器失灵保护原理。

知识点

一、母差保护原理

母差保护反映母线各间隔电流互感器二次电流相量和。当母线区内故障时，各间隔电流均流向母线，母差保护应动作；而在母线区外发生故障，各间隔电流都流向故障点，母差保护应可靠不动作。

母差保护动作条件为

$$\sum_{j=1}^{n} \dot{I}_j \geqslant I_{op} \qquad (3-1)$$

式中 I_{op} ——差动元件的动作电流，A。

母差保护由母线大差动元件和各段母线小差动元件组成。母线大差动元件是指由母线上所有支路（除母联和分段）电流构成的差动元件，其作用是判断母线是否发生故障。某段母线的小差动是指由该段母线上的各支路（含与该段母线相连的母联和分段）电流构成的差动元件，其作用是判断故障是否在该段母线之内，从而作为故障母线的选择元件。如果大差动元件和该段母线的小差动元件都动作，则将该段母线切除。

在差动元件中应注意 TA 极性的问题，一般各支路 TA 极性为其所在母线侧，母联 TA 极性可指向 I 母或 II 母。若 TA 极性与母线保护装置程序中默认的不符，可能导致母差保护误动或拒动。

母差保护由三个分相差动元件构成。为提高保护的动作可靠性，在保护中还设有启动元件、复合电压闭锁元件、TA 二次回路断线闭锁元件及 TA 饱和检测元件等。双母线或单母线分段一相母差保护的逻辑框图如图 3-1 所示。由图 3-1 可以看出：当小差元件、大差元件及启动元件同时动作时，母差保护才动作；此时若复合电压元件也动作，则出口继电器才能去跳故障母线上各支路。如果 TA 饱和鉴定元件鉴定出差流越限是由于 TA 饱和造成时，立即将母差保护闭锁。

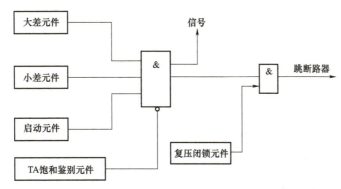

图 3-1　双母线或单母线分段母差保护逻辑框图（以一相为例）

（一）启动元件

通常采用的启动元件有：电压工频变化量元件、电流工频变化量元件及差流越限元件。

1. 电压工频变化量元件

当两条母线上任一相电压工频变化量大于或等于门槛值时，电压工频变化量元件动作，启动母差保护。动作方程为

$$\Delta U \geqslant \Delta U_{\mathrm{T}} + 0.05 U_{\mathrm{N}} \qquad (3-2)$$

式中　ΔU——相电压工频变化量瞬时值，V；

　　　U_{N}——额定相电压（TV 二次值），V；

　　　ΔU_{T}——浮动动作门槛值，V。

2. 电流工频变化量元件

当相电流工频变化量大于或等于门槛值时，电流工频变化量元件动作，启动母差保护。动作方程为

$$\Delta I \geqslant K I_{\mathrm{N}} \qquad (3-3)$$

式中　ΔI——相电流工频变化量瞬时值；

　　　I_{N}——标称额定电流；

　　　K——小于 1 的常数。

3. 差流越限元件

当某一相大差元件测量差流大于或等于某一值时，差流越限元件动作，启动母差保护。动作方程为

$$\left|\sum_{j=1}^{n}I_j\right| \geqslant I'_{opo} \tag{3-4}$$

式中　I'_{opo}——差动电流启动门槛值；

$\left|\sum_{j=1}^{n}I_j\right|$——差动元件某相差动电流。

当上述各启动元件动作后，均将动作展宽 0.5s。

（二）差动元件

差动元件有常规比率差动元件、工频变化量比率差动元件和复式比率差动元件。这些差动元件的差动电流的计算都相同，制动电流的计算有所差异，因而在区外故障及区内故障时制动能力和动作灵敏度均有差异，但作用都是在区外故障时让动作电流随制动电流增大而增大使之能躲过区外短路产生的不平衡电流，而在区内故障时则希望差动继电器有足够的灵敏度。

1. 常规比率差动元件

动作判据如下

$$\left|\sum_{j=1}^{m}I_j\right| > I_{dset} \tag{3-5}$$

$$\left|\sum_{j=1}^{m}I_j\right| > K\sum_{j=1}^{m}|I_j| \tag{3-6}$$

式中　K——比率制动系数；

　　　I_j——第 j 个连接元件的电流；

　　　I_{dset}——差动电流启动定值。

根据上述的动作方程，绘制出的动作特性曲线如图 3-2 所示。图中，I_d 为差动电流，$I_d = \left|\sum_{j=1}^{n}I_j\right|$；$I_r$ 为制动电流，$I_r = \sum_{j=1}^{n}|I_j|$；$\alpha_1$ 为整定的动作曲线与 I_r 轴的夹角，$\alpha_1 = \arctan \dfrac{\left|\sum_{j=1}^{n}I_j\right|}{\sum_{j=1}^{n}|I_j|}$；$\alpha_2$ 为动作特性曲线的上限与 I_r 轴的夹角，即

$\left|\sum_{j=1}^{n}I_j\right| = \sum_{j=1}^{n}|I_j|$ 时动作特性曲线与 I_r 轴的夹角，显然，$\alpha_2 = 45°$，或 $\tan\alpha_2 = 1$。

由图可以看出，母线小差元件的动作特性为具有比率制动的特性曲线。由于 $\left|\sum_{j=1}^{n}I_j\right|$ 不可能大于 $\sum_{j=1}^{n}|I_j|$，故差动元件不可能工作于 $\alpha_2 = 45°$ 曲线的上方。因此

将 $\alpha_2 = 45°$ 曲线的上方称之无意义区。

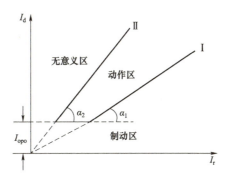

图 3-2 差动元件的动作特性图

2. 复式比率差动元件

动作判据

$$I_d > I_{dset} \tag{3-7}$$

$$I_d > K_r(I_r - I_d) \tag{3-8}$$

式中　I_d——母线上各元件电流的相量和，即差电流；

　　　I_r——母线上各元件电流的标量和，即电流的绝对值和电流；

　　　I_{dset}——差电流门槛定值；

　　　K_r——复式比率系数（制动系数）。

复式比率差动元件动作特性图如图 3-3 所示。

若忽略 TA 误差和流出电流的影响，发生区外故障时，$I_d = 0$，$0/I_r = 0$；发生区内故障时，$I_d = I_r$，$I_d/0$ 为∞。由此可见，复式比率差动继电器能非常明确地区分区内和区外故障，K_r 值的选取范围达到最大，即从 0 到∞。复式比率差动判据与常规的比率差动判据相比，由于在制动量的计算中引入了差电流，使其在母线区外故障时由于 K_r 值可选得大于 1 而有很强的制动特性，在母线区内故障时无制动，因此能更明确地区分区外故障和区内故障。

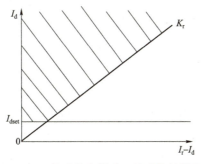

图 3-3 复式比率差动元件动作特性图

3. 比率制动系数的调整

当两条母线分列运行时（即母联断路器或分段断路器断开），若母线上发生故障，大差元件的动作灵敏度要降低。

如图 3-4 所示，流入大差元件的电流为 $\dot{I}_1 \sim \dot{I}_4$ 四个电流；流入 I 母小差元件的电流为 $\dot{I}_1$、$\dot{I}_2$ 及 $\dot{I}_0$ 三个电流；流入 II 母小差元件的电流为 $\dot{I}_3$、$\dot{I}_4$、$\dot{I}_0$ 三个电流。当母联运行时 I 母发生短路故障，I 母小差元件的差流为 $|\dot{I}_1|+|\dot{I}_2|+|\dot{I}_0|=|\dot{I}_3|+|\dot{I}_4|+|\dot{I}_1|+|\dot{I}_2|$；I 母小差元件的制动电流也为 $|\dot{I}_3|+|\dot{I}_4|+|\dot{I}_1|+|\dot{I}_2|$。两者之比为 1。大差元件的差流与制动电流与 I 母小差相同，两者之比也为 1。当母联断开时 I 母发生短路故障时，I 母小差元件的差流为 $|\dot{I}_1|+|\dot{I}_2|$，制动电流也为 $|\dot{I}_1|+|\dot{I}_2|$，两者之比为 1。而大差元件的制动电流仍为 $|\dot{I}_3|+|\dot{I}_4|+|\dot{I}_1|+|\dot{I}_2|$，但差流确只有 $|\dot{I}_1|+|\dot{I}_2|$。显然大差元件的动作灵敏度大大下降。为保证母差保护的动作灵敏度，当两条母线由并列运行转为分列运行时，母差保护装置会自动降低大差元件的比率制动系数。

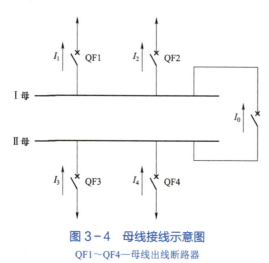

图 3-4 母线接线示意图
QF1～QF4—母线出线断路器

因此，对于九统一后的 PCS-915 母线保护装置，为防止在母联开关断开的情况下，弱电源侧母线发生故障时大差比率差动元件的灵敏度不够。因此比例差动元件的比率制动系数设高低两个定值：大差高值固定取 0.5，小差高值固定取 0.6；大差低值固定取 0.3，小差低值固定取 0.5。当大差高值和小差低值同时动作，或大差低值和小差高值同时动作时，比例差动元件动作。

对于 BP-2CS 母线保护装置，考虑到分段母线分列运行的情况下发生区内故障，非故障母线段有电流流出母线，影响大差比率元件的灵敏度，大差比率差动元件的比率制动系数可以自动调整。联络开关的"分列软压板"和 TWJ 开入均为 0 且 HWJ 为 1 时，大差比率制动系数与小差比率制动系数相同，均使用比率制动系数高值；当联络开关断开或联络开关位置异常或"分列软压板"开入为 1 时，大差比率差动元件自动转用比率制动系数低值，小差比率制动系数不变，仍采用高值。

4. 故障母线选择

差动保护根据母线上所有连接元件电流采样值计算出大差电流，构成大差比例差动元件，作为差动保护的区内故障判别元件。装置根据各连接元件的隔离开关位置开入计算出各条母线的小差电流，构成小差比率差动元件，作为故障母线选择元件。

5. TA 饱和鉴别元件

母线区外故障时，由于离故障点最近支路的电流互感器发生饱和，其电流不能线性传变到二次侧，使差动回路产生很大的差流造成保护误动；母线区内故障时，由于电流互感器的饱和，使差动回路的电流大大降低，可能造成母差保护的拒动。

在微机母差保护装置中，TA 饱和的鉴别方法主要是同步识别法，也有利用差流波形存在线性传变区的特点防止 TA 饱和差动元件误动的。

（1）同步识别法。当母线区内发生故障时，各出线元件上的电流将发生很大的变化，与此同时在差动元件中出现差流，即工频电流的变化量与差动元件中的差流同时出现。当母差保护区外发生故障时，各出线元件上的电流立即发生变化，但由于故障后 3~5ms，TA 磁路才会饱和，因此，差动元件中的差流比工频电流变化量晚出现 3~5ms。在母差保护中，当工频电流变化量与差动元件中的差流同时出现时，认为是区内故障开放差动保护；而当工频电流变化量比差动元件中的差流出现早时，即认为差动元件中的差流是区外故障 TA 饱和产生的，立即将差动保护闭锁一定时间。这种鉴别区外故障 TA 饱和的方法称为同步识别法。

（2）自适应阻抗加权抗饱和法。其基本原理同样是利用故障后 TA 即使饱和也不是短路后立即饱和的原理。在采用自适应阻抗加权抗饱和法的母差保护装置中，设置有工频变化量差动元件$\Delta BLCD$、工频变化量阻抗元件ΔZ 及工频变化量电压元件ΔU。所谓的ΔZ 元件，是母线电压的变化量与差回路中电流变化量的比值。当区内发生故障时，ΔU、$\Delta BLCD$ 和ΔZ 是同时动作的，保护可以快速跳闸。区外发生故障时，一开始 TA 没有饱和，所以ΔU 元件先动作，$\Delta BLCD$ 和ΔZ 元件没有动作。等到 TA 饱和以后，$\Delta BLCD$ 和ΔZ 元件才可能动作。据此判断是区外短路，保护不动作。

（3）基于采样值的重复多次判别法。若在对差流一个周期的连续 R 次采样值判别中，有 S 次及以上不满足差动元件的动作条件，认为是外部故障 TA 饱和，继续闭锁差动保护；若在连续 R 次采样值判别中有 S 次以上满足差动元件的动作条件时，判为发生区外故障转母线区内障，立即开放差动保护。该方法实际是基于 TA 一次故障电流过零点附近存在线性传变区原理构成的。

6. 复合电压闭锁元件

为防止保护出口继电器误动或其他原因跳断路器，通常采用复合电压闭锁元件。只有当母差保护差动元件及复合电压闭锁元件同时动作时，才能作用于去跳各路断路器。

（1）动作方程及逻辑框图。在大接地电流系统中，母差保护复合电压闭锁元件，由相低电压元件、负序电压及零序过电压元件组成。其动作方程为

$$\begin{cases} U_\varphi \leq U_{op} \\ 3U_0 \geq U_{0op} \\ U_2 \geq U_{2op} \end{cases} \tag{3-9}$$

式中　U_φ ——相电压（TV 二次值）；

$3U_0$ ——零序电压，在微机母差保护中，利用 TV 二次三相电压自产；

U_2 ——负序相电压（二次值）；

U_{op} ——低电压元件动作整定值；

U_{0op} ——零序电压元件动作整定值；

U_{2op} ——负序电压元件动作整定值。

复合电压元件逻辑框图如图 3-5 所示。从图中可以看出，低电压元件、零序过电压元件及负序电压元件中只要有一个或一个以上的元件动作，立即开放母差保护跳各路开关的回路。

图 3-5　复合电压元件逻辑框图

（2）闭锁方式。为防止差动元件出口继电器误动或人员误碰出口回路造成的误跳断路器，复合电压闭锁元件采用出口继电器触点的闭锁方式，即复合电压闭锁元件各对出口触点，分别串联在差动元件出口继电器的各出口触点回路中。跳母联或分段断路器的回路不串复合电压元件的输出触点。一般 220kV 母差保护用复合电压闭锁，500kV 母差不用复合电压闭锁。

7. TA 断线闭锁元件

在母线保护装置中设置有 TA 断线闭锁元件，TA 断线时，立即将母差保护闭锁。

母差保护装置中的 TA 断线闭锁元件要求是：① 延时发出告警信号。当 TA 断线闭锁元件检测出 TA 断线之后，应经一定延时发出告警信号并将母差保护闭锁。② 分相闭锁。母差保护为分相差动，TA 断线闭锁元件也应分相设置。③ 母联、分段断路器 TA 断线，不锁母差保护。若断线闭锁元件检测到的是母联 TA 或分段 TA 断线，应发 TA 断线信号而不闭锁母差保护，且自动切换到单母线运行方式，发生区内故障时不再进行故障母线的选择。

二、母联相关保护原理

（一）母联失灵保护

母线保护或其他有关保护动作跳母联断路器，但母联二次 TA 仍有电流，即判为母联断路器失灵，启动母联失灵保护。

母联失灵保护逻辑框图如图 3-6 所示。所谓母线保护动作，包括Ⅰ母、Ⅱ母母差保护动作，充电保护动作，或母联过流保护动作。其他有关保护包括：发电机-变压器组保护、线路保护或变压器保护。它们动作后去跳母联断路器的触点闭合。母联失灵保护动作后，经短延时（0.2～0.3s）去切除Ⅰ母及Ⅱ母。

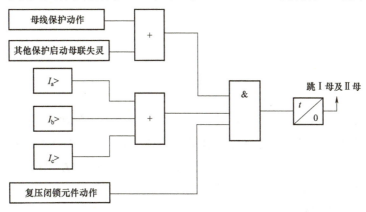

图 3-6　母联失灵保护逻辑框图

I_a、I_b、I_c—母联 TA 二次三相电流

（二）母联死区保护

当故障发生在母联断路器 QF0 与母联电流互感器之间时，大差元件动作，同时电流 $\dot{I}_1$、$\dot{I}_2$ 及 $\dot{I}_0$ 增大，但流向不变，故Ⅱ母小差元件的差流近似等于零，不动作；而电流 $\dot{I}_3$ 与 $\dot{I}_4$ 的大小及流向均发生了变化（由流出母线变成流入母线），Ⅰ母小差元件的差流很大，Ⅰ母小差动作。Ⅰ母差动保护动作，跳开断路器 QF0、QF1 及 QF2；而此时Ⅱ母小差元件依然不动作，无法跳开断路器 QF3 及 QF4。因此，故障无法切除。

由此可见，对于双母线或单母线分段的母差保护，当故障发生在母联断路器与母联 TA 之间或分段断路器与分段 TA 之间时，非故障母线的差动元件会误动，而故障母线的差动元件会拒动，即保护存在死区。

由图 3-7 可以看出，当Ⅰ母或Ⅱ母差动保护动作后，母联断路器被跳开（即母联开关分位），但母联 TA 二次仍有电流，大差元件不返回，这时保护装置经过一个延时，母联 TA 不计入小差元件的差流计算，从而使故障母线的差流不再平衡，差动保护跳Ⅱ母或Ⅰ母（即去跳另一母线）上连接的各个断路器。

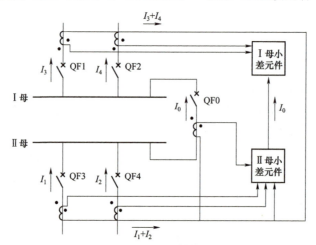

图 3-7 死区故障原理接线图

QF1~QF4—出线断路器；QF0—母联断路器

对于母线并列运行（联络断路器合位）发生死区故障而言，母联断路器触点一旦处于分位（可以通过断路器辅助触点或 TWJ、HWJ 触点读入），再考虑主触点与辅助触点之间的先后时序（50ms），即可将母联 TA 退出小差元件的差流计算，这样可以提高切除死区故障的动作速度。

母联分位的判断条件：

（1）正常运行状态下："分列软压板"和 TWJ 开入取"与"逻辑，两者都为 1，判为母联分列运行，经死区延时后将母联 TA 退出小差元件的差流计算，其电流不计入小差回路；任一为 0，母联 TA 接入，其电流计入小差回路。要求运行人员在母联断开后，投入对应母联的"分列软压板"；在合母联前，退出"分列软压板"。从而实现分列运行时的母联死区保护。

（2）母差保护已动作且未返回状态下：在母联（不包括双母双分的分段开关）连接的任一段母线的差动保护已动作且保护未返回的状态下，TWJ 开入为 1，即判为母联分位，经死区延时将母联 TA 退出小差元件的差流计算。从而实现并列运行时的母联死区保护。

上述的"母联"包括双母线、双母线双分段、双母线单分段接线的母联开关，单母线分段、单母线三分段、双母线单分段接线的分段开关。

双母双分的分段开关任何情况均取"分列软压板"和 TWJ 开入的"与"逻辑。

在分列运行状态下，若某母联有流（大于 $0.04I_n$）持续超过 2s，装置解除该母联的分列状态，其 TA 恢复接入，电流计入小差回路。

（三）母联充电过电流保护

母联（分段）充电过电流保护包括两段相电流过电流保护与一段零序电流过电流保护。当最大于相电流Ⅰ、Ⅱ段定值或零序电流大于充电零序过流定值，分别经各自的延时整定值、保护发跳闸命令，两段保护的电流定值、时间定值可独立整定。不经复合电压闭锁。

（四）母联充电至死区保护

在充电预备状态下（母联 TWJ 为 1 且两母线未全在运行状态），检测到母联合闸开入由 0 变 1，则从大差差动电流启动开始的 300ms 内闭锁差动跳母线，差动跳母联（分段）则不经延时。母联 TWJ 返回大于 500ms 或母联合闸开入正翻转 1s 后，母差功能恢复正常。另外，如果充电过程中母联有流或者母联分列运行压板投入说明非充电到死区故障情况，立即解除跳母线的延时。母联充电至死区故障保护逻辑框图如图 3-8 所示。

三、断路器失灵保护原理

当保护装置动作并发出了跳闸指令时，故障设备的断路器拒绝动作，称之为断路器失灵。发生断路器失灵故障的原因主要有：断路器跳闸线圈断线、断路器操动机构出现故障、空气断路器的气压降低或液压式断路器的液压降低、直流电源消失及控制回路故障等。其中发生最多的是气压或液压降低、直流电源消失及操作回路出现问题。

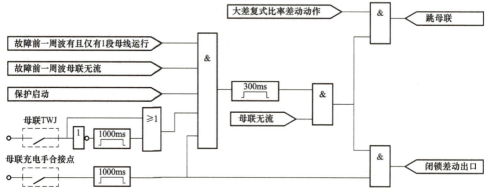

图 3-8 充电至母联死区故障保护逻辑框图

在 220～500kV 电力网中，以及 110kV 电力网的个别重要系统，应设置断路器失灵保护。对断路器失灵保护的要求如下：① 动作可靠性高。断路器失灵保护与母差保护一样，其误动或拒动都将造成严重后果，因此要求其动作可靠性高；② 动作选择性强，断路器失灵保护动作后，宜无延时再次跳开断路器。对于双母线或单母线分段接线，保护动作后以较短的时间断开母联或分段断路器，再经另一时间断开与失灵断路器接在同一母线上的其他断路器；③ 与其他保护相配合，断路器失灵保护动作后，应闭锁有关线路的重合闸。对于 3/2 断路器接线方式，当一串的中间断路器或边断路器失灵时，失灵保护则应启动远方跳闸装置，断开对侧断路器，并闭锁重合闸。

断路器失灵保护应由故障设备的继电保护启动，手动跳断路器时不能启动失灵保护；在断路器失灵保护的启动回路中，除有故障设备的继电保护出口触点之外，还应有断路器失灵判别元件的出口触点（或动作条件）；失灵保护应有动作延时，且最短的动作延时应大于故障设备断路器的跳闸时间与保护继电器返回时间之和；正常工况下，失灵保护回路中任一对触点闭合，失灵保护不应被误启动或误跳断路器。断路器失灵的判据即为：① 保护动作（出口继电器触点闭合）；② 断路器仍在闭合状态；③ 断路器中还流有电流（负序电流或零序电流）。

（一）失灵启动及判别元件

对于线路间隔，当失灵保护保护检测到分相跳闸接点动作时，若该支路的对应相电流大于有流定值门槛（$0.04I_n$），且零序电流大于零序电流定值（或负序电流大于负序电流定值），则经过失灵保护电压闭锁后失灵保护动作跳闸；当失灵保护检测到三相跳闸接点均动作时，若三相电流均大于失灵电流门槛（$0.1I_n$）且任一相电流工频变化量动作（引入电流工频变化量元件的目的是防止重负荷线路的负荷电流躲不过三相失灵相电流定值导致电流判据长期开放），则经过失灵保护电压闭锁后失灵保护动作跳闸。

对于主变压器间隔，当失灵保护检测到失灵启动接点动作时，若该支路的任一相电流大于三相失灵相电流定值，或零序电流大于零序电流定值（或负序电流大于负序电流定值），则经过失灵保护电压闭锁后失灵保护动作跳闸。母差保护动作后启动主变压器断路器失灵功能，采取内部逻辑实现，在母差保护动作跳开主变压器所在支路同时，启动该支路的断路器失灵保护。装置内固定支路 4、5、14、15 为主变压器支路。

（二）失灵复压解闭锁元件

当变压器或发电机－变压器组支路发生低压侧故障而导致高压侧断路器失灵时，可能会出现失灵保护复合电压闭锁不能开放的情形。当装置感受到主变压器支路失灵开入后，自动解除该主变压器支路的失灵电压闭锁。

针对局部地区长线路末端故障失灵电压灵敏度不够的情况，为防止长距离输电线路发生远端故障时电压灵敏度不够的情况。可通过整定"支路××投不经电压闭锁"控制字来退出该支路的失灵电压闭锁功能。

（三）动作延时

根据对失灵保护的要求，其动作延时应有 2 个。以 0.2～0.3s 的延时跳母联断路器；以 0.5s 的延时切除接失灵断路器的母线上连接的其他元件。

习　题

1. 请分别写出 PCS－915 及 BP－2CS 两套保护差动动作表达式，并画出动作区。

2. 断路器失灵保护的动作原因及保护时限是什么？

第三节　220kV 母线微机保护装置调试

学习目标

1. 掌握母线微机保护装置调试的工作前准备和安全技术措施。

2. 掌握母线微机保护装置交流量、开入开出量以及功能调试等内容。

知 识 点

一、母线保护装置调试的安全和技术措施

工作前准备、安全技术措施和其他危险点分析及控制见附录一。

220kV 母线保护现场工作安全技术措施举例。

现场工作安全技术措施工作票见表 3-2。

表 3-2　　　　　　　　　　　现场工作安全技术措施工作票

	现场工作安全技术措施		
	工作内容：220kV ××变电站 220kV BP-2B 型母差保护效验		
序号	所采取的安全技术措施	打"√"	
		执行	恢复
1	检查现场工作安全技术措施和实际接线及图纸是否一致（如发现不一致应及时修改）		
2	检查在被检修的 220kV 母差保护屏上确挂有"在此工作"标示牌		
3	检查在被检修的 220kV 母差保护屏相邻运行设备上挂有明显的运行标志		
4	检查 220kV 母差保护屏 QK 切至"母差停，失灵停"位置		
5	取下 BP-2B 母差屏上所有连接单元出口压板 母联 2620 断路器第一跳圈 LP11.第二跳圈 LP31，失灵启动压板 LP51 清钢 4670 断路器第一跳圈 LP12.第二跳圈 LP32，失灵启动压板 LP52 清关 4937 断路器第一跳圈 LP13.第二跳圈 LP33，失灵启动压板 LP53 清关 4938 断路器第一跳圈 LP14.第二跳圈 LP34，失灵启动压板 LP54 清朱 4677 断路器第一跳圈 LP15.第二跳圈 LP35，失灵启动压板 LP55 旁路 2620 断路器第一跳圈 LP16.第二跳圈 LP36，失灵启动压板 LP56 1 号 B 2601 断路器第一跳圈 LP17.第二跳圈 LP37，失灵启动压板 LP57 清淮 4676 断路器第一跳圈 LP18.第二跳圈 LP38，失灵启动压板 LP58 清淮 4675 断路器第一跳圈 LP19.第二跳圈 LP39，失灵启动压板 LP59 1 号 B 2601 断路器第一跳圈 LP21.第二跳圈 LP41，失灵启动压板 LP61 清朱 4678 断路器第一跳圈 LP22.第二跳圈 LP42，失灵启动压板 LP62		
6	取下母联过电流保护投入压板 LP-79		
7	取下充电保护投入压板 LP-78		
8	取下"互联投入"压板 LP77		
9	取下双母线分列运行压板 LP-76		
10	断开屏后直流电源开关 1K、2K		
11	断开屏后交流电压空气开关 UK1.UK2		
12	所有连接单元电流回路短接，并退出母差保护（保护屏右侧）： 220kV 母联：短接电流端子 X12-1（A320）、X-12-2（B320）、X12-3（C320）、X12-4（N320）外侧，并断开电流端子压板 清钢 4670 断路器：短接电流端子 X12-7（A320）、X12-8（B320）、X12-9（C320）、X12-10（N320）外侧，断开电流端子压板		

续表

序号	所采取的安全技术措施	打"√"	
		执行	恢复
12	清关 4937 断路器：短接电流端子 X12－12（A320）、X12－14（B320）、X12－15（C320）、X12－16（N320）外侧，断开电流端子压板 清关 4938 断路器：短接电流端子 X12－19（A320）、X12－20（B320）、X12－21（C320）、X12－22（N320）外侧，断开电流端子压板 清朱 4677 断路器：短接电流端子 X12－25（A320）、X12－26（B320）、X12－27（C320）、X12－28（N320）外侧，断开电流端子压板 旁路 2620 断路器：短接电流端子 X12－31（A320）、X12－32（B320）、X12－33（C320）、X12－34（N320）外侧，断开电流端子压板 1 号主变压器 2601 断路器：短接电流端子 X12－37（A320）、X12－38（B320）、X12－39（C320）、X12－40（N320）外侧，断开电流端子压板 清淮 4676 断路器：短接电流端子 X12－43（A320）、X12－44（B320）、X12－45（C320）、X12－46（N320）外侧，断开电流端子压板 清淮 4675 断路器：短接电流端子 X12－49（A320）、X12－50（B320）、X12－51（C320）、X12－52（N320）外侧，断开电流端子压板 2 号主变压器 2602 断路器：短接电流端子 X12－55（A320）、X12－56（B320）、X12－57（C320）、X12－58（N320）外侧，断开电流端子压板 清朱 4678 断路器：短接电流端子 X12－61（A320）、X12－62（B320）、X12－63（C320）、X12－64（N320）外侧，断开电流端子压板		
13	严禁电流回路开路或失去接地点，防止引起人员伤亡及设备损坏		
14	电压回路（保护屏左侧）： 拆下 X14－1（A630）、X14－2（B630）、X14－3（C630）、X14－4（N600）、X－5（A640）、X－6（B640）、X－7（C640）、X－8（N600）端子内侧二次线，用绝缘胶布包裹 在带电端子外侧和正面用绝缘胶布封好		
15	拆下母差联跳出口回路二次线，并用绝缘胶布包裹，以防止工作人员误碰二次跳闸线，引起运行断路器跳闸。（保护屏左侧）： 220kV 母联：跳闸Ⅰ：X4－1.X5－1，跳闸Ⅱ：X6－1.X7－1 端子内侧 清钢 4670 断路器：跳闸Ⅰ：X4－2.X5－2，跳闸Ⅱ：X6－2.X7－2 端子内侧 清关 4937 断路器：跳闸Ⅰ：X4－3.X5－3，跳闸Ⅱ：X6－3.X7－3 端子内侧 清关 4938 断路器：跳闸Ⅰ：X4－4.X5－4，跳闸Ⅱ：X6－4.X7－4 端子内侧 清朱 4677 断路器：跳闸Ⅰ：X4－5.X5－5，跳闸Ⅱ：X6－5.X7－5 端子内侧 旁路 2620 断路器：跳闸Ⅰ：X4－6.X5－6，跳闸Ⅱ：X6－6.X7－6 端子内侧 1 号主变压器 2601 断路器：跳闸Ⅰ：X4－7.X5－7，跳闸Ⅱ：X6－7.X7－7 端子内侧 清淮 4676 断路器：跳闸Ⅰ：X4－8.X5－8，跳闸Ⅱ：X6－8.X7－8 端子内侧 清淮 4675 断路器：跳闸Ⅰ：X4－9.X5－9，跳闸Ⅱ：X6－9.X7－9 端子内侧 2 号主变压器 2602 断路器：跳闸Ⅰ：X4－10、X5－10，跳闸Ⅱ：X6－11.X7－12 端子内侧 清朱 4678 断路器：跳闸Ⅰ：X4－13.X5－13，跳闸Ⅱ：X6－13.X7－13 端子内侧		
16	严禁交、直流电压回路短路或接地，严禁交流电流回路开路		
17	工作中应使用绝缘工具并戴手套，或站在绝缘垫上工作		
18	在保护室内严禁使用无线通信设备，工作人员关闭手机		

关于母线保护的检查与清扫、回路绝缘检查、检查基本信息、装置直流电源检查、装置通电初步检查、定值及定值区切换功能检查等部分内容，详见

附录二。

二、母线保护装置调试

（一）交流量的调试

（1）交流电流量调试。

1）设置相位基准（以 L1 单元的 A 相电流的相位为基准）。

2）给第一个单元加三相正序交流电流：幅值为额定电流（5A/1A），频率为 50Hz。进入菜单查看显示的交流量并记录。

3）在其后的各单元的交流电流采样测试时，除在本单元加三相电流外，A 相电流与第一个单元的 A 相串接，以便校验各单元的相角。

4）各单元电流回路采样。

（2）交流电压量调试。

1）给 Ⅰ 母的电压端子加三相正序交流电压，幅值为额定相电压（57.74V），频率为 50Hz。进入菜单查看显示的交流量并记录。

2）同样地，校验 Ⅱ 母电压采样。

3）Ⅰ、Ⅱ 母 TV 回路采样。

（二）开入开出量的调试

（1）开入量调试。

1）进入菜单，将所有单元的隔离开关位置由强制合改为自适应状态。用测试线将隔离开关辅助触点端子上各单元的隔离开关位置触点依次与开入回路公共端短接，在屏幕上查看一次接线图上显示的隔离开关位置是否正确。

2）用测试线将失灵启动触点上各单元的失灵启动触点依次与开入回路公共端短接，进入"查看—间隔单元"，检测各单元"失灵触点状态"是否由"断"变为"合"。

3）将"保护切换把手"（QB）切至"差动退，失灵投"位置，查看主界面是否正确显示"差动退出""失灵投入"，同时"差动开放"信号灯灭，"失灵开放"信号灯亮；切至"差动投，失灵退"位置，查看主界面是否正确显示"差动投入""失灵退出"，同时"差动开放"信号灯亮，"失灵开放"信号灯灭；切至"差动投，失灵投"位置，查看主界面是否正确显示"差动投入""失灵投入"，同时"差动开放"信号灯亮，"失灵开放"信号灯亮。

4）检验信号复归是否正常。

5）分别投"充电保护"压板，"过流保护"压板，查看主界面是否正确显示"充电保护投入"，"过流保护投入"。

6）投"分列运行"压板，在屏幕上查看一次接线图上母联断路器是否断开（由实心变为空心）。

7）投"强制互联"压板，查看"互联"告警灯是否亮。

8）用测试线将开入量回路端子上的母联断路器开触点、母联断路器闭触点分别与开入回路公共端短接，在屏幕上查看一次接线图上母联断路器是否正确显示为合位（实心）、分位（空心）。

（2）开出量调试。

1）进入"参数—运行方式设置"菜单，将母联（L1）和分段的隔离开关位置设为强制合；将 L3、L5、L7、L9 等奇数单元的Ⅰ母隔离开关位置设为强制合，Ⅱ母隔离开关位置设为自适应；将 L2、L4、L6、L8 等偶数单元的Ⅱ母隔离开关位置设为强制合，Ⅰ母隔离开关位置设为自适应。校验隔离开关位置显示是否正确。

2）用测试仪给 L3 单元的任一相电流端子加两倍的额定电流，使Ⅰ母差动保护动作。这时测试仪保持故障量，依次分合各单元跳闸压板，用万用表分别检测各单元跳闸触点通断并记录。

3）进入"参数—运行方式设置"菜单，改变强制隔离开关的位置，将母联（L1）和分段的隔离开关位置设为强制合；将 L3、L5、L7、L9 等奇数单元的Ⅱ母隔离开关位置设为强制合，Ⅰ母隔离开关位置设为自适应；将 L2、L4、L6、L8 等偶数单元的Ⅰ母隔离开关位置设为强制合，Ⅱ母隔离开关位置设为自适应。校验隔离开关位置显示是否正确。

4）用测试仪给 L3 单元的任一相电流端子加两倍的额定电流，使Ⅱ母差动保护动作。这时测试仪保持故障量，依次分合各单元跳闸压板，用万用表分别检测各单元跳闸触点通断并记录。

5）检测屏上的保护动作信号灯是否正确，用万用表检测"母差动作""TA断线"对应的信号回路是否正确导通。

6）将屏后上方的直流电源空开（1K、2K）断开，用万用表检测"运行 KM 消失""操作 KM 消失""直流消失"对应的信号回路是否正确导通。只将操作电源空气开关（2K）断开，用万用表检测"操作 KM 消失"对应的信号回路是否正确导通。

（三）功能调试（以 PCS－915 为例）

1. 母差保护功能调试

压板：投入"母差保护"1LP1 硬压板、软压板及控制字。

注意点：① L1 电流幅值变化至差动动作时间不要超过 5s，否则，报 TA 断线，闭锁差动。② 试验中，不允许长时间加载 2 倍以上的额定电流。察看录波的信息，波形和打印报告是否正确。③ 试验时开放复合电压元件。④ 充电时闭锁差动 300ms：母联 TWJ 为 1，SHJ 由 0 变 1，大差启动的 300ms 内闭锁差动跳母线。如果母联有流则母差无延时跳闸。⑤ 大差比率制动系数高值固定为 0.5，低值固定为 0.3。⑥ 小差比率制动系数高值固定为 0.6，低值固定为 0.5。⑦ 大差与小差高低值与母联开关位置无关。

（1）模拟母线区外故障。L3、L5、L7、L9、…奇数单元强制合 Ⅰ 母；L2、L4、L6、L8、L10、…偶数单元强制合 Ⅱ 母。所有单元的 TA 变比都为基准变比。

不加母线电压，母线复压闭锁开放。在 L1 的 A 相、L2 的 A 相、L3 的 A 相加电流，电流幅值相等（大于差动门槛），L2、L3 电流方向相反；母联电流方向与 L2 反向、与 L3 同向。进入"查看—间隔单元"菜单，查看大差电流和两段母线小差电流均为 0，差动保护不应动作。

（2）模拟母线区内故障。L3、L5、L7、L9、…奇数单元强制合 Ⅰ 母；L2、L4、L6、L8、L10、…偶数单元强制合 Ⅱ 母。所有单元的 TA 变比都为基准变比。

验证差动动作门槛定值：不加母线电压，母线复压闭锁开放。在 L2 的任一相加电流，幅值起始值小于门槛值，当电流大小增加到"差动保护""Ⅱ 母差动动作"信号灯亮时，记录该值，并验证是否满足要求。

小差制动系数低值校验，小差比率制动系数低值 $K_r = 0.5$：

任选两条变比相同支路 L2、L3，L2、L3 单元强制合于 Ⅰ 母，在每条支路的 A 相端子上加入方向相反，大小不同的电流。固定 L3 电流大小，调节 L2 电流大小，使 Ⅰ 母稳态量差动动作，记录该值。计算公式 $K = \dfrac{\text{差动电流}}{\text{制动电流}} = \dfrac{I_2 - I_3}{I_2 + I_3}$，验证小差比率系数低值（0.5）。

小差制动系数高值校验，小差比率制动系数高值 $K_r = 0.6$：

任选四条变比相同支路 L2、L3、L4、L5，在每条支路的 A 相端子上加电流，L3、L5 单元强制合于 Ⅰ 母，电流方向相反，L2、L4 单元强制合于 Ⅱ 母，电流方向相反。设置 L2、L4 电流大小为 2 倍 L5，调整 L3 单元电流从 3.5 倍 L5 逐渐增加至 4 倍 L5 以上，使Ⅰ母稳态量差动动作，记录该值。计算公式小差比率制动系数 $K = \dfrac{差动电流}{制动电流} = \dfrac{I_3 - I_5}{I_3 + I_5}$ 满足高值（0.6），此时大差比率制动系数

$$K = \frac{差动电流}{制动电流} = \frac{I_3 - I_5}{I_3 + I_5 + 2I_2} > 0.3 。$$

大差制动系数低值校验，大差比率制动系数低值 $K_r = 0.3$：

任选四条变比相同支路 L2、L3、L4、L5，在每条支路的 A 相端子上加电流，L3、L5 单元强制合于Ⅰ母，电流方向相反，设置 L3 电流大小为 5 倍 L5，L2、L4 单元强制合于Ⅱ母，反极性串联（即 L2、L4 单元电流始终大小相等，方向相反）。调整 L2、L4 单元电流从 4 倍 L5 逐渐降低至 3.6 倍 L5 以下，使Ⅰ母稳态量差动动作，记录该值。计算公式大差比率制动系数 $K = \dfrac{差动电流}{制动电流} = \dfrac{I_3 - I_5}{I_3 + I_5 + 2I_2}$ 满足低值（0.3），此时小差比率制动系数 $K = \dfrac{差动电流}{制动电流} = \dfrac{I_3 - I_5}{I_3 + I_5} > 0.6$ 。

大差制动系数高值校验，大差比率制动系数高值 $K_r = 0.5$：

任选 2 条变比相同支路 L2、L3，在每条支路的 A 相端子上加电流，L2、L3 单元强制合于Ⅰ母，L2、L3 上加方向相反的电流，固定 L3 电流大小，调节 L2 电流大小，使Ⅰ母稳态量差动动作，记录该值。计算公式大差比率制动系数 $K = \dfrac{差动电流}{制动电流} = \dfrac{I_2 - I_3}{I_2 + I_3}$ 满足高值（0.5）。

2. 复合电压闭锁逻辑调试

压板：投入"母差保护"1LP1 硬压板、软压板及控制字。

低电压定值校验：在Ⅰ母的电压端子上加载额定电压，母差保护屏上"TV 断线"灯灭。在出线 L1 电流回路加 A 相 I_n 电流（大于差动门槛），差动不动，经延时，报 TA 断线告警。在屏后端子排加 L1 失灵启动开入量，失灵不动，经延时，报开入异常告警。复归告警信号，降低试验仪三相输出电压，至母差保护低电压动作定值，电流保持输出不变，母差装置"差动开放Ⅰ""失灵开放Ⅰ""差动动作Ⅰ"信号灯亮。在屏后端子排加 L1 失灵启动开入量，Ⅰ母失灵保护动作。电压动作值和整定值的误差不大于 5%。

负序电压定值校验：在Ⅰ母的电压端子上加载额定电压，母差保护屏上"TV 断线"灯灭。改变Ⅰ母 A 相电压大小升高或降低 12V（此过程中保证低电压闭锁元件，零序电压闭锁元件不动作），使母差保护屏上"TV 断线"灯亮。动作

值和整定值的误差不大于 5%。

零序电压定值校验：在Ⅰ母的电压端子上加载额定电压，母差保护屏上"TV 断线"灯灭。改变Ⅰ母 A 相电压大小升高或降低 6V 左右（此过程中保证低电压电压，零序电压闭锁元件不动作），使母差保护屏上"TV 断线"灯亮。动作值和整定值的误差不大于 5%。

3. 母联（分段）失灵保护调试

检查母联断路器在合位，将测试仪的 A 相电流加在 L1 的 A 相，测试仪的 B 相电流加在 L2 的 A 相，测试仪的 C 相电流加在 L3 的 A 相，方向均为流进母线。不加母线电压，满足失灵复压闭锁开放条件。三个单元所加电流幅值均同时大于差动门槛定值，小于母联分段失灵电流定值时，Ⅱ母差动动作；调节电流大小，使电流幅值大于差动保护启动电流定值，大于母联失灵定值时，Ⅱ母差动先动作，启动母联失灵，经母联失灵延时后，Ⅰ、Ⅱ母失灵动作。

4. 母联（分段）死区保护调试

母线并列运行时死区故障：母联开关为合位（母联 TWJ 接点无开入，且分列压板退出），将 L1、L2、L3 的第一组跳闸触点接至测试仪的开入量，投上 L1、L2、L3 的第一组跳闸压板。将测试仪的 A 相电流加在 L1 的 A 相，测试仪的 B 相电流加在 L2 的 A 相，测试仪的 C 相电流加在 L3 的 A 相。电流方向均为流进母线，输出电流幅值大于差动保护启动电流定值，模拟Ⅱ母区内故障，Ⅱ母差动先动作，母联 TWJ 接点有正电，母联开关断开，经 150ms 死区延时后，Ⅰ母差动动作。检验Ⅰ母、Ⅱ母出口延时是否正确，验证母线死区延时。

母线分列运行时死区故障：母联开关为分位，母联 TWJ 开入端子与保护试验仪开出相连，且分列压板投入，在Ⅰ母电压回路加额定三相电压，将测试仪的 A 相电流加在 L1 的 A 相，测试仪的 C 相电流加在 L3 的 A 相。电流方向均为流进母线，电流幅值大于差动门槛，此时Ⅰ母差动动作。

母联充电致死区故障：模拟Ⅱ母向Ⅰ母充电时发生死区故障，充电前母联在分位，分列压板退出，在Ⅱ母电压回路加额定三相电压，母差保护 TV 断线告警返回，用试验仪送一副开出节点接至母联 SHJ，母联 SHJ 由 0 变 1，以 A 相故障为例，设置测试仪 A 相故障电流大于差动动作电流，测试仪 A 相输出至支路 2，母联支路 1 保持无流状态，状态持续时间为 300ms，验证状态为充电保护仅跳母联，母差保护因闭锁不会动作。

5. 母联充电保护调试

投充电保护压板。用测试线短接母联动断触点与开入量公共端，母联断路器位置为分位。不加母线电压。将测试仪的 A 相电流加在母联 L1 的 A 相，幅值大于充电保护定值,若母联 TA 变比不是最大变比,则所加电流需按基准变比折算,母线充电保护延时动作,"充电保护"动作信号灯亮。将 L1 的第一组跳闸触点接至测试仪的开入量,投上 L1 的第一组跳闸压板。重复上述步骤,检验母线充电保护延时是否正确。进入"查看—事件记录"菜单,检查内容是否正确。

注意:充电保护的启动需同时满足四个条件:① 充电保护压板投入;② 其中一段母线已失压,且母联(分段)断路器已断开;③ 母联电流从无到有;④ 母联电流大于充电保护定值。

充电保护一旦投入自动展宽 200ms 后退出,因此一般根据 $1.05I_C$ 可靠动作,$0.95I_C$ 可靠不动作来验证充电保护定值。如果固定故障电流变化步长,使电流大小从 $0.95I_C$ 递增至 $1.05I_C$,则很可能因超过 200ms 展宽而使保护退出。

6. 断路器失灵保护调试

压板:投"断路器失灵保护"硬压板 1LP2、软压板及控制字。

线路支路失灵:不加母线电压,满足失灵复压闭锁开放条件,任选Ⅰ母上一线路支路,在其任一相加入大于 $0.04I_n$ 的电流,同时满足该支路零序或负序过电流的条件;合上该支路对应相的分相失灵启动接点或合上该支路三跳失灵启动接点(加入电流与失灵开入接点时间差小于 5s),失灵保护启动后,经失灵保护 1 时限切除母联,经失灵保护 2 时限切除Ⅰ母线的所有支路,Ⅰ母失灵动作信号灯亮。

主变压器支路失灵:加母线电压,满足失灵复压闭锁开放条件,任选Ⅰ母上一主变压器支路,加入试验电流,满足该支路相电流过电流、零序过电流、负序过流的三者中任一条件,合上该支路对应相的主变压器三跳启动失灵开入接点(加入电流与失灵开入接点时间差小于 5s),失灵保护启动后,经失灵保护 1 时限切除母联,经失灵保护 2 时限切除Ⅰ母线的所有支路以及本主变压器支路的三侧开关,Ⅰ母失灵动作信号灯亮。

7. 整组传动

整组传动情况见表 3-3。

表 3-3　　　　　　　　　整 组 传 动 情 况

保护	断路器
双母线并列运行,模拟Ⅰ母区内故障	差动保护动作,Ⅰ母上单元开关跳闸,Ⅱ母上单元开关不跳闸,母联开关跳闸
双母线分列运行,模拟Ⅰ母区内故障	差动保护动作,Ⅰ母上单元开关跳闸,Ⅱ母上单元开关不跳闸
模拟母联失灵保护	两母线所有单元开关跳闸
模拟合位死区保护	差动保护先跳开Ⅱ母线各单元,经死区延时后跳开Ⅰ母线各单元
模拟分位死区保护	Ⅰ母线各单元开关跳闸

主变压器失灵解复压闭锁及失灵联跳：母线电压加正常电压，模拟各主变压器失灵解复压闭锁回路开入，模拟主变压器间隔的失灵启动接点开入，同时主变压器间隔电流满足，失灵应可靠动作。同时失灵联跳主变压器各侧开关开出。此项联动试验在新投运时做，定期校验时，必须做好安全措施，防止误跳主变压器各侧开关。

习 题

1. 在做差动保护的实验时需考虑各个单元的变比，并与基准变比折算，这是为什么？
2. 母联失灵保护与断路器失灵保护的调试方法有何区别？
3. 母联充电保护调试有哪些注意要点？

第四节　220kV 母线保护故障及异常处理

学习目标

1. 掌握母线保护交流回路故障异常现象及分析方法。
2. 掌握母线保护开入回路故障异常现象及分析方法。
3. 掌握母线保护操作回路故障异常现象及分析方法。

知 识 点

一、母线保护装置异常现象及处理方法

母线保护装置异常现象及处理方法见表 3-4。

表 3-4　　　　　　　　母线保护装置异常现象及处理方法

序号	自报警元件	指示灯				是否闭锁装置	含义	处理意见
		运行	异常	差动保护闭锁	隔离开关报警			
1	装置闭锁	○	●	●	×	是	装置闭锁总信号	查看其他详细自检信息

续表

序号	自报警元件	指示灯				是否闭锁装置	含义	处理意见
		运行	异常	差动保护闭锁	隔离开关报警			
2	板卡配置错误	○	●	●	×	是	装置板卡配置和具体工程的设计图纸不匹配	通过"装置信息"→"板卡信息"菜单，检查板卡异常信息；检查板卡是否安装到位和工作正常
3	定值超范围	○	●	●	×	是	定值超出可整定的范围	请根据说明书的定值范围重新整定定值
4	定值项变化报警	○	●	●	×	是	当前版本的定值项与装置保存的定值单不一致	通过"值确认定值设置"菜单确认；通知→定厂家处理
5	装置报警	×	●	×	×	否	装置报警总信号	查看其他详细报警信息
6	通信传动报警	×	●	×	×	否	装置在通信传动试验状态	无须特别处理，传送试验结束报警消失
7	定值区不一致	×	●	×	×	否	装置开入指示的当前定值区号和定值中设置当前定值区不一致（华东地区专用）	检查区号开入和装置"定值区号"定值，保持两者一致
8	定值校验出错	×	●	●	×	是	管理程序校验定值出错	通知厂家处理
9	版本校验出错	×	●	×	×	否	装置的程序版本校验出错	工程调试阶段下载打包程序文件消除报警；投运时报警通知厂家处理
10	对时异常	×	●	×	×	否	装置对时异常	检查时钟源和装置的对时模式是否一致、接线是否正确；检查网络对时参数整定是否正确
11	定值出错	○	●	●	×	是	定值自检出错，发"报警"信号，闭锁保护	立即退出保护，通知厂家处理
12	跳闸出口报警	○	●	●	×	是	出口或信号插件异常，发"报警"信号，闭锁保护	立即退出保护，通知厂家处理
13	采样校验出错	○	●	●	×	是	DSP1与DSP2板模拟量采样不一致	立即退出保护，通知厂家处理
14	DSP出错	○	●	●	×	是	DSP自检出错，发"报警"信号，闭锁保护	立即退出保护，通知厂家处理
15	装置长期闭锁报警	○	●	●	×	是	装置长期处于闭锁状态，发"报警"信号，闭锁保护	请参考同时的其他报警确认装置闭锁原因
16	光耦失电	×	●	×	×	否	光耦正电源失去，发"报警"信号，不闭锁保护	请检查电源板的光耦电源以及开入/开出板的隔离电源是否接好

续表

序号	自报警元件	指示灯				是否闭锁装置	含义	处理意见
		运行	异常	差动保护闭锁	隔离开关报警			
17	稳态量差动长期启动	×	●	×	×	否	稳态量差动启动元件长期动作，发"报警"信号，不闭锁母差保护	检查二次回路接线（包括 TA 极性）
18	变化量差动长期启动	×	●	×	×	否	变化量差动启动元件长期动作，发"报警"信号，不闭锁母差保护	检查二次回路接线（包括 TA 极性）
19	母联失灵长期启动	×	●	×	×	否	母联失灵启动元件长期动作，发"报警"信号，不闭锁母差保护	检查外部启动母联失灵开入是否异常
20	母联失灵开入异常	×	●	×	×	否	母联失灵开入节点长期为"1"，发"报警"信号，闭锁外部启动母联失灵功能	检查外部启动母联失灵开入节点
21	解除复压闭锁异常	×	●	×	×	否	支路×解除复压闭锁开入长期导通，发"报警"信号，退出解除复压闭锁功能，不闭锁保护	检查失灵接点
22	外部闭锁母差开入异常	×	●	×	×	否	外部闭锁母差开入长期导通，发"报警"信号，退出闭锁母差功能，不闭锁保护	检查失灵接点
23	母线互联运行	×	×	×	●	否	支路隔离开关位置双跨时发"母线互联报警"信号，此时发生区内故障时不再进行故障母线的选择	检查支路隔离开关位置开入
24	支路×失灵开入异常	×	●	×	×	否	支路×失灵开入长期动作，发"报警"信号，闭锁本支路失灵保护	检查失灵接点
25	TV 断线	×	×	×	×	否	母线电压互感器二次断线，发"交流断线报警"信号，不闭锁保护	检查 TV 二次回路
26	电压闭锁开放	×	●	×	×	否	母线电压闭锁元件长期开放，发"报警"信号，不闭锁保护	可能是电压互感器二次断线，也可能是区外远方发生故障长期未切除，不闭锁保护
27	隔离开关位置报警	×	×	×	●	否	隔离开关位置双跨或与实际不符，发"位置报警"信号，不闭锁保护	检查隔离开关辅助触点是否正常，如异常应先从强制开关给出正确的隔离开关位置
28	母联 TWJ 报警	×	●	×	×	否	母联 TWJ=1，但任意相有电流，发"其他报警"信号，不闭锁保护	检修母联开关辅助接点

序号	自报警元件	指示灯				是否闭锁装置	含义	处理意见
		运行	异常	差动保护闭锁	隔离开关报警			
29	母联合闸开入报警	×	●	×	×	否	母联合闸开入连续 10s 为"1"，发"其他报警"信号，不闭锁保护	检修母联合闸开入接点
30	TA 断线	×	×	●	×	否	电流互感器二次断线，发"断线报警"信号	检查 TA 二次回路
31	TA 异常	×	●	×	×	否	电流互感器二次回路异常，发"报警"信号，不闭锁母差保护	检查 TA 二次回路
32	GOOSE_A（B）网网络风暴报警	×	●	×	×	否	连续收到两帧内容相同的 GOOSE 报文，则报网络风暴，分 A/B 网进行报警	检查 GOOSE 网络
33	GOOSE 内部配置文件出错	×	●	×	×	否	配置文件不匹配或出错	检查配置文件
34	支路 GOOSE－A（B）网断链	×	●	×	×	否	本支路点对点 GOOSE 链路异常，分 A/B 网进行报警	检查 GOOSE 网络
35	支路保护 GOOSE－A（B）网断链	×	●	×	×	否	本支路网络接收的 GOOSE 链路异常，分 A/B 网进行报警	检查 GOOSE 网络
36	采样 A（B）链路出错	×	●	●	×	否	该网的（A 或 B）的数据超时、解码出错、采样计数器出错做"或"处理	检查采样 SMV 网
37	采样数据出错	×	●	●	×	否	本支路点对点插值出错标志	检查采样 SMV 网
38	采样数据无效	×	●	●	×	否	采样数据帧中的通道无效标志	检查采样 SMV 网
39	间隔通道抖动异常	×	●	●	×	否	以权重统计方式统计采样帧抖动异常告警	检查采样 SMV 网
40	间隔通道延迟变化	×	●	●	×	否	间隔延迟发生变化、间隔延迟时间超范围（3ms）报警	检查采样 SMV 网
41	FPGA 校验出错	×	●	●	×	否	某光口接收链路大于 16，且未在 GOOSE 文本中为这些链路指定光口号	在 GOOSE 文本中为这些链路指定光口号

注　"●"表示点亮，"○"表示熄灭，"×"表示无影响。

二、母线保护交流回路故障异常现象及分析

（一）交流电流回路故障异常及分析

交流电流回路最常见的故障是电流互感器二次回路断线，具体可能是：

（1）电流互感器二次绕组出线桩头内部引线松动或外部电缆芯未拧紧。

（2）电流互感器二次端子箱内端子排上接线接触不良或接错挡。

（3）保护屏上电流端子接线接触不良或接错挡。

（4）保护机箱背板电流端子接线接触不良或接错线。

（5）保护电流插件内电流端子接线接触不良或接错线。

（6）有电流互感器二次绕组极性错误或保护内小电流互感器引线头尾接反，三相电流不对称度较严重。

交流电流回路有短接或分流现象，具体可能是：

（1）保护装置前某处电流互感器二次回路接线间有受潮的灰尘等导电异物。

（2）保护装置前某处电流互感器相线绝缘破损，有接地现象，和电流互感器二次原有的接地点形成回路。

保护装置采样回路故障，使采样值和实际加入电流值不一致。

在电流互感器带负荷运行中，若发现三相电流不平衡较严重或某相无电流，可用在电流互感器端子箱处，测量电流互感器各二次绕组各相对 N 端电压的方法，判别相应电流回路是否有开路现象。在正常情况下，电流互感器二次回路的负载阻抗很小，在负荷电流下所测得的电压也应较小。若有开路或接触不良现象，则负载阻抗变大，在负荷电流下所测得的电压也应明显增大。若负载电流较大时，可用高精度钳形电流表分别在电流回路各环节测量电流值，检查是否有分流现象。必要时，用数字钳形相位表检查各相进入保护装置电流的相位是否是正相序，和同名相电压的夹角是否符合功率输送的方向。

若在电流互感器带负荷运行中无法断定问题原因或查出大致原因后，需要对电流互感器停电对相关二次回路做进一步检查处理。在相关一次设备停电的情况下，检查电流回路的最基本方法，就是做电流回路的二次通电试验，即在电流互感器二次绕组桩头处或电流互感器端子箱处按 A、B、C 相分别（或同时但三相不同值）向母线保护装置通入一定量及相位的电流，看相关保护装置是否能显示相同的电流及相位值。

（1）若保护装置显示的电流值明显较小可能是有分流现象，用高精度钳形电流表分别在电流回路各环节测量电流值，可以检查出分流大致的地点。

（2）若保护装置显示无电流值可能为电流回路开路，用数字万用表分别从保护装置背板电流端子开始在电流回路各环节测量电阻值，可以检查出开路大致的地点。

（3）若保护装置显示无电流值或电流值较小甚至较大，但保护装置入口处用高精度钳形电流表能测得和所加电流一致的值，证明保护装置的相应采样回路有异常。可用更换同型号交流等相关插件的方法予以验证。

（4）若保护装置显示电流值虽和所加电流值一致但和所加相别不一致，证明电流回路有串相现象存在；若保护装置显示电流值虽和所加电流值一致但和所加相位不一致，可能是保护装置电流引线头尾接反。

（5）若相关保护装置能显示相同的电流及相位值，则要电流互感器二次绕组桩头处或电流互感器端子箱处断开下接的二次回路，用做电流互感器 VA 特性的方法，向电流互感器二次绕组通电以检查问题是否出自电流互感器二次绕组及其至二次绕组桩头处或电流互感器端子箱处的接线。

（二）交流电压回路故障异常及分析

交流电压回路最常见的故障是电流互感器二次回路断线，具体可能是：

（1）电压互感器（以下简称"压变"）二次绕组出线桩头内部引线松动或外部电缆芯未拧紧。

（2）压变二次端子箱内端子排上接线接触不良或接错挡。

（3）压变二次端子箱内总空气开关接点接触不良或接线接触不良。

（4）保护屏上电压端子接线接触不良或接错挡。

（5）保护屏上压变电源空气开关接点接触不良或接线接触不良。

（6）保护机箱背板电压端子接线接触不良或接错线。

（7）保护电压插件内电流端子接线接触不良或接错线。

（8）有压变二次绕组极性错误，三相电压不对称。

（9）若有压变电压切换、并列回路还可能是相关继电器接点、线圈或接线问题等。

交流电压回路有短接引起压变空气开关跳闸现象，具体可能是：

（1）某处压变二次回路接线间有受潮的灰尘等导电异物。

（2）某处压变相线绝缘破损，有接地现象。

（3）引入母线保护装置的两段母线二次电压接线不正确，保护切换电压时异相并列等。

保护装置采样回路故障，使采样值和实际加入电压值不一致。

在压变带负荷运行中若发现三相电压不平衡较严重、某相无电压或三相无电压，可用在正、负母电压屏顶小母线或公用测量屏引入本母线保护屏的接入电缆端子排处测量进入母线保护屏压变二次各相对 N 及相间电压的方法判别进入电压回路是否有异常现象。若进入的电压不正常则要在压变二次接线桩头或二次端子箱至接入母线保护屏端子间查找，按压变电压二次回路的连接采用逐级测量电压的方法，查找出产生电压不平衡、某相无压或三相无压的原因。

若在压变带负荷运行中引入本母线保护屏的接入电缆端子排处测量进入母线保护屏压变二次各相对 N 及相间电压的方法判别进入电压回路正常，本母线保护屏电压切换回路包括线路隔离开关辅助接点也正常，则需要对母线保护屏停用以便对相关二次回路做进一步检查处理。

在母线保护屏停用的情况下，检查母线保护电压回路的最基本方法，就是做电压回路的二次加压试验，即在进入母线保护屏的压变电压端子排处按 A、B、C 相分别（或同时但三相不同值）向母线保护装置通入一定量及相位的电压，看相关保护装置是否能显示相同的电压及相位值。

（1）若保护装置显示的电压值明显较小可能是有接线处接触不良现象，用数字万用表分别在电压回路各环节测量电压值，可以检查出接线处接触不良大致的地点。

（2）若保护装置显示无电压值可能为电压回路开路，用数字万用表分别从保护装置背板电压端子开始在电压回路各环节测量电阻值，可以检查出开路大致的地点。

（3）若保护装置显示无电压值或电压值较小甚至较大，但保护装置入口处用电压表能测得和所加电压一致的值，证明保护装置的相应采样回路有异常。可用更换同型号交流等相关插件的方法予以验证。

（4）若保护装置显示电压值虽和所加电压值一致但和所加相别不一致，证明电压回路有串相现象存在；若三相同时加入幅值不等的正序电压，保护反映的各相电压采样值和所加的不相等且之间相位混乱，则证明是电压中性线有开路现象。

三、母线保护开入回路故障异常现象及分析

（1）投入任何保护功能压板或有失灵启动接点闭合等，相应开入量全部显示为"0"不变为"1"或不能相应变位，可能的原因是：① 开入量光耦电源空气开关正极端子接线不良；② 光耦正电源端子排接线不良；③ 光耦负电源端子至保护背板端子接线不良。

（2）投入某一保护功能压板、或连通某一隔离开关位置、或连通某一失灵启动接点等，该开入量显示为"0"不变为"1"或不能相应变为接通位置，可能的原因是：① 该开入量接入保护装置端子接触不良；② 该开入量接入保护装置的相关回路异常；③ 保护装置内相关的光耦损坏等。

（3）未投入任何保护功能压板或无失灵启动接点闭合等，某开入量显示为"1"或显示为投入/合上，可能的原因是：① 该开入量实际被短接；② 保护装

置内相关的光耦损坏等。

（4）对于开入量不能从"0"变为"1"或从分位显示为合位。先用数字万用表确认保护屏开入量光耦电源正常且开入量电源空开引至端子排 X1-20、X1-23 端子接线良好，以此排除所有开入量不能从"0"变为"1"的问题；再用开入量正电源点通不能从"0"变为"1"的开入量尽量靠近保护装置的接线端子，若该开入量此时能从"0"变为"1"，则为该开入量外回路接线有异常，按照相关回路用光耦正电源逐点点通，直至该开入量不能从"0"变为"1"时，则可判断出异常点的位置；若该开入量此时不能从"0"变为"1"，则为该开入量内部接线有误或光耦损坏。比如间隔 L2 失灵启动接点闭合，保护装置中"L2 失灵启动"开入量不能从"0"变为"1"或显示为"断开"，可用短接线一头接在开入量正电源 X1-20 端子上，另一头点通 LP52 的桩头 2，若该开入量此时能从"0"变为"1"，再依次去点通 LP52 的桩头 1.X10-2 端子，如在点通 LP52 的桩头 1 时"L2 失灵启动"开入量能从"0"变为"1"而点通 X10-3 端子时不能，则可大致确定问题出在 LP52 的桩头 1.X10-3 端子之间的回路上。

（5）对于开入量异常从"0"变为"1"或从分位显示为合位。拆开异常从"0"变为"1"的开入量尽量靠近保护装置的接线端子，若该开关量仍然保持为"1"或显示为接通，则为该开入量内部接线有误或光耦损坏；若该开关量变为"0"，则为该开入量外回路接线有异常，可按照相关回路逐点拆开，直至该开入量从"1"变为"0"或显示为分位，以此则可判断出异常点的位置。比如间隔 L2 失灵启动接点已确定断开，保护装置中"L2 失灵启动接点"开入量不能从"1"变为"0"或仍然显示为"闭合"，先拆开 LP52 的桩头 2 至保护装置背板 2N3-218 端子的连线，检查光耦是否损坏或内部接线是否有问题；无问题则予以恢复，然后再依次拆开 LP52 的桩头 1.X10-2 端子等相关点，如在拆开 X10-2 端子时"L2 失灵启动接点"开入量能从"1"变为"0"而拆开 LP52 的桩头 1 时不能，则可大致确定问题出在 X10-2 端子、LP52 的桩头 1 之间的回路上。

四、母线保护操作回路故障异常现象及分析

（1）保护出口跳闸回路

母差保护发出跳闸命令时，某断路器不跳。可能的原因是对应该断路器的跳闸压板未投或接触不良；跳闸压板到保护端子或端子排的引线接触不良；保护装置出口三极管坏。先检查屏内该间隔跳闸回路是否正常。拆开对应该断路

器跳闸的一对端子上面的电缆芯，用绝缘胶布包好，加模拟故障量使母差保护跳该间隔的逻辑动作，测量这对端子是否导通。若不通，则按相应回路逐段核对接线的正确性，若母差保护跳该间隔的逻辑动作时连通良好，则向上级申请进一步检查对应断路器的操作回路。

若母差保护发出跳闸命令时，所有应该跳闸的断路器都不跳。可能的原因是出口继电器电源不良或出口继电器被"出口退出"控制字强制退出等。检查保护装置的背板上出口继电器电源接入端子和保护装置电源是否连接良好，若连接良好则可能是出口继电器电源模块坏或其电源小开关坏，可更换电源插件检验一下。

母差保护发出跳闸命令时，断路器跳闸有交叉现象。可能的原因是屏内引线错误或外接电缆芯接错。这种情况在发生交叉现象的两台断路器运行于同一母线时不易察觉，但在这两台断路器运行于不同母线或断路器失灵保护有跟跳功能时问题就会暴露出来。解决的办法就是在母差保护投运时要每个间隔单独传动断路器试验。

（2）母差保护所接各间隔断路器控制回路。各间隔断路器控制回路故障异常现象及分析同线路保护相关部分。

习　题

1. 如何检查母线交流电流回路？
2. 母差保护发出跳闸命令时，某断路器不跳，如何处理？

第五节　220kV GIS 母线故障点的定位案例分析

一、案例概述

（一）基本情况

220kV 母线配置双套母差保护，220kV 线路均配置双套光纤分相电流差动主保护及距离、零序等后备保护。220kV 主变压器均配置双套纵联差动主保护及复压过电流、零序过电流等后备保护。220kV 分段及母联均独立配置单套充电保护。保护用 TA 二次侧第一套保护用 TA1，第二套保护用 TA2，其中线路故障录波器用 TA 与第二套线路保护合用，线路保护用 TA 极性指向线路（以母线侧为极性端），母线保护用 TA 极性指向母线（以线路侧为极性端）。TA 变比均为 2500/5，母差保护基准变比 2500/5。站内保护均按"六统一"设计。故障前上述各保护装置除母联、分段的充电保护外，其余均正常投入运行。

（二）运行方式

某 220kV 变电站的 220kV 母线为双母单分段接线，如图 3-9 所示。故障发生前，2500 分段、2530 母联、2550 母联断路器均合位运行；甲线在Ⅱ母线运行，空充线路；乙线在Ⅰ母线热备用，对侧热备用；丙线在Ⅲ母线运行，联络线方式；丁线在Ⅱ母线运行，馈供线方式；戊线在Ⅲ母线运行，联络线方式；己线在Ⅱ母线运行，联络线方式；1 号主变压器在Ⅰ母线运行；2 号主变压器在Ⅱ母线运行，两台主变压器中、低压侧分列运行，均无电源。以甲线间隔标注为例，TA 为电流互感器，QF 为断路器，1G 为Ⅰ（Ⅲ）母线隔离开关，2G 为Ⅱ母线侧隔离开关。

220kV 母线采用三相共筒式 GIS；各支路 2G 均采用隔离、接地组合开关（三工位隔离开关）如图 3-9 所示（图中以甲线间隔为例示出）；各支路保护用 TA 二次侧在断路器断口两侧布置。

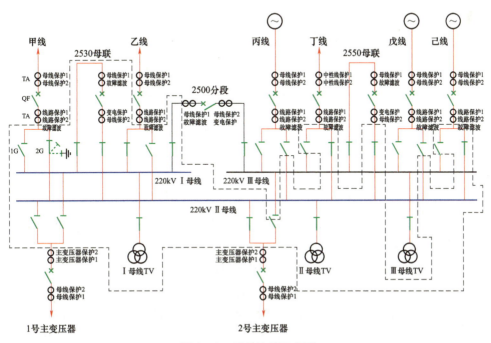

图 3-9 系统接线示意图

二、案例分析

（一）保护动作情况

某日 04:53:04:263，该站 220kV 母差保护动作出口，先后跳开了Ⅰ、Ⅱ母线上的所有断路器，Ⅰ、Ⅱ母线失电，Ⅲ母线继续正常运行。与此同时有源联络线丙线、戊线、己线线路保护启动，其中己线有线路保护动作跳闸出口信号。其余线路及主变压器保护均未动作。事故过程中所有双套保护动作行为一致，故障录波及信息报文一致。

1. 专用故障录波器录波

（1）母线电压录波示意图如图 3-10 所示。

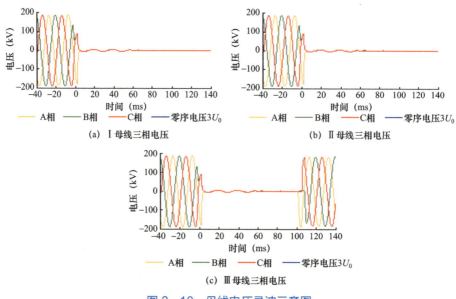

(a) Ⅰ母线三相电压 　　(b) Ⅱ母线三相电压

(c) Ⅲ母线三相电压

图 3-10　母线电压录波示意图

由图 3-10 的电压录波可以看出，系统发生的是三相短路故障，短路持续时间约为 110ms，三相残压较低，后 55ms 残压基本为零。故障后Ⅰ、Ⅱ母线失电，Ⅲ母线恢复正常。

（2）有源线路电流录波示意图如图 3-11 所示。

由图 3-11 可以看出各有源线路电流录波均反应为三相短路故障，故障零序电流（蓝色线）幅值较小，故障比较对称。三回线路故障电流持续时间基本相等，约 110ms，且故障电流幅值变化较小，其中丙线故障电流有效值约为10.1kA，戊线、己线故障电流有效值约为 5.6kA。

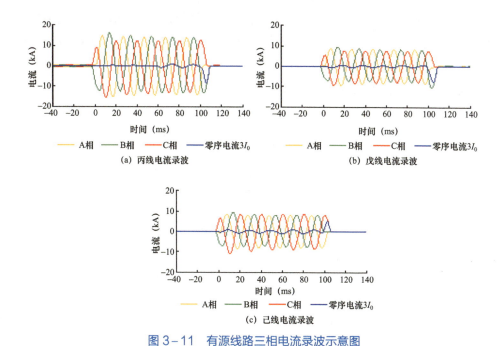

(a) 丙线电流录波

(b) 戊线电流录波

(c) 己线电流录波

图3-11　有源线路三相电流录波示意图

（3）母联、分段电流录波示意图如图3-12所示。

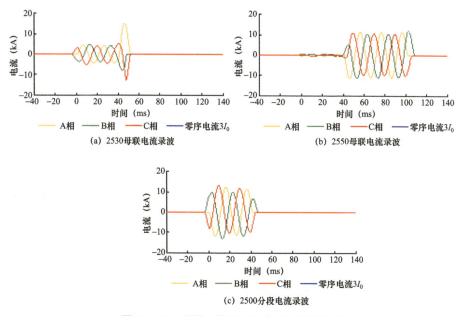

(a) 2530母联电流录波

(b) 2550母联电流录波

(c) 2500分段电流录波

图3-12　母联、分段三相电流录波示意图

由图 3-12 可以看出，故障电流持续时间分别为：2530 母联约 55ms，2550 母联约 110ms，2500 分段约 45ms。其中 2530 母联故障电流最后半个周波电流幅值增大约一倍，而 2550 母联故障电流在前 45ms 幅值较小，说明 2500 分段先于 2530 母联跳闸，短路电流重新分配。

（4）母线保护差流录波示意图如图 3-13 所示。

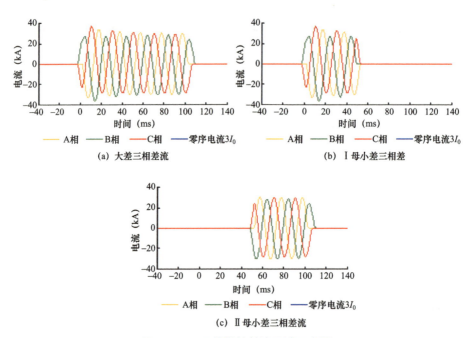

图 3-13　母线保护差流录波示意图

由图 3-13 可以看出，从故障发生时刻起大差持续了约 110ms，有效值约 21.3kA。从故障发生时刻起 I 母线差流持续了约 55ms，有效值约 21.3kA， II 母线差流紧接着持续了约 55ms，有效值约 21.3kA，两小差电流呈明显接续状，电流幅值与大差幅值始终保持相等，大差差流在整个故障过程中幅值基本保持不变。

另外，母线保护中其余支路电流录波波形正常，与专用故障录波器波形在时间及幅值上基本一致，只是由于 TA 极性不同，部分波形反向，这里不再单独列出。

（5）保护装置动作信息。

1）丙线线路保护动作信息见表 3-5。

表 3-5　　　　　　　　　　　　丙线线路保护动作信息

动作时间	动作信息
04:53:04:263	启动 CPU 启动
0ms	综重电流启动
0ms	差动保护启动
0ms	距离零序保护启动
6010ms	差动保护整组复归
6011ms	综重电流复归
6016ms	距离零序保护复归
6228ms	启动 CPU 复归

由表 3-5 可知，丙线线路保护只有启动信息，没有保护跳闸出口信息。（Ⅲ母母差没有动作，所以没有远跳）戊线线路保护也只有启动信息与丙线相同，这里不再列出。

2）己线线路保护动作信息见表 3-6。

表 3-6　　　　　　　　　　　　己线线路保护动作信息

动作时间	动作信息
04:53:04:263	启动 CPU 启动
0ms	差动保护启动
1ms	综重电流启动
1ms	距离零序保护启动
75ms	发远方跳闸命令
123ms	收远方跳闸命令
123s	差动永跳出口
6022ms	综重电流复归
6024ms	距离零序保护复归
6028ms	差动保护整组复归
6237ms	启动 CPU 复归
6327s	TV 三相失压

由表 3-5 可以知道，己线接到对侧远跳命令（Ⅰ、Ⅱ母差动作远跳启动对侧 TJR，对侧反过来给本侧发 TJR），差动永跳出口。

3）母差保护动作信息见表 3-7。

表 3-7　　　　　　　　母 线 保 护 动 作 信 息

动作时间	动作信息
04:53:04:264	母线保护启动
10ms	Ⅰ母差保护动作
10ms	2500 分段出口跳闸
10ms	2530 母联出口跳闸
10ms	乙线出口跳闸
10s	1 号主变压器出口跳闸
50ms	Ⅱ母差保护动作
50ms	2550 母联跳闸
50ms	甲线出口跳闸
50ms	丁线出口跳闸
50ms	己线出口跳闸
50ms	2 号主变压器出口跳闸

由表 3-7 可知，母线保护在故障发生 10ms 后Ⅰ母线差动出口，跳开了Ⅰ母线上所有支路；50ms 后Ⅱ母线差动出口，跳开了Ⅱ母线上所有支路。

（二）故障定位分析

1. 母线区内外故障的判别

从图 3-10 的母线电压录波可以看出，故障期间母线残压很低，属于金属性的三相短路故障，说明故障点离母线 TV 安装处电气距离很近，可能的情况有两种，一是故障点在母线上，故障范围涉及Ⅰ、Ⅱ母线，母线保护动作行为正确；二是故障点在某间隔的出口处，母线保护动作行为不正确。

将有源线（丙线、戊线、己线）线路的故障相电流与母线对应相电压进行相位比较，以 A 相为例，如图 3-14 所示（由故障录波器采集）。

由于母线残压较低，不能用于相位比较，因此将母线故障前的正常电压向故障时间段等周期延伸，如图 3-14 所示的虚线部分，可以近似认为故障前母线电压相位与系统 A 相等值电源电动势 $\dot{E}_A$ 相位相等。由图 3-14 可以看出三回有源线路 A 相电流在故障时刻起波方向一致，相位相同，且超前电源电动势 $\dot{E}_A$ 约 100°，由于各线路间隔故障录波用 TA 极性均指向线路，因此实际短路电流滞后 $\dot{E}_A$ 约 80°，滞后角度与系统一般等值阻抗角相符，可以判断出故障点在各有源线路保护的反向处，即背侧母线保护区域。

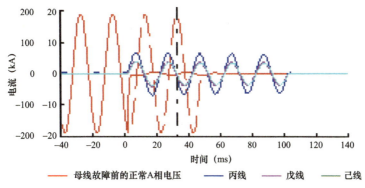

图 3-14 有源线路 A 相电压、电流相位比较示意图

由于三回有源线路均判反方向故障，而其他出线及主变压器间隔无保护启动、动作信号，说明故障点不在线路、主变压器间隔的断路器断口两侧 TA 之间。

同时，三回有源线路的故障电流有效值之和与母线保护大差差流有效值相等，相位相反，也可以进一步证明故障点在母线保护范围区域。

从母线电压录波可以知道Ⅲ母线在故障后 110ms 电压恢复正常，因此可以排除故障点在Ⅲ母线。

由上述分析可以将故障点初步定位在图 3-9 所示的虚线框内的母线区域。

2. 母线故障点的进一步确定

由图 3-13 的母线保护差流录波可以看出，故障开始的 0～55ms 只有大差差流和Ⅰ母线差流，Ⅱ母线差流在 55ms 时接续Ⅰ母线差流，而大差差流幅值持续不变。可以说明首先发生的是Ⅰ母线故障，55ms 后Ⅱ母线发生故障，Ⅰ、Ⅱ母线之间存在转换性故障。

母线 GIS 为三相共筒式（Ⅰ母三相一个筒，Ⅱ母三相一个筒），Ⅰ、Ⅱ母线被封装在两个筒体中，两母线之间发生转换性故障的地方只有可能存在于Ⅰ、Ⅱ母线之间有电气连接的部位，因此可将故障点范围缩小为如图 3-15 所示的四个虚线框部位。

由图 3-9 可以看出，故障点可能存在于 2530 母联断路器区域，以及甲线、乙线、1 号主变压器三个间隔的 1G、2G 隔离开关的公共部位区域。

图 3-13 中 2530 母联录波可以知道，2530 母联断路器电流持续时间与Ⅰ母线差流基本一致，说明Ⅰ母线发生故障后母线保护动作跳 2530 母联断路器，正常开断，不存在 2530 断路器失灵而导致的Ⅰ、Ⅱ母线之间的故障延续、转换问题。同时两套母差保护动作行为一致，说明故障点不可能在 2530 母联断路器断口至两侧 TA 之间（死区）。因此，可以排除故障点在 2530 母联断路器的虚线

框区域。

剩余甲线、乙线、1号主变压器三个间隔的1G、2G隔离开关的公共部位成为故障点的重要怀疑区域。GIS设备中相关的SF$_6$气体气室分布如图3-15所示，其中紫色实线表示盆式绝缘子，三个盆式绝缘子与筒体（黑实线表示）构成一个气室，这里只示出相关的三个气室，即Ⅰ母线隔离开关（1G）气室；Ⅱ母线隔离、接地组合开关（2G）气室；TA气室。

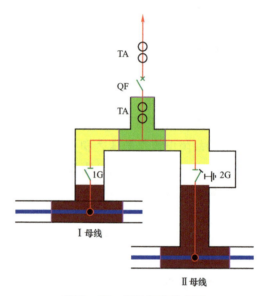

图3-15 相关气室分布图

由图3-15的气室分布可以知道，由于气室盆式绝缘子的隔离作用，TA气室（图中绿色底纹部位），不可能存在导致Ⅰ、Ⅱ母线转换性故障的故障点，因此该区域可以排除。

如果间隔在Ⅰ母线运行（1G合位），则2G气室中的黄色底纹部位与Ⅰ母线等电位，棕色底纹部位与Ⅱ母线等电位，此时若2G气室中黄色底纹部位发生故障则属于Ⅰ母线故障，故障产生的金属粉末气流，极有可能导致同一气室中的棕色底纹部位在2530母联、2500分段断路器跳闸后Ⅱ母线电压的恢复过程中发生相间击穿故障，使得故障点扩大至Ⅱ母线。若起始故障发生在2G气室的棕色底纹部位，则也同样可能将本属于Ⅱ母线的故障点扩大至Ⅰ母线。

反之，如果间隔在Ⅱ母线运行（2G合位），也同样可能将本属于Ⅱ母线的故障点扩大至Ⅰ母线，或将Ⅰ母线的故障点扩大至Ⅱ母线。

由于本次故障先是Ⅰ母线故障，在55ms后转换为Ⅱ母线故障，且三相短路故障对称性较好，能导致三相故障同步发生的情况在母线棕色底纹部位的可能性不大，因为棕色底纹部位为隔离开关静触头侧，发生金属物件脱落而导致同步的三相短路故障的可能性不大。据此在Ⅱ母线运行的甲线可以暂时先排除。

至此，在Ⅰ母线运行的乙线和 1 号主变压器间隔的 2G 隔离开关气室成为故障点的锁定部位，2G 为隔离开关、接地组合开关，活动机构比较复杂，因此发生故障的可能性相对较高。据此，立即对该两间隔的 2G 隔离开关气室进行气体成分检测。

检测结果，乙线 2G 隔离开关气室中 SO_2（二氧化硫）、H_2S（硫化氢）等成分严重超标，SO_2 实测值 138.4μL/L（正常值应小于 5μL/L），H_2S 硫化氢实测值 144.1μL/L（正常值应小于 2μL/L），最终判定为乙线 2G 隔离开关气室部位故障，将Ⅰ母线的故障扩大至Ⅱ母线。随后的解体检修工作也证明了判断的正确性。

3. 关于己线线路保护的动作行为分析

由表 3-6 可知己线线路保护有跳闸出口信号，实际故障点在母线上，为什么己线线路保护会出口跳闸，分析如下：

由于己线在Ⅱ母线运行，Ⅱ母线保护动作后跳开了Ⅱ母线上的所有断路器，母线保护跳己线断路器是通过驱动己线线路保护操作箱中的 TJR 继电器来实现的，TJR 继电器动作跳己线断路器的同时，通过线路差动保护通道在 75ms 时刻向己线对侧发远方跳闸命令，对侧保护收到远方跳闸命令后经就地启动判别后永跳出口，由于对侧保护为非六统一设计，差动永跳后会驱动操作箱中的 TJR 继电器，该继电器又向本侧发远方跳闸命令，致使本侧线路保护在 123ms 收到远方跳闸命令，差动永跳。因此，己线有了线路保护动作出口跳闸信息，属于正常。而另外两回有源线路在正常的Ⅲ母线运行，因此只有启动信号。

三、措施及建议

GIS 设备由于其结构紧凑占地面积小环境适应能力强等优点，在电力系统中被广泛运用。但是 GIS 设备内部发生故障后，由于故障点隐蔽，无法快速确定故障部位。为提升事故处理速度，要做到以下几点：

（1）要保证故障录波及相关二次设备工况良好，以确保故障录波及保护信息的完整。要善于对所获取的故障录波及保护信息进行筛选，去伪存真。

（2）重视各类二次设备的 GPS 对时问题，精确而统一的事故发生的绝对时间，对于正确快速地阅读各类装置的报文、录波信息，快速处理事故是极其重要的。

（3）对于 GIS 设备可以考虑增加外部可观测点和在线监测系统以提高故障点的定位速度。

第四章

二次回路原理及异常处理

第一节　电流互感器原理及其二次回路

学习目标

1. 通过学习，了解电流互感器的特点、构成及参数。
2. 通过学习，了解电流互感器的误差计算。
3. 通过学习，了解电流互感器的二次回路构成原理。

知识点

电力系统的一次电压很高，电流很大，且运行的额定参数千差万别，用以对一次系统进行测量、控制的仪器仪表及保护装置无法直接接入一次系统，电流互感器的主要作用是将一次系统的大电流进行隔离，使二次的继电保护、自动装置和测量仪表能够安全准确地获取电气一次回路电流信息。

一、电流互感器的构成及工作特点

1. 一次匝数少二次匝数多

用于电力系统中的电流互感器，其一次绕组通常是一次设备的进、出母线，而只有一匝；其二次匝数很多。例如，变比为 3000/1 的电流互感器，其二次匝数为 3000 匝。

2. 铁芯中工作磁密很低、系统故障时磁密大

正常运行时，电流互感器铁芯中的磁密很低，其一次与二次保持安匝平衡。当系统故障时，由于故障电流很大，二次电压很高，励磁电流增大，铁芯中的磁密急剧升高，甚至使铁芯饱和。

3. 高内阻、定流源

正常工况下，铁芯中的磁密很低，励磁阻抗很大，而二次匝数很多。从二次看进去，其阻抗很大。负载阻抗与电流互感器的内阻相比，可以忽略不计，故负载阻抗的变化对二次电流的影响不大，可称之为定流源或电流源。

4. 二次要小，二次回路不得开路

电流互感器的二次负载如果很大，运行时其二次电压要高，激磁电流必然增大，从而使电流变换的误差增大。特别是在系统故障时，电流互感器一次电流可能达额定工况下电流的数十倍，致使铁芯饱和，电流变换误差很大，不满足继电保护的要求，甚至使保护误动。

电流互感器的二次回路不得开路。如果运行中二次回路开路，二次电流消失，二次去磁作用也随之消失，铁芯中的磁密很高；又由于二次匝数特高，二次感应电压 $U = 4.44fBWS$（f 为电源频率，B 为铁芯中的磁密，W 为二次匝数，S 为铁芯中有效截面）会很高，有时可达数千伏，危及二次设备及人身安全。

二、电流互感器的额定参数

1. 额定电流

电流互感器的额定电流，有一次额定电流和二次额定电流。电流互感器的一次额定电流，应大于一次设备的最大负荷电流。其一次额定电流越大，所能承受的短时动稳定及热稳定的电流值越大，电流互感器一次额定电流值，应与 GB/T 20840.2—2014《互感器 第 2 部分：电流互感器的补充技术要求》推荐值相一致。

目前，在电力系统中普遍采用的电流互感器二次额定电流有两种，即 5A 和 1A。电流互感器二次额定电流的选择原则，主要是考虑经济技术指标。当一次额定电流相同时，二次额定电流值取越大，二次绕组的匝数便越少，电流互感器的体积及造价相对小。但是，二次额定电流大，正常运行时其输出电流大，二次损耗也大；另外，由于故障时输出电流很大，要求二次设备的热稳定及动稳定的储备也大。在各种条件相同的情况下，电流互感器的二次额定电流为 5A 时的二次功耗，为额定电流为 1A 时二次功耗的 25 倍。

2. 变比

电流互感器的变比，是其重要的参数之一。它等于一次额定电流与二次额定电流之比。

变比的选择，首先应考虑额定工况下测量仪表的指示精度及满足继电保护及自动装置额定输入电流及工作精度的要求。例如，当保护装置的额定输入电流为 5A 时，在正常工况下电流互感器二次输出电流应在 1～4.5A 之间较为合理，而如果二次输出电流很小（例如小于 0.5A）就不合理。

3. 额定容量

电流互感器的额定容量，指的是额定输出容量。该容量应大于额定工况下的实际输出容量。额定工况下电流互感器的输出容量为

$$S_e = I_{2N}^2 KZ \qquad (4-1)$$

式中　S_e ——额定工况下电流互感器的输出容量，VA；

　　　I_{2N} ——电流互感器的二次额定电流，A；

　　　K ——正常工况下电流互感器的负载系数；

　　　Z ——电流互感器两端的阻抗（等于负载阻抗 + 连接线的阻抗）。

根据国家标准，电流互感器的额定容量标准值有：5.10、15.20、25.30、40、50、60、80、100VA。

4. 准确度

电流互感器的准确度，是其电流变换的精确度。目前，国内采用的电流互感器的准确度等级有六个，即 0.1、0.2、0.5、1、3 级及 5 级。继电保护用电流互感器，通常采用 0.5 级的；主设备纵差保护也有采用 0.2 级的。电流互感器的准确度级，实际上是相对误差标准。例如，0.5 级的电流互感器，是指在额定工况下，电流互感器的传递误差不大于 0.5%。显然，0.1 级的电流互感器，其精度要大于其他级的电流互感器。即电流互感器准确度等级小者测量精度高。

三、常用的电流互感器二次回路

1. 接线方式

在三相对称网络中，根据电网的电压等级、电流互感器的二次负载及经济技术比较结果，选择电流互感器的型式及二次回路的接线方式。

常见的电流互感器二次回路的接线方式有：单相接线、两相星形（或不完全星形）接线、三相星形（或全星形）接线、三角形接线和电流接线等。当不计连接导线的电阻和接触电阻、且中性线回路中无负载时，上述四种接线方式的原理接线如图 4-1 所示。

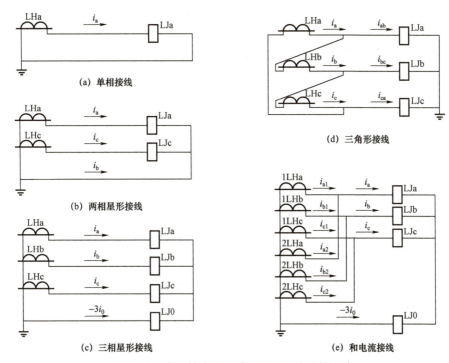

图 4-1　常用的电流互感器二次回路接线方式

LHa、LHb、LHc—分别为 a、b、c 三相的电流互感器

2. 电流互感器的二次负载阻抗

将上述计算结果列于表 4-1。

表 4-1　　　　　不同工况下电流互感器二次负载阻抗及负载系数

TA 二次回路接线方式	负载阻抗及负载系数							
	正常工况		三相短路		二相短路		单相短路	
三相 Y 接	Z	1	Z	1	Z	1	Z	1
三相 d 接	$3Z$	3	$3Z$	3	$3Z$	3	$2Z$	2
二相 Y 接	Z	1	Z	1	Z	1	Z	1
二相 d 接	$\sqrt{3}Z$	$\sqrt{3}$	$\sqrt{3}Z$	$\sqrt{3}$	$1Z$ ($2Z$)	$\dfrac{1}{2}$	Z	1

注　1. Z 为含导线电阻及接触电阻在内的二次各相阻抗。

　　2. 表中纯数值表示 TA 二次负载的接线系数；表中括弧中的数值表示 TA 二次呈差接的两相一次系统短路。

四、电流互感器的误差

1. 误差产生的原因

在具有铁芯的电流互感器中，其一次磁通势，除应保证建立必需的二次磁通势之外，尚要补偿激磁等损耗的附加磁通势。

设 $\dot{I}_{\mathrm{m}}'$ 中的有功分量等于零，以 $\dot{I}_2'$ 为参考向量，则绘出的电流互感器各侧电流的向量关系如图 4-2 所示。

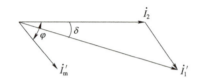

图 4-2　电流互感器各侧电流向量图

φ—电流 $\dot{I}_{\mathrm{m}}'$ 与 $\dot{I}_2$ 之间的夹角；δ—电流 $\dot{I}_1'$ 与 $\dot{I}_2$ 之间的夹角

由图 4-2 可以看出，由于激磁电流 $\dot{I}_{\mathrm{m}}'$ 的存在，电流互感二次电流 I_2 与一次电流量值不同，相位也不同，因此，它并不能完全反映一次电流 $\dot{I}_1'$，即电流互感器存在测量误差。可知该测量误差有量值误差及相位误差两种。

2. 误差分析

若将 $\dot{I}_2$ 与 $\dot{I}_1'$ 的量值误差称作变比误差，而将 $\dot{I}_2$ 与 $\dot{I}_1'$ 之间的夹角称之为相位误差，则变比误差为

$$\Delta I = \frac{|I_1'| - |I_2'|}{|I_1'|} \tag{4-2}$$

由于角误差相对较小，故其值为

$$\delta \approx \sin\delta = \frac{|I_{\mathrm{m}}'|}{|I_1'|} \sin\varphi \tag{4-3}$$

由图 4-2 可以看出，电流互感器的比误差及角误差，均是由于 $\dot{I}_{\mathrm{m}}'$ 的存在造成的。当二次电流为纯电阻电流时（即电流互感器二次负载为纯电阻），$\varphi = 90°$，角误差最大。而当二次电流为纯电感电流时，$\delta = 0°$ 角误差等于零。

分析表明，影响 $\dot{I}_{\mathrm{m}}'$ 的大小及与 $\dot{I}_2$ 之间相位的因素主要有：电流互感器铁芯材料及结构、二次负载、一次电流及一次电流的频率等。

（1）铁芯材料及结构的影响。电流互感器铁芯材料及结构，直接影响铁芯中的各种损耗，因此它对励磁电流 $\dot{I}_{\mathrm{m}}'$ 的大小和相位均有影响，将直接影响变比误差和相角误差。

（2）二次负载的影响。若忽略一次漏抗和二次漏抗的影响，电流互感器的等值回路如图4-3所示。

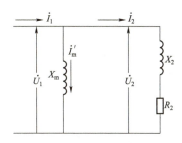

图4-3　电流互感器等值回路

X_m—电流互感器的激磁电抗；X_2、R_2—分别为电流互感器二次回路的电抗及电阻；
$\dot{I}'_m$—等效激磁电流；$\dot{U}_2$—二次负载两端电压

由图4-3得

$$\dot{I}'_m = \frac{\dot{U}_m}{X_m} = K\dot{I}_2 e^{-jQ} \tag{4-4}$$

式中　K——系数，$K = \dfrac{\sqrt{R_2^2 + X_2^2}}{X_m}$；

Q——$\dot{I}'_m$ 与 $\dot{I}_2$ 之间的夹角，$Q = \arctan\dfrac{R_2}{X_m}$。

由式（4-4）可以看出：当励磁阻抗不变时，X_2 及 R_2 越大，激磁电流 $\dot{I}'_M$ 值越大，电流互感器的比误差越大；而当二次负载 X_2 及 R_2 不变时，X_M 越小，电流互感器的比误差越大。

当电流互感器二次负载为纯电阻时（即二次电抗 $X_2=0$），R_2 增大，角误差增大，当 $R_2=0$ 时（即二次负载为纯感性时），角误差等于零。即纯电阻负载时角误差最大，纯电感负载时，角误差等于零。

（3）一次电流大小的影响。当电流互感器的一次增大时，其二次电流也增大。当一次电流过大时，电流互感器的误差增大。当一次电流过小时，其误差也将增大。

电流互感器测量误差与一次电流倍数的关系曲线如图4-4所示。

由图4-4可以看出，当一次电流为40%～120%的额定电流时，角误差及比误差最小。

（4）一次电流频率的影响。当电流互感器一次电流的频率变化时，将引起损耗发生变化，从而使测量误差发生变化。

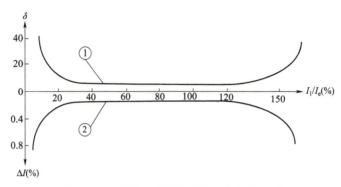

图4-4 电流互感器误差与一次电流关系

δ—角误差度；I_1/I_e—电流互感器一次电流为额定电流的百分数，%；ΔI—变比误差的百分数，%；
①—角误差与一次电流的关系曲线；②—变比误差与一次电流的关系曲线

3. 电流互感器的10%误差

电流互感器的10%误差，主要指的是比误差。为了动作的可靠性，继电保护要求电流互感器的最大测量误差（包括暂态误差）不超过10%。所谓10%误差，是指将电流互感器的二次电流乘以变比，与一次电流差的百分数等于10%。

（1）10%误差曲线。电流互感器的比误差，决定于其励磁电流。电流互感器的励磁电流与其二次电压有关。而二次电压又决定于二次电流及二次负载阻抗的乘积。因此，电流互感器的误差与其二次电流及二次负载阻抗均有关。当二次电流很大时、误差增大，二次负载阻抗增大，误差也增大。

所谓10%误差曲线是指，当电流互感器的比误差为10%时，其二次负载与二次电流倍数的关系曲线，即

$$Z_{rmax} = f(M) \qquad\qquad (4-5)$$

式中　Z_{rmax} ——电流互感器误差等于10%时其二次的最大负载阻抗；

　　　M ——额定电流倍数。

由于10%误差与电流互感器二次电压的某一值相对应，而该电压值又等于二次阻抗与二次电流的乘积，故10%误差曲线，即当$Z_{rmax} \cdot M =$常数时，Z_{rmax}与M的关系曲线为如图4-5所示的反比例特性曲线。

在图4-5中，各符号的物理意义同式（4-5）。

根据电流互感器的10%误差曲线及系统故障时最大一次电流，可以确定满足10%误差时电流互感器二次允许的最大负

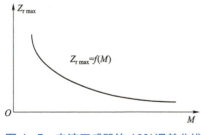

图4-5 电流互感器的10%误差曲线

载阻抗（其中包括电流互感器的直流电阻）。

（2）电流互感器比误差的近似计算。为近似计算运行中的电流互感器可能出现的最大测量误差（比误差），首先要录制出其二次的伏安特性曲线。其次还要知道电流互感器的变比，系统故障时的最大一次电流，电流互感器二次接线方式及二次设备的阻抗（含导线电阻及接触电阻）等。

实例：

一台呈 Yn，d 连接的大型变压器，其低压侧发生两相短路时，Y 侧最大一相的短路电流为 24000A；Y 侧电流互感器二次的接线方式为 d，变比为 1200/5，每相二次负载的阻抗（含连接导线电阻及接触电阻）为 2Ω，电流互感器的内阻为 0.4Ω/相，并且二次伏安特性曲线已知。计算故障时电流互感器的误差。

故障时，电流互感器二次的最大电流 $I_{max} = \dfrac{24\,000}{1200/5} = 100$（A）；

二次最大负载阻抗为 $Z_{max} = 3 \times 2 + 0.4 = 6.4$（Ω）；

二次最大电压 $U_{2max} = 100 \times 6.4 = 640$（V）。

如果在二次伏安特性曲线上查得与 640V 相对应的电流等于 10A，则在故障时电流互感器实际二次电流将小于 100A，约等于 90A。最大误差近似等于 10%，实际小于 10%。

五、常用电流互感器选择

1. P 及 TP 级互感器比较

电流互感器的误差与短路电流的倍数有关，故一般用 εPM 表示其准确度（ε 为准确度等级；M 表示保证准确度时允许最大短路电流倍数；P 为 P 级电流互感器）。例如 5P10 的含义是：在 10 倍的电流互感器额定电流的短路电流下，其误差不大于 5%。

目前，用于 220～500kV 大型变压器及各种发电机保护的电流互感器，一般采用 P 级电流互感器或 TP 级电流互感器。

P 级电流互感器属于一般保护用的电流互感器，其暂态特性较差。电力系统发生短路故障时，暂态电流在互感器内也产生一个暂态过程，其非周期分量可能使铁芯饱和，电流互感器不能准确地传递一次电流，从而导致保护不正确动作。

另外，对于超高压电力系统，为了系统的稳定，需要快速切除故障。但是，由于超高压系统的时间常数较大，则 P 级电流互感器无法满足快速切除故障的要求。

TP 级电流互感器具有较好的暂态特性，受故障电流中非周期分量的影响较小，系统故障时，它能使主保护在故障后的暂态过程中动作，以保证快速切除故障。

TP 级电流互感器分为四个等级，即 TPS、TPX、TPY 及 TPZ。应当注意，某些 TP 级电流互感器，由于铁芯中的剩磁较大，故用于重合闸或启动失灵保护的电流元件是不适宜的。

2. 电流互感器误差不满足要求时可采取的措施

当电流互感器的误差不满足要求时，可以采取以下措施：

（1）增大二次回路连接导线的截面，以减小二次回路总的负载电阻。

（2）选择变比大的电流互感器，以降低二次电流，从而降低二次电压。

（3）采用两个同容量、同变比的电流互感器串联使用，以增大输出容量。此时电流互感器的等值容量增大一倍，但变比不变。图 4-6 为电流互感器串并联示意图。

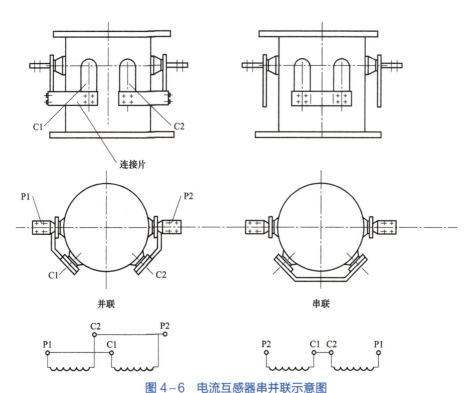

图 4-6 电流互感器串并联示意图

P1、P2—原边接线端子，C1、C2—副边接线端子

（4）采用饱和电流倍数高的电流互感器，其伏安特性曲线高，可以减小励磁电流 I_M。

另外，由于二次三相 d 连接的接线方式电流互感器二次负载阻抗远大于三相 Y 连接，因此，为减少电流互感器的误差，尽量不采用该连接方式。

3. 电流互感器的饱和

如果选型不当，或二次回路接入负载过大，在系统故障时，幅值很大。且含有非周期分量的故障电流，可能导致电流互感器励磁电流很大，甚至使其饱和。

（1）饱和电流互感器的特点。

当电流互感器饱和之后，将呈现以下特点：

1）其内阻大大减小，极限情况下近似等于零。

2）二次电流减小，且波形发生畸变，高次谐波分量很大。

3）一次故障电流波形过零点附近，饱和电流互感器又能线性传递一次电流。

4）一次系统故障瞬间，电流互感器不会马上饱和，通常滞后 3～4ms。

在国内生产的各种型号的微机母差保护及中阻抗型母差保护装置中，躲区外故障 TA 饱和的判据，正是利用上述特点之一来区分内部故障产生的差流还是外部故障 TA 饱和产生的差流的。

（2）饱和电流互感器一次电流、二次电流及铁芯中磁通的波形。

1）电流互感器是否饱和，对其一次电流没有影响，二次电流减小，二次电流及铁芯中磁通的波形均要发生畸变。

2）若忽略故障瞬间故障电流中的非周期分量，则铁芯严重饱和 TA 的一次电流，铁芯磁通及二次电流波形分别如图 4-7 所示。

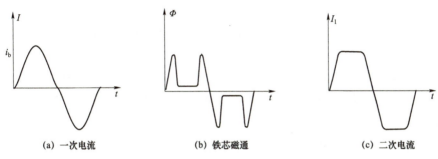

（a）一次电流　　　　（b）铁芯磁通　　　　（c）二次电流

图 4-7　严重饱和 TA 的一次电流、二次电流及磁通的波形

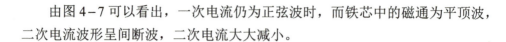

由图 4-7 可以看出，一次电流仍为正弦波时，而铁芯中的磁通为平顶波，二次电流波形呈间断波，二次电流大大减小。

六、保护用电流互感器的安装位置

为确保电力系统运行的稳定性及电力主设备的安全，当系统或主设备出口发生短路故障时，继电保护应迅速动作切除故障。为此，各相邻电力设备的主保护之间应有重叠保护区。

另外，对于发电机的后备保护，应在发电机各种运行工况下均能起到后备保护的作用；对反应发电机内部故障的功率方向保护（例如负序功率方向保护），只有在发电机内部故障时才起保护作用。

为达到上述目的，正确地选择各保护用电流互感器的安装位置，是非常必要的。

1. 母差保护用电流互感器的安装位置

母差保护装置各侧的输入电流，分别取自母线上各出线单元（线路或变压器等）电流互感器的二次。为使母差保护与线路保护及主变压器的差动保护之间具有重叠的保护区，母差保护用电流互感器的安装，应尽量在各出线单元上远离母线，而使线路保护用电流互感器及主变压器差动保护电流互感器的安装位置尽量靠近母线。即使各出线单电流互感器的安装位置在母差保护电流互感器之内（即前者距母线近）。

2. 主变压器差动电流互感器及发电机差动电流互感器的安装位置

为使主变压器纵差保护与发电机纵差保护之间具有保护重叠区，主变压器差动保护用发电机侧电流互感器的安装位置应尽量靠近发电机，而发电机差动保护用主变压器侧电流互感器的安装位置，应尽量靠近主变压器。

3. 发电机短路故障后备保护用电流互感器的安装位置

发电机短路故障后备保护用电流互感器的安装位置，应在发电机的中性点，当发电机并网之前或解列之后发电机电压系统内故障时，能起后备保护作用。

4. 发电机内部故障方向保护用电流互感器的安装位置

反就在发电机内部故障方向保护（例如，负序功率方向保护及发电机低阻抗保护）用电流互感器，应安装在发电机端。这样，才能保护区外故障时不误动。

220kV 变电站双母线常规站、智能站线路间隔电流互感器典型配置方式如图 4-8 所示。

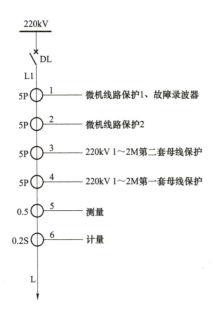

(a) 常规站线路敞开式电流互感器布置

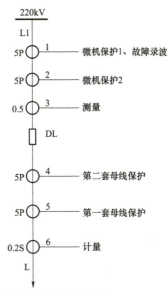

220kV线路电流互感器接用方式

(b) 常规站线路GIS电流互感器布置

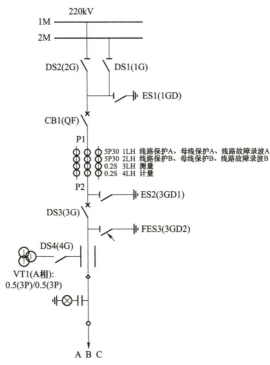

(c) 智能站线路GIS电流互感器布置

图 4-8　220kV 变电站双母线常规站、智能站线路间隔电流互感器典型图

220kV 变电站常规站、智能站母联间隔电流互感器典型配置方式如图 4—9 所示。

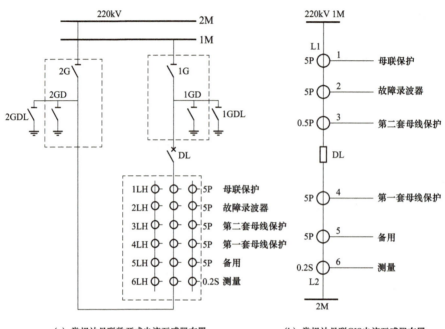

(a) 常规站母联敞开式电流互感器布置　　　　(b) 常规站母联GIS电流互感器布置

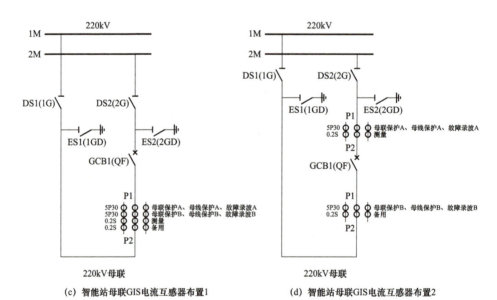

(c) 智能站母联GIS电流互感器布置1　　　　(d) 智能站母联GIS电流互感器布置2

图 4-9　220kV 变电站常规站、智能站母联间隔电流互感器典型图（一）

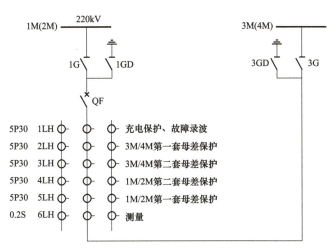

(e) 常规站双母线双分段敞开式电流互感器布置

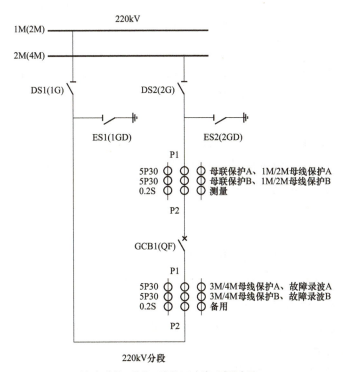

(f) 智能站双母线双分段GIS电流互感器布置

图 4-9 220kV 变电站常规站、智能站母联间隔电流互感器典型图（二）

七、电流互感器的其他问题

1. 二次回路的接地

电流互感器二次回路必须接地，目的是确保安全。否则，当电流互感器一次与二次之间的绝缘破坏时，一次回路的高电压直接加到二次回路中，损坏二次设备和危及人身的安全。

电流互感器二次回路只能有一个接地点，绝不允许多点接地。

当二次回路只有一组 Y 型连接的电流互感器供电时，该接地点应在电流互感器出口的端子箱内，在二次绕组呈 Y 型连接的电流互感器中性线接地。对于由几组电流互感器互相连接供电的二次回路（例如主设备纵差保护的各侧电流互感器），也只能有一个接地点，该接地点应在保护盘（柜）上。

运行时，不允许拆除电流互感器二次回路中的接地点。

2. 二次回路中串接辅助电流互感器问题

在实际应用中，由于电流互感器选择的变比过大或过小，而使正常工况下其输出电流不能满足二次设备（例如保护装置）的工作要求。此时，通常需在电流互感器的二次接一组中间辅助电流互感器，将电流互感器的二次电流经辅助电流互感器变换成二次设备所要求的电流值范围。例如，母差保护几组电流互感器变比不相同，需增加辅助电流互感器使各电流互感器的综合变比一致。

应当指出，电流互感器二次接入的辅助电流互感器，决不能是升流器。如果是升流器，其输入阻抗将很大（与变比的平方成正比），将使电流互感器二次负载阻抗很大。使其变换误差增大，还可能使其饱和。

3. 电流互感器二次回路的切换

为了满足一次运行方式的需要，需要对电流互感器的二次回路进行切换。例如，用旁路断路器代替主变压器高压侧断路器运行时，需将旁路电流互感器切换至主变压器纵差保护或将主变压器纵差保护电流回路由独立电流互感器的二次切换至主变压器套管电流互感器的二次。

当有对电流互感器二次回路进行切换的运行方式时，需在保护盘上设置有大电流切换端子。

在进行切换时应注意以下事项：

（1）做好确保安全的各种措施，严防 TA 二次回路开路。

（2）当电流互感器二次呈 Y 型连接时，其二次回路的中性线（零线）也应随之切换，否则可能致使二次回路多点接地或开路运行。

习 题

额定容量为 5VA 的 100/5 的电流互感器,在 20%额定电流时的容量为多大?

第二节 电压互感器原理及二次回路

学习目标

1. 通过学习,了解电压互感器的特点、构成及参数。
2. 通过学习,了解电压互感器的误差及选择。
3. 通过学习,了解电流互感器的二次回路构成原理。

知识点

电压互感器的作用是:将电力系统一次的高电压转换成与其成比例的低电压,输入到继电保护、自动装置和测量仪表中。

一、电压互感器的构成及工作特点

1. 一次匝数多二次匝数少

电磁型电压互感器,像一个容量很小的降压变压器,其一次匝数有数千匝,二次匝数只有几百匝。

2. 正常运行时磁通密度高

电压互感器正常运行时的磁通密度接近饱和值,且一次电压越高,磁通密度越大;系统短路故障时,一次电压大幅度下降,其磁通密度也降低。

3. 低内阻定压源

电压互感器的二次负载阻抗可很大。因此,从二次侧看进去,其内阻很小。另外,由于二次负载阻抗很大,其二次输出电流就很小,在二次绕组上的压降相对很小,输出电压与其内阻关系不大,故可看作为定压源。

4. 二次回路不得短路

由于电压互感器的内阻很小,当二次出口短路时,二次电流将很大,若没有保护措施,将会烧坏电压互感器。

二、额定参数

1. 额定电压

（1）一次（一次绕组）额定电压。在电力系统中应用的电压互感器多为三绕组电压互感器。匝数多的绕组为一次绕组；有两个二次侧绕组，其一用于测量相电压或线电压，另一绕组用于测量零序电压；用于测量相电压或线间电压的绕组叫二次绕组，另一绕组叫三次绕组。

电压互感器一次输入的电压，就是所接电网的电压。因此，其一次额定电压的选择值应与相应电网的额定电压相符，其绝缘水平应保证能长期承受电网电压，并能短时承受可能出现的雷电、操作及异常运行方式下（例如失去接地点时的单相接地）下的过电压。

目前，国内生产并投入电网运行的电压互感器一次额定电压，有 6、10、15、20、35、110、220、330kV 及 500kV（分别除以 $\sqrt{3}$）9 个类别。现在又增加了 750、1000kV 2 个类别。

（2）二次（二次绕组）及三次（三次绕组）额定电压。保护用单相电压互感器二次及三次的额定电压，通常有 100、57.5、100/3V 三种。用于大电流接地系统的电压互感器，其二、三次额定电压值分别为 57.7V 及 100V，而用于小电流接地系统的电压互感器，其二、三次额定电压值则分别为 57.7V 及 100/3V。

2. 电压互感器的变比

电压互感器的变比，等于其一次额定电压与二次额定电压的比值，也等于一次绕组匝数同二次绕组匝数或三次绕组匝数之比。

用于大电流接地系统电压互感器与用于小电流接地系统的电压互感器的变比不同，前者的变比为 $U_N / \sqrt{3} / 0.1\text{kV} / \sqrt{3} / 0.1\text{kV}$；而后者的变比则为 $U_N / \sqrt{3} / 0.1\text{kV} / \sqrt{3} / 0.1 / 3\text{kV}$（$U_N$ 为一次系统的额定电压，相间电压）。接于发电机中性点的电压互感器可只用两卷（即只有一组二次绕组）电压互感器，其变比最好是 $U_e / \sqrt{3} / 0.1\text{kV}$，也有取 $U_e / 0.1\text{kV}$ 的。

3. 额定容量及极限容量

（1）额定容量。电压互感器的额定容量，系指其二次负载功率因数为 0.8 并能确保其电压变换精度（幅值精度、相位精度）时互感器的最大输出容量。

（2）极限容量。极限容量的含义是：当一次电压为 1.2 的额定电压时，在其各部位的温升不超过规定值情况下，二次能连续输出的功率值。

（3）准确度极。电压互感器的精确度，实际是电压互感器的误差。电压互感器的误差有比误差和角误差两种。

电压互感器的比误差，可表示为

$$\xi_V\% = \frac{K_N U_2 - U_1}{U_1} \times 100\% \qquad (4-6)$$

式中 ξ_V ——比误差的百分数；

K_N ——额定变比；

U_1 ——外加一次电压，V；

U_2 ——与U_1相对应的二次输出电压，V。

电压互感器的角误差，是指一次电压与二次电压之间的相位差，其单位可用（′）或 crad 来表示。

保护用电压互感器通常采用准确度级为 3P 和 6P 两个等级。其在 2%额定电压下的极限误差限值列于表 4-2。

表 4-2 　　　　　　　保护用电压互感器误差限值

准确度级	电压误差（±%）	相位误差	
		（′）	crad
3P	3.0	120	3.5
6P	6.0	240	7.0

三、电压互感器的类型

电压互感器的类型很多。有电磁式电压互感器、电容电压抽取式电压互感器及将采用的光电式电压互感器。

电磁式电压互感器的优点是结构简单、暂态特性好。其缺点是易产生铁磁谐振，致使一次系统过电压；另外，容易饱和，造成测量不准确及过热损坏。

电容式电压互感器（即电容电压抽取式电压互感器）的优点是没有铁磁谐振问题。其稳态工作特性与电磁式电压互感器基本相同，但暂态特性较差，当系统发生短路故障时，该电压互感器的暂态过程持续时间比较长，影响快速保护的工作精度。

四、常用电压互感器二次回路的接线方式及电压向量图

根据用途不同及一次系统的接线方式不同，采用的电压互感器有单相互感器和三相互感器。三相电压互感器又分三相五标式电压及由三个单相互感器构成的三相互感器组。

1. 二次及三次回路接线方式

电力系统中常用的三相电压互感器二次回路的接线方式，如图4－10所示。

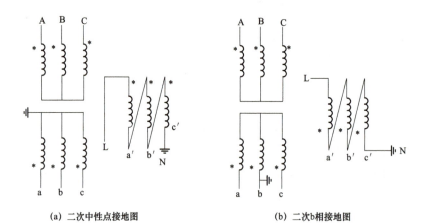

(a) 二次中性点接地图　　　　　　　(b) 二次b相接地图

图4－10　常用的三相电压互感器二次及三次回路接线方式

A、B、C—分别为电压互感器一次的三相输入端子；a、b、c—分别为电压互感器二次三相输出端子；
a′、b′、c′—分别为电压互感器三次三相绕组的输出端子；L、N—电压互感器三次输出端子

图4－10（a）与图4－10（b）的区别是前者代表二次中性点接地方式，而后者代表二次 b 相接地方式。另外，两者三次绕组相对二次绕组所标示的极性不同。

2. 电压向量图

在正常工况下，三相电压互感器二次电压与三次电压之间的向量关系如图4－11所示。其中，图4－11（a）为与图4－10（a）相对应的向量图；而图4－11（b）为与图4－10（b）相对应用题的向量图。

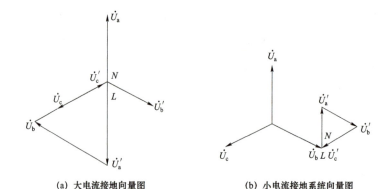

(a) 大电流接地向量图　　　　　　　(b) 小电流接地系统向量图

图4－11　三相电压互感器二次、三次电压向量图

U_a、U_b、U_c—分别为电压互感器二次三相电压；U_a'、U_b'、U_c'—分别为电压互感器三次三相电压

3. 各输出端间电压的计算

在模拟式保护装置中，为判断零序方向过流保护中零序方向元件动作方向的正确性，必须首先校验电压互感器二次与三次绕组之间的相对极性及三相接线组别的正确性。为校核三相电压互感器的二次与三次之间的相对极性及接线组别的正确性，需要在运行中测量各输出端子之间的电压值。为此，需要首先计算出某种接线、接地方式下各端子之间的电压，然后与测量结果数值相比较，从而判断出接线组别及极性的正确性。

（1）用于大电流系统二次中性点接地的三相电压互感器各输出端之间的电压。设该三相电压互感器二次及三次接线方式及相对极性同图 4-10（a），且在正常工况下，三相一次电压对称并等于额定电压。则二次三相相电压 $U_a = U_b = U_c = 57.7\text{V}$，二次三相相间电压 $U_{ab} = U_{bc} = U_{ca} = 100\text{V}$；三次三相电压 $U_{a1} = U_{b'a'} = U_{b'N} = 100\text{V}$；开口三角形输出电压 $U_{LN} = 0$。

由图 4-11（a）可以看出：二次 a 相输出端子 a 与三次 a′相绕组端子 a′之间的电压为

$$U_{aa'} = 100 + 57.7 = 157.7 \ (\text{V}) \tag{4-7}$$

二次 c 相输出端子与三次 c′相绕组端子 c′之间电压

$$U_{cc'} = 57.7 \ (\text{V}) \tag{4-8}$$

而二次 b 相输出端子与三次 b′相绕组端 b′之间的电压

$$U_{bb'} = \sqrt{100^2 + 57.7^2 - 2 \times 100 \times 57.7 \times \cos 120°} = 138.2 \ (\text{V}) \tag{4-9}$$

（2）用于小电流系统且二次 b 相接地的三相电压互感器各端子之间电压。设三相电压互感器二次及三次接线方式及相对极性同图 4-10（b），且在正常工况下三相一次电压对称并等于额定电压。则二次三相相间电压 $U_{ab} = U_{bc} = U_{ca} = 100\text{V}$，三次三相相电压为 $U_{La'} = U_{a'b'} = U_{b'N} = 33.3\text{V}$，开口三角形输出电压 $U_{LN} \approx 0\text{V}$。

由图 4-11（b）可以看出：

二次 a 相输出端子与三次 a′相输出端子 a′之间电压

$$U_{aa'} = \sqrt{33^2 + 100^2 - 2 \times 100 \times 33.7 \cos 30°} = 73.4 \ (\text{V}) \tag{4-10}$$

二次 c 相输出端子与三次 c′相输出端子 c′之间电压

$$U_{cc} = 100 \ (\text{V}) \tag{4-11}$$

二次 b 相输出端子与三次 b′相输出端子 b′之间电压

$$U_{b'b'} = 33.3 \ (\text{V}) \tag{4-12}$$

将以上计算结果分别列于表4-3及表4-4。

表4-3　　图4-11（a）所示电压互感器二、三次各端子之间电压

项目	U_a	U_b	U_c	$U_{a'1}$	$U_{a'b'}$	$U_{b'N}$	U_{LN}	$U_{aa'}$	$U_{bb'}$	$U_{cc'}$
电压值（V）	57.7	57.7	57.7	100	100	100	0	157.7	127.3	57.7

表4-4　　图4-11（b）所示电压互感器二、三次各端子之间电压

项目	U_{ab}	U_{bc}	U_{ca}	$U_{a'1}$	$U_{a'b'}$	$U_{b'N}$	$U_{aa'}$	$U_{bb'}$	$U_{cc'}$
电压值（V）	100	100	100	33.3	33.3	33.3	73.4	100	33.3

在实际运行时，若在电压互感器端子箱中对各电压端子之间测量电压得到的结果同表4-3及表4-4中所列数据，则说明该互感器的接线方式及相对极性同图4-10（a）或图4-10（b）。

五、熔断器及快速开关

电压互感器为定压源，其内阻小。因此，当电压互感器二次发生短路时，将产生很大的短路电流。此时，若无法快速切除故障，将烧坏电压互感器。

为快速切除电压互感器二次短路故障，应在其二次输出加装快速熔断器或快速开关。

另外，在发电厂对某些电压等级较低的电压互感器（例如发电机机端的电压互感器），为防止因各种原因损坏电压互感器，在其一次输入端设置快速高压熔断器。

1. 熔断器（低压熔断器）及快速开关的设置原则

应按下述原则设置快速开关或熔断器：

（1）自动励磁调节器及强行励磁装置用电压互感器的二次回路中不能设置熔断器；发电机中性点电压互感器（通常用于接地保护）二次不应设置熔断器；三相电压互感器的三次输出端（包括开口三角形两端）及在三次回路中不应设置熔断器。

（2）熔断器或快速开关设置在电压互感器二次输出端（通常在电压互感器端子箱处内）。

（3）在三相电压互感器二次的中性线回路上，一般不设置熔断器或快速开关。

（4）二次B相接地时，该相的熔断器或快速开关应设置在互感器出口与接地点之间。

（5）若因熔断器熔断特性不良（过渡过程长）而会造成保护或自动装置不正确动作及工作时，宜采用快速开关取代熔断器。

（6）在测量仪表或变送器的输入回路中应设置分熔断器。

2. 熔断器或快速开关容量的选择

熔断器的容量选择，实际上是选择熔断器熔断丝的额定电流。该电流应大于可能最大的负荷电流，即

$$I_N = K_{rel}I_{max} \qquad (4-13)$$

式中　I_N——熔断器熔断丝的额定电流；

　　　I_{max}——电压互感器二次的最大负荷电流；

　　　K_{rel}——可靠系数，通常取 1.5。

3. 熔断器熔断或快速开关断开对保护装置的影响及对策

对于其工况反应电压互感器二次或三次电压的保护（例如低阻抗保护、过电压或过激磁保护等），当互感器熔断器一相或二相熔断或快速开关跳开时，可能使保护装置误动或拒动。

熔断器熔断或快速开关断开，相当于 TV 一相或三相断线，直接影响有关保护的输入电压。

电压互感器回路断线可能造成误动的保护。

当电压互感器二次回路熔断器熔断或快速开关跳开时，可能造成误动的保护有：低阻抗保护、发电机失磁保护、低压闭锁或复合电压闭锁过电流保护，以及自产零序电压的零序方向过流保护、功率方向保护等。

当电压互感器一次熔断器一相熔断时，可能使小电流系统接地保护（含发电机定子接地保护）、发电机定子匝间保护及功率方向保护等不正确动作。

电压互感器回路断线可能造成拒动的保护。电压互感器熔断器熔断或快速开关跳开可能导致以下保护拒动：过电压保护及过激磁保护、功率方向保护（三相断线）等。为防止电压互感器断线运行导致保护装置误动，应设置电压互感断线闭锁元件，当熔断器熔断或快速开关断开时，快速将失压后易误动的保护出口闭锁，同时延时发出"TV 断线"信号。

六、电压互感器二次回路的切换

对于主接线为双母线的发电厂或变电站，每条母线上接有一组电压互感器。正常运行时，两组电压互感器同时运行，分别为所在母线各出线单元的保护装置、测量仪表及自动装置提供电压信号输入。

当一台电压互感器退出运行时，该电压互感器所在母线各出线单元保护装

置、测量仪表及自动装置的所需电压信号，需由另一台电压互感器供给。因此，需要电压互感器的二次回路进行切换。

另外，当出线单由一条母线切换到另一条母线上运行时，其继电保护及自动装置的接入电压，也随之进行切换。

1. 切换回路

目前，对于电压互感器二次回路的切换，通常采用按单元随隔离开关位置变化而改变输入电压回路的切换方式。电压感器二次切换回路如图4-12所示。

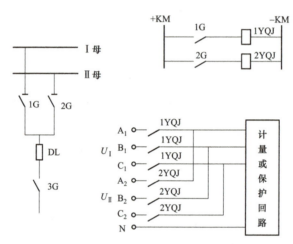

图4-12 电压感器二次切换回路

1G、2G—分别为接不同母线的隔离开关辅助接点；1YQJ、2YQJ—切换继电器；
+KM、-KM—直流电源的正、负母线；U_I—Ⅰ母电压互感器二次三相电压；
U_{II}—Ⅱ母电压互感器二次三相电压；A_1、B_1、C_1—Ⅰ母电压互感器二次
三相输出端子；A_2、B_2、C_2—Ⅱ母电压互感器二次三相输出端子

图 4-12 表示运行方式变化时电压互感器二次电压自动切换的回路。当出线单元运行至Ⅰ母时，隔离开关辅助接点 1G 导通，1YQJ 动作，其动合触点闭合。接入测量仪表或保护装置的输入电压为Ⅰ母电压互感器二次电压。而当运行方式改接到Ⅱ母上时，则计量仪表或自动装置的接入电压便改为Ⅱ母电压互感器二次电压。

2. 对二次回路电压切换的要求

用隔离开关辅助接点控制切换继电器时，该继电器应有一对动合触点，用于信号监视。不得在运行中维护隔离开关辅助接点。此外，对切换提出如下要求：

（1）应确保切换过程中不会出现由电压互感器二次向一次反充电。

（2）在切换之前，应退出在切换过程中可能误动的保护，或在切换的同时

断开可能误动保护的正电源。

（3）进行手动切换时，应根据专用的运行规程，由运行人员进行切换。

（4）当将双母线或单母线分段的一组电压互感器退出运行切换为由另一组电压互感器供电时，需先将要退出的电压互感器输出拉开，再加上另一组电压互感器的输出。

七、电压互感器的其他问题

1. 二次回路接地问题

电压互感器二次及三次回路必须各有一个接地点，其目的是保安。若没有接地点，当电压互感器一次对二次或三次之间的绝缘损坏时，一次的高电压将串至二次或三次回路中，危及人身及二次设备的安全。

目前，在电力系统中应用的三相式电压互感器，其二次回路中的接地方式有两种，即中性点接地及 B 相接地。在过去设计的发电厂中，为了同期并车的需要，电压互感器二次多采用 B 相接地方式。

除了使发电机并网回路简单之外，在小电流系统中采用 B 相接地的优点是便于采用两个单相电压互感器构成 V－V 接线取到三相电压，可省一个单相互感器的投资。采用 B 相接地的缺点是：① 无法方便地测量相电压；② 当接于中性点的击穿熔断器被击穿时，容易产生二次绕组的短路并损坏电压互感器。

三相电压互感器二次中性点的接地方式，能方便地获得相电压和相间电压，且有利于继电保护的安全运行。

电压互感器二次回路只允许有一个接地点。若有两个或多个接地点，当电力系统发生接地故障时，各个接地点之间的地电位相差很大，该电位差将叠加在电压互感器二次或三次回路上，从而使电压互感器二次或三次电压的大小及相位发生变化，进而造成阻抗保护或方向保护误动或拒动。

经控制室中性线小母线（N600）联通的几组电压互感器二次回路，只应在控制室内将 N600 一点接地。否则，由于各组电压互感器二次回路均有接地点，将不可避免地出现多点接地现象，从而造成地电位加在二次回路中，使保护不正确动作。

当保护引入发电机中性点电压互感器二次电压时，该电压互感器二次回路中的接地点应在保护盘（柜）上。保护用电压互感器三次回路的接地点也宜在保护盘上。

2. 二次回路与三次回路的分开

对于二次中性点接地的三相电压互感器，当需要将二次三相电压及三次开口三角电压同时引至控制室或保护装置时，不能将由互感器端子箱引出二次回路的四根线（即 A、B、C、N 四根线）中的 N 线与三次回路的中性线 N 合用一根线使用。否则，三次回路中的电流将在公用 N 线上产生压降，致使自产式零序方向保护拒动或误动。

3. 在电压互感器二次回路工作时注意事项

在带电的电压互感器二次回路上工作时，应注意以下事项：

（1）严防电压互感器二次接地或相间短路，为此，应使绝缘工具，戴手套。

（2）防止继电保护不正确动作，必要时，先退出容易不正确动作的有关保护。

（3）需接临时负载时，必须设置专用隔离及熔断器。

当在不带电压互感器二次回路中进行通电试验时，应严防由二次向一次反充电。为此，应首先做好以下措施：

（1）使试验电源与电压互感器二次绕组隔离，在互感器端子箱内将致电压互感器的连线断开。

（2）取下电压互感器的一次熔断器，或拉开隔离开关。

（3）外加电源应采取隔离措施，以防短路。

习　题

1. 电压互感器正常运行时磁通密度有哪些特点？
2. 保护用电压互感器准确级有哪些？

第三节　断路器控制回路及基本原理

学习目标

1. 通过学习，掌握断路器控制回路的基本要求。
2. 通过学习，掌握断路器合闸回路的基本原理。
3. 通过学习，掌握断路器跳闸回路的基本原理。

知识点

一、对断路器控制回路的基本要求

（1）能断路器机构中的跳、合闸线圈是按短时通电设计的，故在跳、合闸完成后应自动解除命令脉冲，切断跳、合闸回路，以防止跳、合闸线圈长时间带电。

（2）跳、合闸电流脉冲一般应直接作用于断路器的跳、合闸线圈，但对电磁操动机构，合闸线圈电流很大（35～250A），须通过合闸接触器接通合闸线圈。

（3）无论断路器是否带有机械闭锁，都应具有防止多次跳、合闸的电气防跳措施。

（4）断路器既可以利用控制开关或计算机监控主机进行手动合闸与跳闸的操作，又可由继电保护和自动装置进行自动合闸与跳闸。

（5）应能监视控制电源及跳、合闸回路的完好性，对二次回路短路或过负荷进行保护。

（6）应有反映断路器状态的位置信号和自动跳、合闸的不同显示信号。

（7）对于采用气动、液压、弹簧操动机构的断路器，应有压力是否正常、弹簧是否拉紧到位的监视回路和闭锁回路。

（8）对于分相操作的断路器，应有监视三相位置是否一致的措施。

此外，控制回路的接线应力求简单、可靠。

二、典型的断路器控制回路图介绍

220kV 断路器控制回路由变电站微机监控系统远控回路、断路器操作屏（箱）回路、断路器中央控制柜（汇控柜）回路及断路器机构箱回路等部分组成，控制回路既能实现断路器远方合、跳闸操作，也能实现就地操作。远方操作是通过操作变电站微机监控系统值班员工作站操作完成断路器合、跳闸任务；而就地操作是指通过操作断路器汇控柜上的按钮或开关完成。下面以单相为例给大家具体介绍：

断路器操作回路图如图 4-13 所示，压力监视回路图如图 4-14 所示，断路器合闸回路图如图 4-15 所示，断路器第一组跳闸回路如图 4-16 所示。

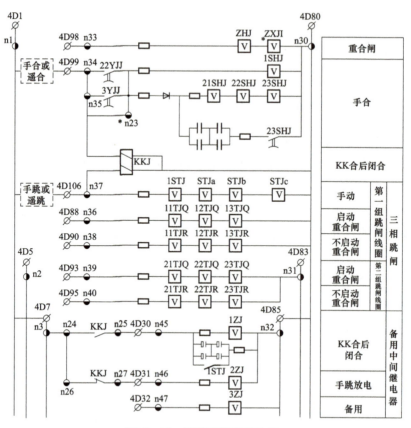

图 4-13　断路器操作回路图

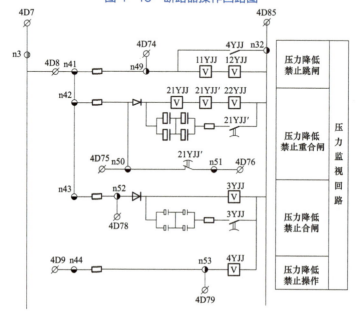

图 4-14　压力监视回路图

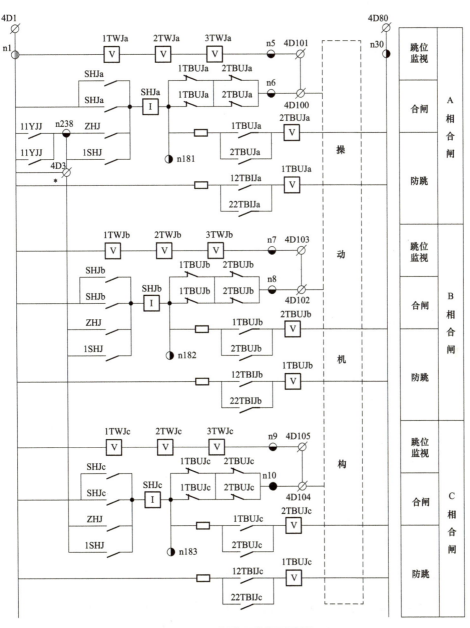

图4-15　断路器合闸回路图

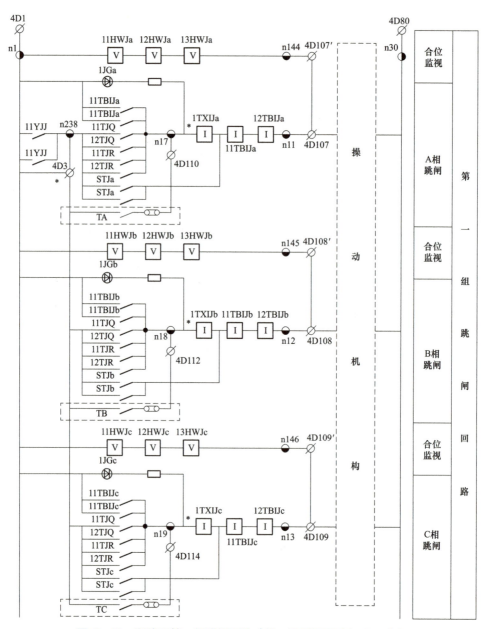

图 4-16 断路器第一组跳闸回路（第二组跳闸回路相同，略）

在图 4-16 所示的断路器控制回路中，只划出了有一组跳闸线圈的分相跳闸控制回路。该控制回路由合闸回路、跳闸回路、断路器位置监视回路、防跳回路、压力监视及闭锁回路等组成。

1. 合闸回路

合闸回路实现有可能有在测控装置上通过 KK 把手合闸，也有可能是通过后台实现遥合或者保护重合闸。合闸回路由合闸保持继电器、相关电阻、断路器跳闸辅助接点及压力继电器的动断触点等构成。

手动合闸时，操作控制开关 KK（图 4-16 中未画出），其合闸回路接点闭合。回路正电源→4D99→n34→22YJJ（开关正常时导通）→电阻 R→1SHJ线圈→n30→4D80（负电源）使 1SHJ 启动，1SHJ 的接点 1SHJ1、1SHJ2、1SHJ3闭合，正电源 4D1→n1→11YJJ→n238→1SHJ 的接点→SHJ 电流线圈→1TBUJ、2TBUJ 动断触点（正常时闭合）→n6→4D100→断路器辅助触点（图 4-16 中未画出）→断路器合闸线圈（图 4-16 中未画出）→负电，使断路器三相 A、B、C 合闸。回路中合闸继电器采用电流自保持，目的是为可靠合闸。

在图 4-16 中，合闸继电器 SHJ 启动后，若启动信号消失，SHJ 的动作可保持动作状态 0.3～0.8s，这个回路就是合闸自保持回路：当断路器合闸时，一直保持操作正电导通至合闸线圈，直至断路器合上。当断路器合上后，断路器辅助动断触点打开，从而合闸回路断开。

一般来说，有经验的值班员在测控装置上通过 KK 把手合闸时，是在开关合上后才返回 KK 把手，即此处操作电源+电失电。如果是后台通过程序合闸，则正电导通延时可以设置，一般 120～200ms。即 120～200ms 后，操作+电失电。

2. 跳闸回路

断路器的跳闸方式有手动跳闸和保护跳闸两种。手动跳闸继电器 STJ 由控制开关 KK 启动，而保护跳闸继电器 TJ、11TJR、12TJR 分别由不同保护的出口接点来启动。其中 TJ 继电器由不启动失灵的保护来启动，而 11TJR 及 12TJR 则由不启动重合闸的保护来启动。

在上述跳闸继电器中的某一跳闸继电器动作后，其接点闭合。回路的正电源→11YJJ（开关正常时导通）→n238→STJ→11TBIJ→12TBIJ→n11→4D107→断路器合闸位置辅助接点（图 4-16 中未画出）→跳闸线圈（图 4-16 中未画出）→负电源，使断路器跳闸。此时，防跳继电器电流线圈励磁，正电源→11TBIJ节点→n17→1TXIJ→11TBJ（线圈）→12TBIJ→n11→4D107→断路器合闸位置辅助接点（图 4-16 中未画出）→跳闸线圈（图 4-16 中未画出）→负电源，这个回路就是跳闸自保持回路：即使跳闸正电没有了，仍然可以通过跳闸保持将跳闸回路导通。当断路器跳开后，断路器辅助动合触点打开，从而跳闸回路断开。

3. 断路器位置监视回路

断路器的位置状态有"跳位"及"合位"两种，分别由跳位监视继电器 TWJ和合位监视继电器 HWJ 的动作信号来指示。

所谓"下次操作回路"的含义是：若断路器目前在合位，则下次操作回路便是跳闸回路；反之，若断路器目前在跳位，则下次操作回路便是合闸回路。

跳闸位置监视回路，由跳闸位置继电器 TWJ 线圈，电阻 RTW，断路器在跳闸位置时的辅助接点及断路器的合闸线圈，压力闭锁继电器接点等串联构成。正电源→11HWJ→12HWJ→13HWJ→n144→4D107→电阻 R（图 4−16 中未画出）→断路器辅助触点（图 4−16 中未画出）→断路器合闸线圈（图 4−16 中未画出）→负电，若跳闸位置继电器动作，其接点闭锁，跳闸位置指示信号灯亮，并表明合闸回路完好。

合闸位置监视回路，由合闸位置继电器 HWJ 线圈、电阻 RHW、断路器合闸位置辅助接点、跳闸线圈及压力闭锁继电器接点等串联构成。正电源→11TWJ→12TWJ→13TWJ→n5→4D100→电阻 R（图 4−16 中未画出）→断路器辅助触点（图 4−16 中未画出）→断路器跳闸线圈（图 4−16 中未画出）→负电，若合闸位置继电器动作，其接点闭合，合闸位置指示信号灯亮，并表明跳闸回路完好。

4. 防跳回路

防跳是防止"开关跳跃"的简称。所谓跳跃是指由于合闸回路手合或遥合接点黏连等原因，造成合闸输出端一直带有合闸电压。当开关因故障跳开后，会马上又合上，保护动作开关会再次跳开，因为一直加有合闸电压，开关会再次合上。对此现象，通俗地称为"开关跳跃"。一旦发生开关跳跃，会导致开关损坏，严重的还会造成开关爆炸，所以防跳功能是操作回路里一个必不可少的部分。

为防止断路器多次重复合闸，在断路器的控制回路中设置有防跳闭锁继电器 TBJ。该继电器采用电流启动、电压保持型闭锁继电器。继电器的电压线圈并接在合闸回路，而电流线圈串接在跳闸回路中。

在断路器合闸过程中，由于动合触点 12TBIJ 打开，故防跳继电器 1TBJU 上无电压，继电器不动作。当合闸于故障线路之后，继电保护动作，跳闸回路接通，断路器跳闸，同时 12TBJ 继电器电流线圈流过跳闸电流，12TBJ 动作，动合触点 12TBJ 闭合，1TBJ 电压线圈两端有电压，串联在合闸回路的 1TBUJ 及 2TBJU 动合触点断开，合闸回路无法接通，就不会发生跳跃现象。只有在断路器已跳开，跳闸脉冲解除，并 12TBJ 电流线圈断电之后，才允许断路器合闸。

保护防跳与机构防跳的区别：

保护防跳由操作箱内继电器完成，其对于发生在手动合闸接点黏连、重合闸接点黏连、遥控合闸接点黏连等操作箱内引起的二次回路故障，可实现防止断路器跳跃。但是对于机构二次线引起的合闸回路搭碰的故障，无法实现防跳功能。保护防跳具有保护跳闸出口自保持功能，可保证开关可靠分闸，同时可保证出口继电器接点不被用来灭分闸回路的直流弧。

机构防跳由机构二次线完成，是一个比较完整的防跳回路，除了对于发生在手动合闸接点黏连、重合闸接点黏连、遥控合闸接点黏连等操作箱内引起的二次回路故障具有防跳功能，还对机构二次线引起的合闸回路搭碰的故障，可实现防跳功能。但是其不具备保护跳闸出口自保持功能。也就是说使用机构防跳，其保护跳闸出口回路需要另考虑自保持问题。

5. 压力监视及闭锁回路

目前，SF_6 断路器得到了广泛应用。该断路器与其他气体断路器一样，是靠气流截断并灭电弧的。如果气体的压力不足，就无法有效切除故障，甚至损坏断路器。因此，在气压不足时，不允许对断路器进行跳、合闸。同样，对于液压式断路器，当液体的压力不足时，也不允许断路器进行跳、合闸。

压力监视及闭锁回路的作用，就是当压力（气压或液压）不足时发出告警信号，并且断开跳闸及合闸回路。

由图 4-14 可以看出，压力监视及闭锁回路由压力继电器（1YJJ-4YJJ）、串联电阻 R 串接构成。

正常工况下，气压或液压满足要求，压力开关动合触点闭合，继电器 1YJJ、2YJJ 动作，其接点闭合，并经其电流线圈接通跳、合闸回路的负电源。此时，一旦跳闸或合闸继电器动合触点闭合，便可以可靠地进行跳闸或合闸。当操作断路器气压或液压降低时，压力开关动合触点断开，继电器 1YJJ、2YJJ 返回，断开跳、合闸回路。

继电器 3YJJ 的动合触点，串联在手动合闸继电器 2SHJ 的启动回路中，当压力降低到不允许程度时，压力开关动合触点断开，继电器 3YJJ 返回，打开启动合闸继电器的 2SHJ 回路。

压力继电器 4YJJ 正常时不动作。当断路器压力降低时，压力开关动合触点动作，4YJJ 动作，其动合触点将继电器 1YJJ 及 2YJJ 电压线圈短接，使 1YJJ、2YJJ 不动作，断开断路器的跳、合闸回路。

三、提高操作回路可靠性措施

1. 提高出口继电器的动作可靠性

跳、合闸回路出口继电器动作的可靠性，对确保按指令使断路器可靠跳、合闸具有重大的作用。对于跳、合闸出口继电器及接入回路的要求是：

继电器的动作电压应为回路额定直流电压的 55%～70%，其动作功率应足够大。

用于断路器跳、合闸回路的出口继电器，应采用电压启动、电流自保持的中间继电器，其电流自保持线圈应串接在出口继电器动合触点与断路器控制回路之间。此外，还应满足以下条件：① 自保护电流不大于断路器额定跳、合闸回路电流的一半，自保护线圈上的压降，不大于直流母线额定电压的 5%；② 继电器电压线圈与电流线圈之间的相对极性要正确，否则，在进行跳、合闸时，继电器接点要跳跃，产生高电压及电弧，损坏设备；③ 继电器电压线圈与电流线圈的耐压水平应足够高，能承受不低于 1000V、1min 的交流耐压试验。

2. 提高防跳跃继电器的动作可靠性

在断路器跳、合闸时，为防止断路器跳跃，应设置防跳跃继电器。该继电器的动作速度应快，其动作电流应小于跳、合闸回路中额定电流的 1/2；断路器跳、合闸时，其电流线圈上的压降应小于回路额定电压的 10%，电流线圈应串接在出口继电器一对动合触点与负电源之间。

另外，防跳继电器电压线圈与电流线圈之间的相对极性应正确，两线圈的耐压水平应能承受交流 1000V、1min 的试验标准。

3. 提高跳闸回路的可靠性

变电站直流回路的分布面很广，直流回路对地的分布电容较大。近几年来，随着集成电路及微机保护的应用，不适当的采用了很多抗干扰电容，使直流回路的对地电容更大。

由于直流回路对地分布电容大，在直流接地的暂态过程，可能使动作速度快的 SF_6 断路器偷跳。为提高断路器跳、合闸回路的可靠性，一方面提高跳闸出口继电器的动作电压及动作功率，另一方面要防止动力电缆对控制回路的干扰。避免干扰的方法，可采用有屏蔽的控制电缆，或控制电缆的放置应远离动力电缆。

习 题

1. 对于操作回路有哪些要求？
2. 防跳继电器的作用是什么？

第四节　二次回路常见异常及处理

学习目标

通过学习，了解二次回路常见异常及检查方法，利用检查方法能够分析常见异常案例。

知　识　点

一、二次回路故障的检查方法

电气设备的二次回路可分为测量仪表、监察装置、信号回路、控制回路、保护回路等。在上述回路发生异常时，可以采用直观检查法、电压电位检查法、导通检查法、替代法、整组试验检查法检查。

1. 直观检查法

即先检查交流进线熔断器或空气开关、直流总熔断器或空气开关，再检查各分路熔断器是否熔断或空气开关，在未确认熔断器熔断回路故障点和故障原因，且没有排除故障以前，禁止投入已熔断的熔断器或者跳开的空气开关。

根据监控系统光字牌和告警信息，对照图纸进行检查，确定故障位置。

使用开关防跳需注意以下的问题：

（1）防跳继电器设计在储能接点之后导致储能阶段防跳不起作用。

（2）操作箱跳位监视继电器与防跳继电器不匹配，断路器跳闸后，防跳继电器分压过大（或者防跳继电器返回电流过小）不能返回导致断路器合闸回路不通。

（3）操作箱防跳继电器电流线圈启动电流过大不能动作导致防跳失败。

（4）防跳继电器动作时间慢于开关跳闸事件导致防跳失败。

（5）开关振动导致防跳继电器接线脱落。

直观检查不能确定故障回路时（如直流接地），可采用拉开分路直流开关选择查找，并以先信号、照明部分，后操作部分；先室外部分，后室内部分为原则。在切断各专用直流回路时，切断时间不得超过 3s。对找出的故障在运行的设备上不能进行处理的回路，应将一次设备状态转为停用，做好安全措施后，方可进行处理。

2. 电压电位检查法

用高内阻万用表对地或者对正负电源，将二次回路分段进行电压电位的测量，以确定故障位置。在故障点寻找工作中，应防止电压回路短路，直流回路接地，避免新故障点的产生和事故的扩大。

3. 导通检查法

应首先确定回路是否有电压（或电流），在确认该回路无电压、无电流时，方可用万用表、绝缘电阻表等检查回路元件的通断。在使用绝缘电阻表检查绝缘时，应断开本回路交直流电源，断开与其他回路的接线，拆除电流的接地点后方可摇测，并应防止向电容元件充电，损坏保护装置中的元器件。

4. 替代法

如果认为二次回路是正确的，特别是微机保护可以用规格相同、功能相同、性能良好的插件或元件替代被怀疑而不便测量的插件或元件来检查回路的正确性。

5. 整组试验检查法

在以上方法都检查不到回路故障或者是保护内部故障时，设备需用退出运行停电检查，用试验装置对全套保护进行通电，模拟电网各种故障情况下的整组试验来确定保护故障位置。

在进行二次回路故障检查时，第一，要有工作票，决不能无票工作；第二，要做好安全措施；第三，要二个人一起工作，第四，要对照符合现场实际的图纸进行检查。一般工器具可用绝缘电阻表、万用表、相位钳形电流表、多用工具、专用试验设备等。在寻找故障点的工作中，还应注意接线接点的拆开与恢复工作，防止电流回路开路、电压回路短路，二次回路断开，有关联的二次回路启动，直流回路多点接地，避免新的故障点的产生，造成保护误动和拒动，误跳断路器，以防扩大事故。

二、互感器回路故障的检查

怎样发现电流互感器二次开路故障呢，一般可从以下现象进行检查判断：

（1）回路仪表指示异常，一般是降低或为零。用于测量表计的电流回路开路，会使三相电流表指示不一致、功率表指示降低、计量表计转速缓慢或不转。如表计指示时有时无，则可能处于半开路状态（接触不良）。

（2）电流互感器本体有无噪声、振动不均匀、严重发热、冒烟等现象，当然这些现象在负荷小时表现并不明显。

（3）电流互感器二次回路端子、元件线头有放电、打火现象。

（4）继电保护发生误动或拒动，这种情况可在误跳闸或越级跳闸时发现并处理。

（5）电能表、保护装置继电器等冒烟烧坏。而有无功功率表及电能表、远动装置的变送器、保护装置的继电器烧坏，不仅会使电流互感器二次开路，还会使电压互感器二次短路。

以上只是检查电流互感器二次开路的一些基本线索，实质上在正常运行中，一次负荷不大，二次无工作，且不是测量用电流回路开路时，TA 的二次开路故障是不容易发现的，需要我们定期和不定期地巡视检查和测量电流回路，并在实际工作中摸索和积累经验。

检查处理电流互感器二次开路故障，要尽量减小一次负荷电流，以降低二次回路的电压。操作时注意安全，要站在绝缘垫上，戴好绝缘手套，使用绝缘良好的工具。

（1）发现电流互感器二次开路，要先分清是哪一组电流回路故障、开路的相别、对保护有无影响，汇报调度，解除有可能误动的保护。

（2）尽量减小一次负荷电流。若电流互感器严重损伤，应转移负荷，停电处理。

（3）尽快设法在就近的试验端子上用良好的短接线按图纸将电流互感器二次短路，再检查处理开路点。

（4）若短接时发现有火花，那么短接应该是有效的，故障点应该就在短接点以下的回路中，可进一步查找。若短接时没有火花，则可能短接无效，故障点可能在短接点以前的回路中，可逐点向前变换短接点，缩小范围检查。

（5）在故障范围内，应检查容易发生故障的端子和元件。对检查出的故障，能自行处理的，如接线端子等外部元件松动、接触不良等，立即处理后投入所退出的保护。若开路点在电流互感器本体的接线端子上，则应停电处理。若不能自行处理的（如继电器内部）或不能自行查明故障的，应先将电流互感器二次短路后汇报上级停电处理。

三、控制回路故障的检查

1. 控制回路中红、绿灯不亮的原因

（1）灯泡灯丝断和灯坏了。

（2）控制熔断器熔断，松动或接触不良。

（3）灯光监视回路（包括灯座，附加电阻，断路器辅助接点，位置继电器）

接触不良或断线。

（4）控制开关触点接触不良。

（5）防跳继电器电流线圈烧断。

（6）跳闸或合闸线圈接触不良或断线。

（7）断路器跳、合闸回路闭锁或闭锁的触点黏连。

（8）其他二次回路断线等。

2. 断路器不能合闸的原因

（1）合闸熔断器烧断或松动。

（2）合闸电源电压过低。

（3）控制开关有关触点接触不良。

（4）合闸时设备或线路故障，保护发出跳闸脉冲。

（5）防跳继电器接点接触不良。

（6）合闸二次回路中有松动或接触不良。

（7）断路器合闸闭锁或机械故障等。

3. 断路器不能跳闸的原因

断路器不能跳闸时应采取措施将断路器退出运行，即将此断路器以旁路断路器代替，若无旁路可通知用户准备停电，断路器退出运行以后，若能手动分闸，则属电气回路故障。

（1）控制电源接触不良或松动。

（2）分闸电源电压过低。

（3）控制开关有关触点或开关辅助接点接触不良。

（4）信号继电器或防跳继电器线圈压降太大。

（5）分闸线圈动作电压过大。

（6）分闸二次回路中有松动或接触不良。

（7）断路器分闸闭锁或机械故障等。

4. 防跳回路不起作用（使用保护防跳）的原因

（1）防跳继电器电流线圈启动电流太大和电压线圈保持电压太高。

（2）防跳继电器电压线圈烧断或松动。

（3）防跳继电器电压线圈，电流线圈极性接反。

（4）防跳继电器有关触点接触不良。

（5）防跳继电器自保持接点位置接错。

（6）保护与断路器中防跳回路共用。

（7）二次回路中有松动或接触不良等。

使用开关防跳注意的问题：

（1）防跳继电器设计在储能接点之后导致储能阶段防跳不起作用。

（2）操作箱跳位监视继电器与防跳继电器不匹配，断路器跳闸后，防跳继电器分压过大（或者防跳继电器返回电流过小）不能返回导致断路器合闸回路不通。

（3）操作箱防跳继电器电流线圈启动电流过大不能动作导致防跳失败。

（4）防跳继电器动作时间慢于开关跳闸事件导致防跳失败。

（5）开关振动导致防跳继电器接线脱落。

还有其他二次回路故障在这里不再一一列举。

在二次回路故障点排查中，依靠仪器仪表的运用查找和实践结合理论的现场经验相当重保护动作及现场检查情况。

四、案例分析

电流回路两点接地引起的主变压器差动误动分析

1. 概述

某日 17:44，110kV 甲变电站 20kV 2F1 线故障，过流 I 段保护动作，重合不成。在重合于故障时，该变电站 110kV 1 号主变压器差动保护 C 相动作，三侧开关跳闸。

故障前 110kV 甲变电站 1 号主变压器运行（单主变压器），供 20kV I 段、II 段母线。

2. 保护动作及现场检查情况

（1）保护动作情况。

2017 年某日雷雨天气，110kV 甲变电站多条 20kV 线路故障，保护跳闸。

17:32，官塘 174 开关电流 I 段动作跳闸，重合成功；

17:35，黎城 171 开关电流 I 段动作跳闸，重合成功；

17:41，黎城 171 开关电流 III 段动作跳闸，重合成功；

17:44:19，20kV 2F1 线过流 I 段保护动作，重合不成。在重合于故障时，该变电站 110kV 1 号主变压器差动保护 C 相动作，三侧开关跳闸。详细信息见表 4-5。

表 4-5 动 作 信 息 表

项目	详情
110kV 甲变电站 20kV 2F1 线保护装置动作信息	2017 年某日 17:44:19，过流 I 段保护动作
	17:44:20，重合闸动作
110kV 甲变电站 1 号主变压器保护装置动作信息	17:44:20，比率差动保护动作，动作电流 2.06I_e

（2）现场检查情况。110kV 甲变电站 1 号主变压器保护和 20kV 2F1 线保护装置检查无异常，定值和压板投退正确。

1）20kV 2F1 线保护动作录波信息如图 4-17 所示。

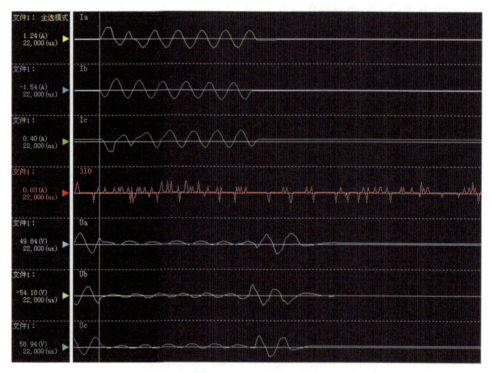

图 4-17 录波图 1

由于在故障初始的 3 个周期内，电流互感器暂态饱和严重，取保护动作（约 40ms）时刻，计算故障量相关参数：

I_a：114.2A，0°；I_b：110.3A，242°；I_c：110.8A，128°。

三相为对称的正序故障电流。

结论：20kV 2F1 线发生三相短路，一次故障电流约 13200A。

2）110kV 1 号主变压器保护动作录波信息分析：

分析主变压器差动保护各侧电流：录波图 2 如图 4−18 所示，电流表信息见表 4−6。

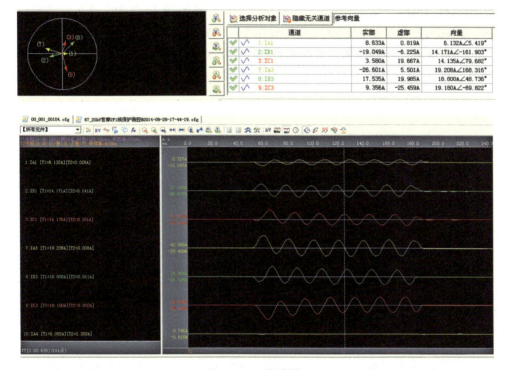

图 4−18 录波图 2

表 4−6　　　　　　　　　电 流 表 信 息

电流	幅值（A）	相位（°）
高压侧 I_{A1}	6.13	5.4
高压侧 I_{B1}	14.17	−161.9
高压侧 I_{C1}	14.17	79.7
低压侧 I_{A3}	19.2	168.3
低压侧 I_{B3}	18.8	48.7
低压侧 I_{C3}	19.1	−69.8

分析：

1）低压侧的故障一次电流约 13500A，低压侧 I_{A3}、I_{B3}、I_{C3} 三相对称正序。并且主变压器保护记录的时间和 20kV 2F1 线时间吻合。

2）分析主变压器 701 和 201B 的故障向量关系：

a. 主变压器高压侧低压侧相量关系：I_{B1} 超前 I_{B3} 角度为 150°，I_{C1} 超前 I_{C3} 角度为 150°，但 I_{A1} 超前 I_{A3} 角度为 198°。

b. 主变压器高、低压侧 B、C 相的故障向量关系符合典型的 Y/d 接线区外三相短路的故障特征，并且主变压器保护动作的时间和 20kV 2F1 线重合时间一致，因此初步判断本次故障为主变压器区外 20kV 的穿越性故障。

一般区外三相短路的主变压器差动回路电流相量如图 4-19 所示，本次故障高压侧 A 相电流幅值变小，同时相角移前了约 48°，如图 4-20 所示。

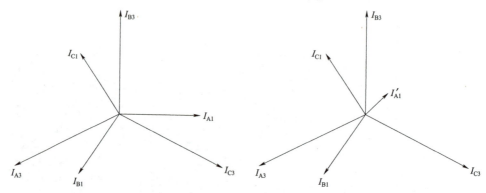

图 4-19　区外三相短路的主变压器　　　图 4-20　本次故障的主变压器差动电流相量
　　　　　差动电流相量

3）电流二次回路电缆检查情况：

a. 检查主变压器高压侧电流回路，发现差动 A 相电流二次线绝缘能力降低，B、C 相二次线绝缘正常。用 1000V 绝缘电阻表测量该电缆绝缘电阻，结果见表 4-7。

表 4-7　　　　　　　主变压器高压侧三相电流回路绝缘电阻测试结果

相别	差动绕组	高后备	测量	计量	备用芯
A	击穿	∞	∞	∞	∞
B	∞	∞	∞	∞	∞
C	∞	∞	∞	∞	∞

b. 进一步检查发现主变压器高压侧电流互感器 A 相电缆，在引入端子箱处有钢管摩擦损伤的痕迹和电弧灼伤的痕迹。

因此，110kV 甲变电站 1 号主变压器差动保护误动的原因为高压侧电流 A 相回路中，绝缘损伤造成 A 相电流回路接地。在一次系统故障时，开关场地电位和主控室地电位电压差，在电流回路中产生附加电流，导致主变压器差动保护产生差流，如图 4-21 所示。

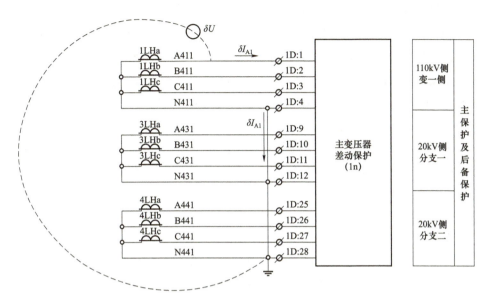

图 4-21 开关场地电位和主控室地电位的电压差

可以计算出产生的附加电流：

$$\delta I_{A1} = \sqrt{6.1^2 + 14.1^2 - 2 \times 6.1 \times 14.1 \times \cos 48°} = 11.08 （A）$$

相量示意如图 4-22 所示。

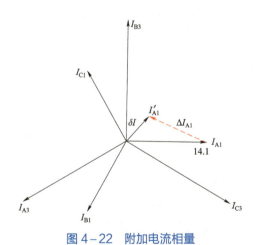

图 4-22 附加电流相量

110kV 甲变电站在日常运行巡视、检修巡视中，并未发现电流分流、附加电流等异常现象。本次故障前该主变压器经受过多次区外短路冲击均正确动作。结合该电缆绝缘损伤情况，初步分析：

1）在 110kV 甲变电站基建安装过程中，由于施工工艺不当，造成主变压器高压侧电流互感器 A 相电缆在引入端子箱处外绝缘损伤，但并未击穿。

2）在 110kV 甲变电站运行中，发生接地短路时，接地电流通过接地网流向大地，将导致开关场的地电位升高。$U_g = IR_g$（其中 I 为流入接地网的电流，R_g 为接地网电阻）。地电位升可能高于 2000V。若 $I = 10kA$，$R_g = 0.3\Omega$，则 U_g 为 3000V，超过规程规定的地电位升最大值 2000V。此时将危及变电站二次电缆的安全运行。

多次接地故障的累计，可能导致二次回路电缆绝缘薄弱处击穿，即本次故障的情况：初始电缆外层有损伤但尚未造成两点接地，日常运行中无两点接地的电流分流、附加电流等异常现象。但某次故障过程中发生绝缘击穿，造成电流回路接地。

3. 暴露问题

（1）在 110kV 甲变电站基建安装过程中，由于施工工艺不当，造成主变压器高压侧电流互感器 A 相电缆在引入端子箱处外绝缘损伤。

（2）随着系统短路容量的增加，接地短路电流增加将导致地电位升高增加，并超过规程规定的地电位升最大值 2000V，危及变电站二次电缆的安全运行。

4. 措施和建议

（1）施工单位应加强施工质量管理，提高工艺水平，切实防止电缆外层损伤等隐蔽性缺陷。

（2）严格基建、技术改造工程验收管理。验收中注意检查互感器二次绕组对地及绕组间的绝缘电阻。

（3）特别在变电站近区发生接地短路故障后的检修巡视中，应检查保护装置采样情况，条件具备时检查开关场引入二次电缆的绝缘。对中性点经放电间隙或氧化锌阀片接地的，也应检查放电间隙或氧化锌阀片。

习 题

1. 二次回路常见检查方法有哪些？
2. 简述使用开关防跳时要注意的问题。

第五章

智能变电站原理、调试及案例分析

第一节　智能站与常规站的主要差异

📋 **学习目标**

掌握常规站与智能站的差异。

📖 **知 识 点**

随着智能电网建设步伐的加快，智能变电站大量投入运行。与常规站相比，智能站在保护原理方面与常规站没有差别，本书前三章所阐述的原理同样适用，但在二次回路和远方通信等方面差异较大。本节将从这些差异出发，通过与常规站的对比，具体阐述智能变电站的结构特点、二次回路的实现方式及信息交互的原理。

一、二次系统网架结构的差异

（一）变电站的网架结构特点

IEC 61850 系列标准提出了变电站的三层功能结构，当前主流智能变电站采用的"三层两网"网络架构正是在这一体系结构下构建的。事实上，对于常规变电站，也可以将站内设备作出三层的划分：① 变压器、断路器、隔离开关、电流互感器、电压互感器等布置于变电站开关场地的一次设备，称为过程层设备；② 后台工作站、远动站等布置于变电站主控室、计算机室的设备，用于进行全站控制，称为站控层设备；③ 保护、测控等布置于变电站保护小室内的二次设备，位于站控层与过程层之间，称为间隔层设备。

常规站的保护、测控等间隔层二次设备从过程层的互感器采集电流、电压，从断路器、隔离开关采集位置信号并作用于其分合闸，均是通过二次电缆与对应一次设备相连的。而在变电站自动化系统方面，通常采用 IEC－60870－5－103 规约进行保护、测控与站控层后台、远动的通信，但由于装置建模、通信规约等方面差异很大，往往还需要加装规约装换装置才能在一定程度上实现这一通信。常规站的二次系统网架结构如图 5－1（a）所示。

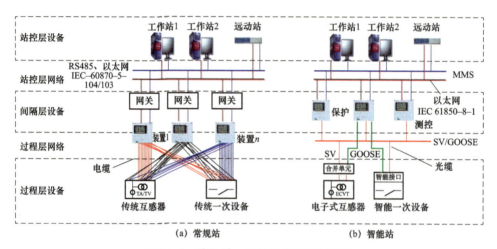

图 5－1　常规站、智能站典型网络架构

（二）智能变电站的三层设备

智能站将间隔层设备的交流输入、A/D 转换功能从保护、测控装置移出，由布置在开关场地的合并单元完成；将开入、开出功能移出，由布置在开关场地的智能终端完成。因此相比于常规站，智能站同样为"三层"设备的布置，只是过程层中增加了这两个二次设备，如图 5－1（b）所示。各层的具体作用如下：

（1）过程层设备：包括一次设备以及所属的和合并单元和智能终端等智能组件，主要实现对一次设备的信息采集及控制。合并单元和智能终端将交流采样信号和直流开入开出信号在开关场地就地转化为数字量传输给间隔层设备，是一次设备数字化和智能化的接口。

（2）间隔层设备：包括继电保护装置、测控装置、故障录波等二次设备，根据采集的一次设备信息，实现保护、测量、计量、状态监测等相关功能，作用于一次设备，并将相关信息上送给站控层设备同时接收站控层设备下达的命令。

（3）站控层设备：包括监控主机、站域控制、远动系统、对时系统等，其中最重要的是监控主机（后台机）和数据通信网关机（远动机），实现站内及远方调度面向全站设备的监视、控制、告警及信息交互功能。

（三）智能变电站的两层网络

常规站站控层与间隔层之间虽然通过网络通信，但网络不统一、采用多种规约、互操作性差，各种系统之间处于相互割裂的状态；而过程层与间隔层之间则是依靠电缆传输模拟量实现信息传输。智能站的三层设备之间则通过网络实现数据交换和信息共享：

（1）站控层网络。实现站控层内部以及站控层与间隔层之间的信息传输，网络通信协议采用制造报文规范（manufacturing message specification，MMS）传输监控系统的"四遥"（遥信、遥测、遥控和遥调）信息和保护设备的事件、控制命令、定值等。采用 GOOSE 协议传输间隔层之间的联/闭锁信号。

站控层网络设备包括站控层中心交换机和间隔交换机，间隔交换机与中心交换机通过光纤连成同一物理网络。站控层中心交换机连接数据通信网关机、监控主机、综合应用服务器等设备；间隔交换机连接间隔内的保护、测控和其他智能电子设备。

（2）过程层网络。实现过程层内部、间隔层内部（除联/闭锁外）以及间隔层与过程层之间的信息传输，代替了常规站中的二次电缆。过程层网络包括GOOSE 网络和 SV 网络。GOOSE 网络用于传输间隔层设备和过程层设备之间的状态信息、闭锁信号、控制命令等，数据流量通常不大，相当于常规站中的二次直流电缆；SV 网络用于传输间隔层和过程层设备之间的采样值，数据流量大、实时性要求高，相当于常规站中的交流电缆。

GOOSE 网络和 SV 网络存在两种连接方式：点对点连接和组网连接。点对点连接被称为"直采直跳"，这种方式下间隔层设备以点对点光纤直连与合并单元和智能终端通信，获取交流采样数据、一次设备状态信息，并直接将跳闸等信号发送给智能终端。组网连接被称为"网采网跳"，通过网络——也就是过程层交换机传输，各装置通过光纤连到交换机上，交换机再将数据转发给各个装置。

显然，采用点对点连接具有连接可靠、传输延时固定、技术上容易实现的优点，但也存在光纤数量多、连接复杂、可扩展性差的缺点，不符合网络化的发展方向；而组网连接可扩展性好，节省大量光纤和光纤接口，成本降低，但交换机一旦故障可能造成网络全部中断，此外组网连接的交流采样依赖于外部时钟同步，一旦对时异常，差动等保护就无法进行可靠运算。

当前主流智能变电站综合上述两种方式的优缺点，采用了重要回路点对点连接、次要回路组网连接的方式：即对于继电保护装置的采样、跳合闸，直接关系到电网安全稳定运行，采用点对点传输的方式；继电保护装置之间的信息交互如启动失灵等，二次回路复杂而重要性相对较低，采用组网传输的方式；其他间隔层二次设备如测控装置、故障录波器、电能量计量等，相对于继电保护装置而言重要性要小很多，一律采用组网传输的方式。

组网传输的方式下，同一个变电站不同电压等级分别组网。如一座 500kV 智能站，其 500kV 部分组建 500kV 过程层网络，220kV 部分组建 220kV 过程层网络，35kV 部分组建 35kV 过程层网络，主变压器保护跨三个过程层网络，如图 5-2 所示。

每个过程层网络的网络设备分为过程层中心交换机和过程层间隔交换机，间隔交换机与中心交换机通过光纤连成同一物理网络。过程层中心交换机连接母线保护、母线合并单元、故障录波器等跨间隔公用设备；过程层间隔交换机连接对应间隔的保护、测控、智能终端、合并单元等设备。在 3/2 接线方式下，过程层间隔交换机通常按串配置；在双母线（双分段）接线方式下，过程层间隔交换机通常按单间隔配置。过程层 SV 网络与过程层 GOOSE 网络可以共用一台交换机，任意两台设备之间的数据传输不应超过 4 台交换机。

（四）过程层网络的几种特殊情况

1. 非电量保护跳闸

常规站的变压器、高压并联电抗器会配置单独的非电量保护装置，而智能站将该装置从间隔层移至过程层，对每台变压器、高压并联电抗器配置一套本体智能终端，用于本体信息交互功能，包括非电量保护的动作及告警信息上送、调挡及测温等。本体智能终端采用直接电缆跳闸，动作信息通过 GOOSE 网络发送至测控装置及故障录波。

2. 220kV 及以上双重化配置

当继电保护装置采用双重化配置时，对应的过程层 SV、GOOSE 网络亦应双重化配置，第一套保护接入过程层 A 网，第二套保护接入 B 网，两个网络之间不允许有信息交互。若确实需要进行信息交互的，如三重方式下双套重合闸

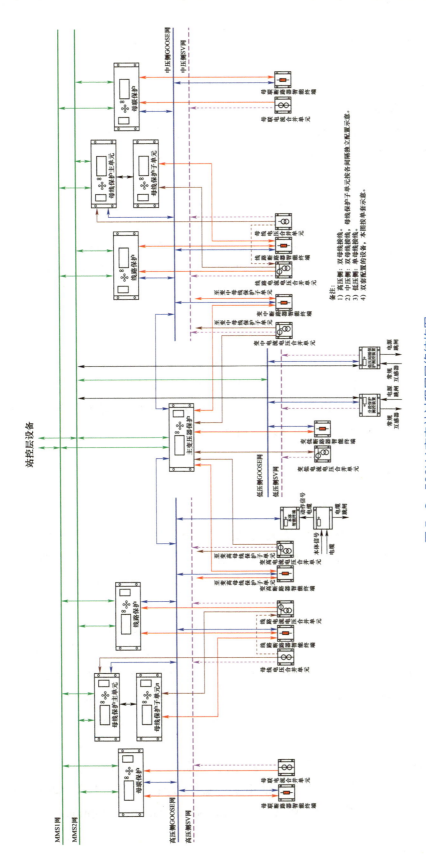

图 5-2 500kV 变电站过程层网络结构图

之间相互闭锁，则通过智能终端的硬接点进行传输，即：重合闸装置 A 经 GOOSE 过程层 A 网发闭重信号至智能终端 A；智能终端 A 通过硬接点发闭重信号至智能终端 B；智能终端 B 经 GOOSE 过程层 B 网发闭重信号至重合闸装置 B，实现重合闸装置 A 对重合闸装置 B 的闭重。

3. 直接采样、GOOSE 跳闸的方式

智能站技术推广以来，由于合并单元存在的一些问题且电子式互感器还不够成熟，因此按照反措要求，330kV 及以上的新建变电站和部分存在稳定性问题的 220kV 新建变电站取消了过程层 SV 网络及合并单元，保留过程层 GOOSE 网络，形成了"常规采样、GOOSE 跳闸"的智能站配置模式，目前，该种模式的智能站应用也越来越多。

4. 新一代智能变电站的方式

当前，新一代智能变电站正在试点建设。该种智能变电站过程层网络全部采用点对点连接，取消了过程层网络通信，减少了交换机的数量。在过程层设备方面，整合了合并单元和智能终端的功能配置采集执行单元，将采样和跳闸光口合一，减少设备数量及光口数量，用以降低装置功耗及元器件发热，提高全面自主可控后国产化芯片的正常运行裕度。

二、二次接线（配置）的差异

（一）继电保护工程文件

当继电保护人员想要了解一台常规站的二次设备采集哪些一次设备信息，发出哪些出口命令及信号时，通常借助二次图纸。即使二次设备的厂家不同，但图纸的绘制格式是近似的。任何继电保护人员无须厂家调试工具就可以设计、调试继电保护设备。

智能站的二次设备都是运用变电站配置描述语言（substation configuration description language，SCL）来建模的，这种统一格式的语言描述，使得不同厂家的装置之间可以相互理解对方传输数据的含义，不同厂家的配置工具也可以互操作修改对方的配置数据。此时，整个智能站二次系统都是用 SCL 语言写成的模型文件，这些文件被统称为继电保护工程文件，有时又被称为继电保护配置文件。

IEC 61850 定义了多种用于描述继电保护设备能力或其网络通信拓扑结构的工程文件，其中较为典型的有智能电子设备能力描述文件（IED capability description，ICD）、系统规范描述文件（system specification description，SSD）、

变电站配置描述文件（substation configuration description，SCD）、IED 实例配置文件（configured IED description，CID）、回路实例配置文件（configured circuit description，CCD），下面与常规站对比说明他们的区别：

1. ICD 文件

ICD 文件，是由各设备制造商提供的、描述这个设备信息模型的文件，相当于常规站的厂家原理图（俗称白图）。在继电保护设备厂家原理图中，通常包括交流输入输出、开关量输入输出以及压板、空开、把手等配置内容，但实际现场并不一定全部使用。ICD 文件与之类似，是出厂时设备功能模型——即过程层、站控层输入输出能力的描述，但未经过变电站系统配置工具的配置，不包含该设备的实例名称、通信参数、虚端子连接等实际使用情况。

2. SSD 文件

SSD 文件描述变电站开关场一次系统结构以及相关联的逻辑节点，全站唯一，由系统集成商（目前每座智能站会有一家集成厂商统一负责全站配置）绘制，相当于常规站的一次系统接线图，如图 5-3 所示。可以看出 SSD 文件是按变电站-电压等级-间隔-间隔内设备分层描述的。

```
<Substation Ref="">
    <VoltageLevel Ref="E1">
        <Bay Ref="Q1">
            <Device Ref="QA1" Type="CBR">
                <LNode Ref="1" LNClass="XCBR"/>
                <Connection TNodeRef="L1"/>
            </Device>
            <Device Ref="QB1" Type="DIS">
                <LNode Ref="2" LNClass="XSWI"/>
                <Connection TNodeRef="L1"/>
            </Device>
        </Bay>
    </VoltageLevel>
</Substation>
```

图 5-3　SSD 文件对变电站一次系统的描述

3. SCD 文件

SCD 文件，应全站唯一，相当于全站二次图册。在常规站中，设计院根据厂家原理图、一次系统接线图绘制全站二次图纸；在智能站中，则是由系统集成厂商根据 ICD 文件、SSD 文件以及设计院的虚端子表负责生成 SCD 文件。该文件描述全站所有智能二次设备的实例配置和通信参数信息、设备之间的联系信息以及变电站一次系统结构。SCD 文件应包含修改信息，明确描述修改时间、修改版本号等内容。

4. CID 文件

CID 文件由设备制造商根据 SCD 文件中有关本设备的相关信息生成。在常规站中，由于保护设备与外界信息交互主要是通过电缆完成的，当设计院出具了全站施工图纸后，施工单位会依照图纸完成二次线接线、调试的工作，实现二次回路的联系。在智能站中，与外界信息交互是依靠光纤通信完成的，因此需要依靠各个设备厂家从 SCD 文件中导出属于自己设备的部分，重新下装到设备中，实现与外界的通信。这个导出的文件就是 CID 文件，它与 ICD 文件的区别就在 "Configured（已配置的）" 一词，CID 文件中不仅包含原有的 IED 的功能描述，同时还包含了实例名称、通信参数、上送报文信息等内容。

5. CCD 文件

CCD 文件由设备制造商根据 SCD 文件中有关本设备的过程层二次回路相关信息生成，属于 CID 文件中一小部分。为何要将过程层二次回路相关信息从 CID 文件中单独拎出来呢？在智能站现场应用中发现，CID 文件涉及大量站控层通信信息，解析速度可能比较慢，考虑到过程层二次回路是关系到继电保护正确动作的关键，因此有必要单独下装到装置中提高动作速度。

CCD 文件并不是 IEC 61850 定义的标准工程文件之一，在早期的智能站继电保护设备中，各个设备厂家针对过程层二次回路是采用另行下装私有配置文件的方式实现的，如南瑞继保的 txt 文件、长园深瑞的 cfg 文件等。私有的回路实例配置文件不仅管理困难，而且当需要对配置文件进行修改、验证时也极为不便，因此九统一的继电保护装置统一使用 CCD 文件作为二次回路实例配置文件，文件中包括 SV、GOOSE 的过程层通信配置，发布/订阅二次虚回路等信息，以及按统一规则计算的 CRC 校验码。采用该格式后，不论使用哪个厂家的配置工具，同一份 SCD 文件中针对同一台设备导出的 CCD 文件及其 CRC 校验码都是相同的，因此无须设备原厂到场即可完成二次回路的修改和下装，并可以直接通过 CRC 比对等方式进行二次回路正确性的验证，有效提升了模型与实际配置文件一致性的管理。

（二）SCD 文件的组成

SCL 语言是采用层次化面向对象的方式来组织描述变电站设备信息的，与传统的 "点表索引" 方式不同，这种层次关系在逻辑上是立体的树状结构。如当要表征 "线路保护接地距离 I 段跳 A 动作" 这一信息时，采用保护装置（物理设备）–保护功能（逻辑设备）–接地距离 I 段（逻辑节点）–保护动作（数据对象）–保护 A 相动作（数据属性）分层逐级表示。这种方式可以方便不同设备厂商之间的信息交互，加强了互操作和可扩展性，简化了系统的集成成本。SCL 语言描述的 SCD 文件基本结构如图 5−4 所示。

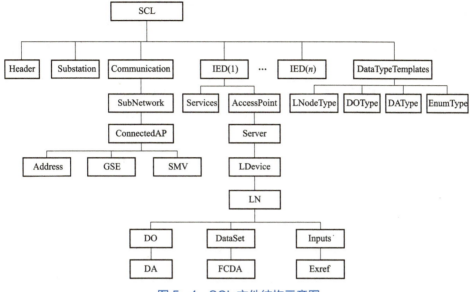

图 5−4　SCL 文件结构示意图

完整的 SCD 文件包括 5 个根元素，即 Header、Substation、Communication、IED 和 DataTypeTemplates，文件结构如图所示，各部分主要内容如下：

（1）Header（头元素）：Header 用于标识一个 SCL 配置文件及其版本，包含配置文件修订的历史信息（history），每一条修订记录包含文件版本（version）、文件修订版本（revision）、修改原因（why）、修改内容（what）、修改人（who）、修改时间（when）等信息。通常情况下，每进行一次 SCD 文件修改，就应当增加一条修订记录，其中规模较大的改扩建工程应变动文件版本（version），一般性维护升级应变动文件修订版本（revision）。

（2）Substation（变电站）：Substation 用于描述变电站的功能结构，标识变电站名称、各电压等级主要一次设备及它们的电气连接关系，也就是 SSD 文件的部分。

（3）Communication（通信）：Communication 主要配置 IED 的通信参数，包括设备的网络地址和各层物理地址。其中站控层通信采用客户端/服务器模式，使用 IP 网络地址，一般包括 MMS 网，子网的类型为 8−MMS，子网的 Address 中存放间隔层设备的站控层 MMS 访问点；过程层通信采用发布/订阅模式，使用 MAC 物理地址，一般包括 SV 网和 GOOSE 网。GOOSE 独立组网时，子网的类型为 IEC–GOOSE，子网的 GSE 中存放间隔层、过程层设备的过程层 GOOSE 访问点；SV 独立组网时，子网的类型为 SMV，SV 网访问点为 M1，存放间隔层、过程层设备的过程层 SV 访问点。GOOSE 及 SV 共网时，可建一个子网。MMS、GOOSE、SV 双重化网络配置通常均分为 A/B 网两个不同的网络。

（4）IED1、…、IEDn（智能电子设备）：IED 的配置情况主要包含 Private（私有信息）、Services（服务）、AccessPoint（访问点）等元素及属性，其中 Private 存放设备厂商的私有信息，通过组态配置无法进行改动；Services 主要描述设备所提供的抽象通信服务类型和通信能力配置信息；AccessPoint 定义了设备的访问点，每个访问点包含一个服务器 Server，设备分层建模的各逻辑设备就位于 Server 之下。需要注意的是，由于 MMS、GOOSE、SV 各访问点是分别建模的，因此同样的"保护跳闸 PTRC"信息，发给过程层的 GOOSE 信号与发给后台的 MMS 信号是建立在相互独立的模型中。

（5）DataTypeTemplates（数据类型模板）：可实例化的数据类型模板，包括逻辑节点类型、数据对象类型、数据属性类型和枚举类型四种模板。IED 部分的逻辑节点、数据对象和数据属性实例，就是由 DataTypeTemplates 实例化后生成的，二者之间是类和实例的关系。

（三）组态配置的流程

常规变电站在工程应用中，是由设备制造商提供厂家原理图给设计院，设计院根据一次系统接线图设计安装接线图，然后施工单位照图接线、调试，完成了间隔层与过程层之间的回路联系。站控层与间隔层之间则由自动化系统集成商完成相应配置。

虽然到了智能变电站，原二次图纸中的大量信息转变为继电保护工程文件，但整个工程次序并没有改变。设备制造商提供 ICD 文件，设计院提供一次接线图和虚端子表，由系统集成商利用配置工具负责整个变电站系统的配置，这个配置的过程被称为组态配置。组态（configure）一词来源于自动化专业，本身即为配置、设定的含义，主要是指在已经具备相应组件的前提下，通过类似"搭积木"的方法，使用配套软件工具进行组装式的二次开发，完成系统搭建的过程。

智能变电站组态配置的基本流程如图 5–5 所示。

（1）各设备制造商通过自身的组态配置工具生成各自设备的 ICD 文件。ICD 文件应包含装置模型描述信息，如服务器、逻辑设备、逻辑节点、逻辑节点类型的定义等信息，以及装置通信能力和通信参数的描述信息，另外还应明确如制造商、型号、配置版本等装置自描述信息。

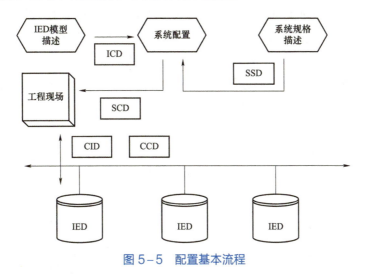

图 5-5　配置基本流程

（2）系统集成商根据全站一次系统接线图通过自身的组态配置工具生成全站 SSD 文件。

（3）系统集成商导入全站中各种类型的二次设备的 ICD 文件和 SSD 文件，经过工程人员配置后，生成全站 SCD 文件。SCD 文件包含变电站一次系统配置（含一、二次设备关联信息配置）、二次设备配置（含信号描述配置、GOOSE 连线配置）、通信网络以及参数的配置。SCD 文件应作为后续其他配置的统一数据来源。

（4）各设备制造商使用各自的组态配置工具从 SCD 文件中导出自身设备的 CID 文件与 CCD 文件，并下装到各自装置中调试运行。

与常规站相比，智能站在全站设计阶段增加了系统集成商配置 SCD 的环节，在施工调试阶段，从原先由施工单位进行安装接线变为施工单位安装光缆及尾缆，设备制造商下装二次回路配置文件。

组态配置工具作为查阅、维护智能站二次回路的重要工具，其使用方法是继电保护人员应当掌握的基本技能之一，本章第二节第一部分中将对此具体进行介绍。

三、二次回路设计形式的差异

（一）虚端子及逻辑接线

1. 虚端子的概念

在常规站中，保护屏柜内设有电流电压、开入开出等端子排，保护装置上的各采样值、开关量、跳合闸出口等通过屏内配线接至具体的端子上（通常接在内侧端子）。而保护屏柜之间的回路联系，以及保护装置采集一次设备的信息、至一次设备的跳合闸出口等，则通过不同屏柜之间端子到端子的二次电缆接线（通常接在外侧端子）来实现，如图 5－6（a）所示。因此，对于常规站，端子排可以说是保护装置与外界进行信息交互的"桥梁"，是划分厂家二次回路设计与设计院二次回路设计的"分界点"。

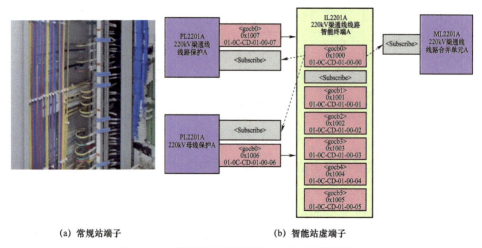

(a) 常规站端子　　　　　　　　　　(b) 智能站虚端子

图 5-6　常规站与智能站的二次回路端子差异

在智能站中，光纤取代了常规站的二次线，而不同光纤之间连接必须通过熔接或专用连接器，无法像二次导线一样通过端子排导体直接相连，光纤端口取代了物理意义上的"端子排"；更重要的是，与一根导线只能传输一个数据不同，在一根光纤内可以同时传输多路数字信号，二次接线得到了大大简化，原有传统的实体端子数量也相应锐减。新技术的应用改变了传统二次设计和实现方式，二次电缆的设计和接线变成了组态配置和配置文件的下装。

由于继电保护原理并没有因为采用新技术而改变，对于每一台保护装置而言，其输入输出的仍然是与传统屏柜的端子对应的一个个数据量，这些数据量是如何在不同保护装置之间交互仍然是由设计院设计、继电保护人员检修维护的。为了便于延续原有的设计和二次识图习惯，仍然假设装置上有虚拟的端子排，衔接不同装置之间的信息输入输出，称为虚端子。

2. 虚端子的逻辑连线

前面说到，智能站保护装置的 ICD 文件相当于常规站的厂家原理图，对应的就是整个屏柜的出厂配置。按照规程要求，ICD 文件中预先配置有 GOOSE、SV 发送数据集，包含了装置所有可能的输出信号；ICD 文件中还预先配置有专门的开入逻辑节点，包含了装置所有可能的输入信号。上述输入、输出信号可以看作是常规站屏柜上的端子排，其中 SV 输入、输出信号对应着常规站装置的电流、电压端子，GOOSE 输入、输出信号对应着常规站的开入、开出端子。每台智能装置的虚端子设计需要结合变电站的主接线形式，应能完整体现与其他装置联系的全部信息，并留适量的备用虚端子。

进行常规站二次回路设计的时候，设计院绘制相应的安装接线图，图中标出连接两侧端子的二次电缆及对应芯线，实现二次回路的联系。而进行智能站二次回路设计的时候，设计院只需要根据保护装置的 ICD 文件对应的输入输出信号，出具"信息流图"以及"虚端子表"，用连线将发送侧装置的开出端子与对应接收侧装置的开入端子连起来，即实现了二次回路的联系，如图 5-7 和图 5-8 所示。

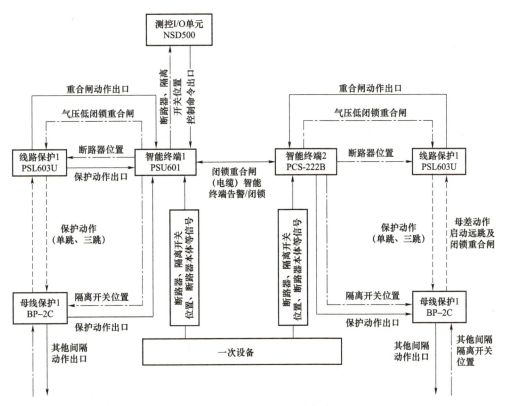

图 5-7　220kV 线路间隔信息流图

序号	发送侧装置名称	发送侧端子引用地址	发送侧虚端子描述		接收侧装置名称	接收侧虚端子引用地址	接收侧虚端子描述
1	IL2201A: 220kV实训线路1智能终端A套	RPIT/XCBR6STPos$stVal	断路器A相位置	>>	PL2201A: 220kV实训线路1保护A套	PIGO/GOINGGIO1STDPCSO1$stVal	断路器分相跳闸位置TWJa
2	IL2201A: 220kV实训线路1智能终端A套	RPIT/XCBR7STPos$stVal	断路器B相位置	>>	PL2201A: 220kV实训线路1保护A套	PIGO/GOINGGIO2STDPCSO1$stVal	断路器分相跳闸位置TWJb
3	IL2201A: 220kV实训线路1智能终端A套	RPIT/XCBR8STPos$stVal	断路器C相位置	>>	PL2201A: 220kV实训线路1保护A套	PIGO/GOINGGIO3STDPCSO1$stVal	断路器分相跳闸位置TWJc
4	IL2201A: 220kV实训线路1智能终端A套	RPIT/GGIO10STind10$stVal	压力降低禁止重合闸逻辑2YJJ	>>	PL2201A: 220kV实训线路1保护A套	PIGO/GOINGGIO10STSPCSO1$stVal	低气压闭锁重合闸
5	IL2201A: 220kV实训线路1智能终端A套	RPIT/GGIO10STind6$stVal	闭锁本套保护重合闸	>>	PL2201A: 220kV实训线路1保护A套	PIGO/GOINGGIO4STSPCSO6$stVal	闭锁重合闸-6
6	PM2201A: I/II母母线保护A套	PIGO/goPTRC7STTr$general	支路6_保护跳闸	>>	PL2201A: 220kV实训线路1保护A套	PIGO/GOINGGIO15STSPCSO15$stVal	其它保护动作-1
7	PM2201A: I/II母母线保护A套	PIGO/goPTRC7STTr$general	支路6_保护跳闸	>>	PL2201A: 220kV实训线路1保护A套	PIGO/GOINGGIO4STSPCSO2$stVal	闭锁重合闸-2

图 5-8　220kV 线路保护的虚端子表

205

系统集成商根据设计院的虚端子表进行 SCD 文件制作，使用组态配置工具将表中的发送侧端子与接收侧端子进行逐项连线。这种连线不同于常规站的实体连线，而只是虚拟的信息发送与接收的逻辑关系，被称为虚端子的逻辑连线，又被称为"虚回路"。GOOSE 输入输出虚端子的逻辑连线相当于常规站的直流电缆，SV 输入输出虚端子的逻辑连线相当于常规站的交流电缆。

（二）SV 虚端子及交流虚回路

1. SV 虚端子的定义

　　SV 虚端子定义到 IEC 61850 树形结构的数据对象（DO）一级。其中 SV 输出虚端子预先定义在合并单元装置的 ICD 文件 MUSV 逻辑设备的采样值数据集中。当需要分组时可采用不同的 MUSV 实例号。以双母线接线 220kV 线路间隔合并单元为例，规程规定的 SV 输出虚端子（保护用部分）见表 5-1。

表 5-1　　　　线路间隔合并单元 SV 输出虚端子表（保护部分）

序号	数据集	输出量名称	引用路径	说明
1		额定延时	MUSV01/LLN0.DelayTRtg	—
2		A 相保护电流 1	MUSV01/PATCTR1.Amp1	—
3		A 相保护电流 2	MUSV01/PATCTR1.Amp2	—
4		B 相保护电流 1	MUSV01/PBTCTR1.Amp1	—
5		B 相保护电流 2	MUSV01/PBTCTR1.Amp2	—
6		C 相保护电流 1	MUSV01/PCTCTR1.Amp1	—
7	dsSV1（给间隔保护和测控）	C 相保护电流 2	MUSV01/PCTCTR1.Amp2	—
8		A 相保护测量电压 1	MUSV01/UATVTR1.Vol1	（来自间隔或母线级联）
9		A 相保护电压 2	MUSV01/UATVTR1.Vol2	（来自间隔或母线级联）
10		B 相保护测量电压 1	MUSV01/UBTVTR1.Vol1	（来自间隔或母线级联）
11		B 相保护电压 2	MUSV01/UBTVTR1.Vol2	（来自间隔或母线级联）
12		C 相保护测量电压 1	MUSV01/UCTVTR1.Vol1	（来自间隔或母线级联）
13		C 相保护电压 2	MUSV01/UCTVTR1.Vol2	（来自间隔或母线级联）
14		同期电压 1	MUSV01/UXTVTR1.Vol1	（来自母线级联或间隔）
15		同期电压 2	MUSV01/UXTVTR1.Vol2	（来自母线级联或间隔）

序号	数据集	输出量名称	引用路径	说明
16		额定延时	MUSV02/LLN0.DelayTRtg	—
17		A 相保护电流 1	MUSV02/PATCTR1.Amp1	—
18	dsSV1	A 相保护电流 2	MUSV02/PATCTR1.Amp2	—
19	（给母线	B 相保护电流 1	MUSV02/PBTCTR1.Amp1	—
20	保护）	B 相保护电流 2	MUSV02/PBTCTR1.Amp2	—
21		C 相保护电流 1	MUSV02/PCTCTR1.Amp1	—
22		C 相保护电流 2	MUSV02/PCTCTR1.Amp2	—

可以看出，表中将 SV 输出虚端子分为两组，MUSV01 逻辑设备作为给间隔保护及测控的分组，MUSV02 逻辑设备作为给母线保护的分组。保护用分相电流、电压使用不同的逻辑节点类型，如电流 PATCTR、电压使用 UXTVTR，相当于不同的互感器二次绕组。各逻辑节点的数据对象根据性质进行区分，电流、电压分别使用英文简称"Amp""Vol"。

所有保护用采样必须使用双 A/D 采样，使用不同的数据对象，如表 5-1 中的"Amp1""Amp2"。双 A/D 采样是指合并单元通过两个 A/D 模块同时采样一组数据，两路 A/D 电路输出的结果完全独立，两路输出同时参与逻辑运算，相互校验，幅值差不应大于实际输入量的 2.5%，否则保护装置判断双 A/D 采样不一致闭锁保护。双 A/D 采样的作用是避免在任一个 A/D 采样环节出现异常时造成保护误出口。对于不涉及跳闸的测量、计量数据，通常使用单 A/D 采样。此外，合并单元还应当输出自身的额定延时，定义在公用逻辑节点"LLN0"下。

间隔合并单元的电压输出虚端子包括三相保护电压和同期电压。若间隔配置了三相 TV 时，三相保护电压为本间隔 TV 二次回路的电压，同期电压级联来自母线电压合并单元的母线电压；若间隔仅配置了单相 TV，则三相保护电压级联母线电压，同期电压为本间隔 TV 二次回路的电压，这方面与常规站是一致的。

SV 输入虚端子预先在 ICD 文件 PISV 逻辑设备下，以"SVIN"为前缀的逻辑节点 SVINGGIO 中，相当于常规站的采样值输入，如图 5-9 所示。

可以看到，SV 输入虚端子不区分电流、电压，统一使用数据对象"SAVSO"，不同的端子通过实例号进行区分；额定延时使用与 SV 输出虚端子相同的数据对象"DelayTRtg"。不同类型的描述 desc 或 dU 中含有中文描述信息，用于说明该虚端子所代表信号的确切含义，可以作为采样值连线的依据。

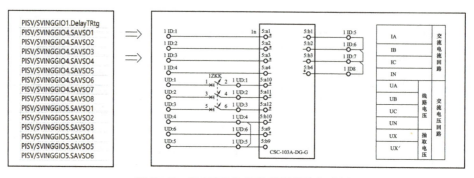

图 5-9 SV 输入与传统采样值输入映射

2. 采样值虚端子连线

每个装置的 LLN0 逻辑节点中的 Inputs 部分定义了该装置输入的采样值连线，如图 5-10 所示。

	doName	ied...	intAddr	ldInst	lnClass	lnInst	prefix
1	DelayTRtg	ML2201A	7-A:PISV/SVINGGIO1.DelayTRtg	MUSV	LLN0		
2	Vol1	ML2201A	7-A:PISV/SVINGGIO5.SvIn1	MUSV	TVTR	1	UX
3	Vol2	ML2201A	7-A:PISV/SVINGGIO5.SvIn2	MUSV	TVTR	1	UX
4	Amp1	ML2201A	7-A:PISV/SVINGGIO6.SvIn1	MUSV	TCTR	1	PA
5	Amp2	ML2201A	7-A:PISV/SVINGGIO6.SvIn2	MUSV	TCTR	1	PA
6	Amp1	ML2201A	7-A:PISV/SVINGGIO7.SvIn1	MUSV	TCTR	1	PB
7	Amp2	ML2201A	7-A:PISV/SVINGGIO7.SvIn2	MUSV	TCTR	1	PB
8	Amp1	ML2201A	7-A:PISV/SVINGGIO8.SvIn1	MUSV	TCTR	1	PC
9	Amp2	ML2201A	7-A:PISV/SVINGGIO8.SvIn2	MUSV	TCTR	1	PC
10	Vol1	ML2201A	7-A:PISV/SVINGGIO2.SvIn1	MUSV	TVTR	1	UA
11	Vol2	ML2201A	7-A:PISV/SVINGGIO2.SvIn2	MUSV	TVTR	1	UA
12	Vol1	ML2201A	7-A:PISV/SVINGGIO3.SvIn1	MUSV	TVTR	1	UB
13	Vol2	ML2201A	7-A:PISV/SVINGGIO3.SvIn2	MUSV	TVTR	1	UB
14	Vol1	ML2201A	7-A:PISV/SVINGGIO4.SvIn1	MUSV	TVTR	1	UC
15	Vol2	ML2201A	7-A:PISV/SVINGGIO4.SvIn2	MUSV	TVTR	1	UC

图 5-10 SCD 文件中的 SV 连线信息 Inputs 截图

每一个采样值连线包含了装置内部输入虚端子信号和外部装置的输出信号信息，虚端子与每个外部输出采样值为一一对应关系。Extref 中的 IntAddr 描述了内部输入采样值的引用地址，应填写与之相对应的以"SVIN"为前缀的 GGIO 中 DO 信号的引用名，引用地址的格式为"LD/LN.DO"。将 SV 虚端子连线用图形化表示后如图 5-11 所示。

（三）GOOSE 虚端子及直流虚回路

1. GOOSE 虚端子的定义

与 SV 虚端子不同，GOOSE 虚端子均定义到 IEC 61850 树形结构的数据属性（DA）一级。其中 GOOSE 输出虚端子预先定义在 ICD 文件 PIGO 逻辑设备的 GOOSE 输出数据集中，在设备出厂时即预先配置满足工程需要的全部 GOOSE 输出信号。以双母线接线 220kV 线路保护为例，规程规定的 GOOSE 输出虚端子见表 5-2。

图 5-11 220kV 线路间隔合并单元发送给线路保护的电流电压信号

表 5-2　　　　　双母线接线线路保护装置 GOOSE 输出虚端子

序号	信号名称	典型软压板	引用路径	备注
1	跳断路器 A 相		PIGO/*PTRC*.Tr.phsA	
2	跳断路器 B 相	跳闸	PIGO/*PTRC*.Tr.phsB	
3	跳断路器 C 相		PIGO/*PTRC*.Tr.phsC	
4	启动 A 相失灵		PIGO/*PTRC*.StrBF.phsA	
5	启动 B 相失灵	启动失灵	PIGO/*PTRC*.StrBF.phsB	同一 LN
6	启动 C 相失灵		PIGO/*PTRC*.StrBF.phsC	
7	永跳	永跳	PIGO/*PTRC*.BlkRecST.stVal	
8	闭锁重合闸	闭锁重合闸	PIGO/*PTRC*.BlkRecST.stVal	
9	重合闸	重合闸	PIGO/*RREC*.Op.general	
10	三相不一致跳闸	三相不一致跳闸	PIGO/*PTRC*.Tr.general	
11	远传 1 开出	无	PIGO/*PSCH*.ProRx.stVal	
12	远传 2 开出	无	PIGO/*PSCH*.ProRx.stVal	

序号	信号名称	典型软压板	引用路径	备注
13	过电压远跳发信	无	PIGO/*GGIO*.Ind*.stVal	
14	保护动作	无	PIGO/*GGIO*.Ind*.stVal	
15	通道一告警	无	PIGO/*GGIO*.Ind*.stVal	
16	通道二告警	无	PIGO/*GGIO*.Ind*.stVal	

可以看出，表中主要包括分相跳闸、分相启动失灵、重合闸、闭锁重合闸等动作类出口，以及保护动作、通道告警等信号类出口。不同的出口类型使用不同的逻辑节点类型，如跳闸、启动失灵使用 PTRC、重合闸使用 RREC，相当于常规站不同的出口节点，如图 5−12 所示。

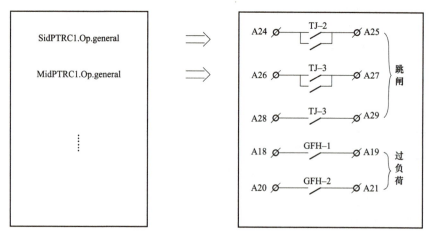

图 5−12　GOOSE 输出与传统节点映射

各逻辑节点的数据对象根据作用进行区分，如跳闸使用"Tr"、启动失灵使用"StrBF"、通用信号使用"Ind"，每个数据对象的数据属性根据性质进行区分，如位置状态使用"stVal"，通用事件使用"general"，分相事件使用"phsA/phsB/phsC"。

GOOSE 输入虚端子预先定义在 ICD 文件 PIGO 逻辑设备下，以"GOIN"为前缀的逻辑节点 GOINGGIO 中，相当于常规站的开关量输入，如图 5−13 所示。

通常情况下，跳闸命令、启动失灵等开入使用单点开入，定义为 SPCSO 的数据对象，用 0 和 1 表示状态，与常规站相同。而断路器、隔离开关位置智能站使用双点开入，定义为 DPCSO 的数据对象，分闸位置为 01，合闸位置为 10，中间态为 00，无效态为 11。每个逻辑节点的描述 desc 和 dU 可以确切描述该信号的含义，作为 GOOSE 连线的依据。

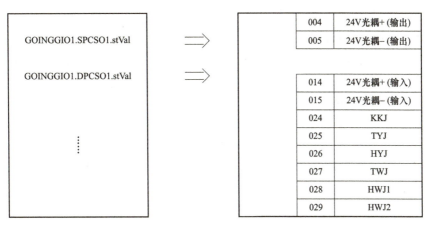

图 5-13　GOOSE 输入与常规站开关量输入映射

2. GOOSE 虚回路

与 SV 虚端子连线类似，在进行 SCD 文件配置时，一般在每个装置的 LLN0 的 Inputs 部分含有该装置的 GOOSE 连线信息，如图 5-14 所示。

	daName	doName	iedName	intAddr	ldInst	lnClass	lnInst	prefix
1	phsA	Tr	PL2201A	RPIT/GOINGGIO1.SPCS01.stVal	PIGO	PTRC	1	Lin
2	phsB	Tr	PL2201A	RPIT/GOINGGIO1.SPCS02.stVal	PIGO	PTRC	1	Lin
3	phsC	Tr	PL2201A	RPIT/GOINGGIO1.SPCS03.stVal	PIGO	PTRC	1	Lin
4	stVal	BlkRecST	PL2201A	RPIT/GOINGGIO1.SPCS24.stVal	PIGO	RREC	1	Lin
5	general	Op	PL2201A	RPIT/GOINGGIO1.SPCS16.stVal	PIGO	RREC	1	Lin
6	general	Tr	PM2201A	RPIT/GOINGGIO1.SPCS31.stVal	PIGO	PTRC	6	Lin

图 5-14　SCD 文件中的 GOOSE 连线信息 Inputs 截图

Inputs 由若干个 ExtRef 元素组成，每个 ExtRef 代表一条 GOOSE 虚端子连线。ExtRef 中的 intAddr 属性值是保护装置 GOOSE 输入虚端子的内部引用地址，以第一条为例，intAddr 为 "RPIT/GOINGGIO1.SPCSO1.stVal" 是内部引用地址，代表智能终端的一个单点 GOOSE 开入；daName、doName、iedName 是外部所连线路保护的 GOOSE 输出信号 PL2201APIGO/LinPTRC1.Tr.phsA，代表线路保护 A 相跳闸命令的 GOOSE 输出。将上述 GOOSE 虚端子连线用图形化表示后如图 5-15 所示。

3. 虚回路示意图

由于虚端子连线是定义在接收侧装置中的，如果直接根据虚端子表或

SCD 文件查阅虚回路，无法直观判断出发送与接收侧的回路联系，因此目前的 SCD 组态配置工具或智能站测试仪均配置有信息联系图查阅功能，如图 5–16 所示。

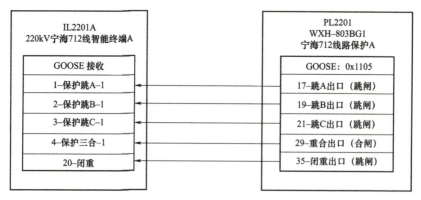

图 5–15 线路保护装置发送的跳闸信号

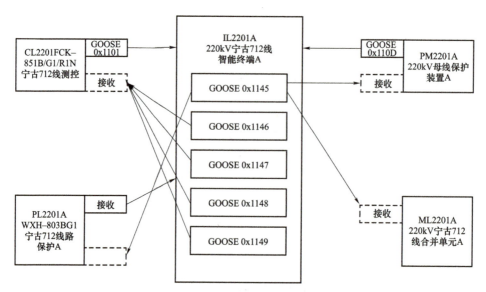

图 5–16 220kV 线路间隔智能终端的信息联系图

从图 5–16 中可以看出该智能终端共有 5 个 GOOSE 信息块，其中 1 个为保护用，向 220 母线保护 A、宁古 712 线路保护 A、宁古 712 线合并单元 A 发送信息；另外 4 个为测控用，向宁古 712 线测控发送信息。同时该智能终端接收 3 个 GOOSE 信息块，从 220 母线保护 A、宁古 712 线路保护 A 和宁古 712 线测控三台装置接收信息。

四、装置组件的差异

（一）智能保护装置

1. 智能保护装置的架构特点

常规站的继电保护装置通常配置了电源组件、CPU 组件、对时通信组件、人机接口组件、采样及 A/D 转换组件、开入开出组件等。智能站的继电保护装置在装置设计原理上与常规保护装置完全相同，同样配置电源组件、CPU 组件、对时通信组件、人机接口组件，新增了过程层通信组件，包括 SV 输入组件代替了采样及 A/D 转换组件（常规采样的智能保护装置仍然保留该组件），实现与合并单元的通信；GOOSE 开关量输入输出组件代替了硬接点开入开出组件，实现与智能终端及其他保护装置的通信。此外，智能保护装置由于站控层保护信息上送、远方操作方面的要求比常规保护装置要求高，在对时通信组件方面也与常规保护装置有一定差异。典型智能保护装置的架构如图 5-17 所示。

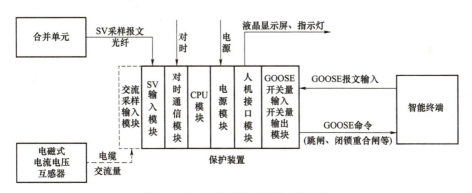

图 5-17　智能保护装置的典型架构

2. 装置的采样接口

常规保护装置采样方式是通过电缆直接接入常规互感器的二次侧电流和电压的模拟量、保护装置自身完成对模拟量的采样和模数转换，各路模拟量之间基本同步，相互间的差别仅在于各互感器传变角差的不一致。按照统一的互感器设计制造标准制造的互感器，传变角差的不一致很小，以致在实际工程应用中可以不计。

而智能保护装置采样方式是通过光纤接收合并单元送来的采样值数字量，合并单元的输入侧有可能是传统互感器，也有可能是电子式互感器，且多间隔采样的保护装置各间隔的合并单元厂家、型号均可能不相同，这将导致不同间隔的采样延时不一致，如果再采用网络采样，每一组采样数据经过交换机转发，交换机在不同运行工况下的转发延时更无法确定。因此，为了提高采样过程的可靠性和快速性，减少中间环节，Q/GDW 441《智能变电站继电保护技术规范》要求 220kV 及以上的继电保护装置一律采用直接采样的方式。

保护装置只从合并单元接受采样值数据，而不发送，合并单元到保护装置之间是单向信息输送，如图 5-18 所示。

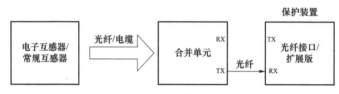

图 5-18　保护装置的采样接口

3. 装置的开关量输入/输出接口

常规保护装置采用电路板上的出口继电器经电缆直接连接到断路器操作回路实现跳合闸，智能保护装置则通过光纤接入到智能终端，接收智能终端上送的一次设备状态信息，发送跳合闸命令至智能终端。此外，保护装置还通过光纤接入到过程层串/间隔交换机，与其他保护装置发送/接收启动失灵、远跳、失灵联跳等信号。因此保护装置与智能终端、交换机之间是双向信息输送，如图 5-19 所示。

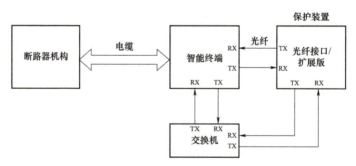

图 5-19　保护装置的输入/输出接口

（二）合并单元

1. 合并单元的分类及其作用

合并单元最初是作为电子式互感器接口设备而产生的。由于各电子式互感器厂家使用的原理、介质系数、二次输出光信号含义各不相同，其输出的光信号需要同步、系数转换等处理后才能输出统一的数据格式供二次设备使用。但是由于电子式互感器技术仍然不够成熟，目前高压电网中应用并不普遍。因此，智能站在推广应用时多数采用"常规互感器＋合并单元"或直接常规互感器采样的模式。此时，合并单元将常规互感器的模拟电气量经过交流转换、数模转换，以统一的 SV 格式发送给保护、测控、录波器等二次设备，实现数据的共享。

根据不同一次接线方式下合并单元的配置规则，通常合并单元分为间隔合并单元和母线合并单元两大类。

（1）间隔合并单元。间隔合并单元用于各线路、变压器等间隔互感器电气量采集，发送本间隔的电气量数据，包括保护用、计量用三相电压、保护用、测量用三相电流、同期电压、零序电压等。

3/2 接线方式下，每台断路器配置电流互感器，每个出线间隔（线路、变压器）配置电压互感器，因此间隔合并单元通常分开配置，按断路器配置电流合并单元，按出线间隔配置电压合并单元。双母线接线方式下，每个出线间隔（线路、变压器）配置电流互感器和电压互感器，因此间隔合并单元无须区分，同时采集本间隔的电流、电压量。

（2）母线合并单元。母线合并单元用于母线电压互感器电气量采集，发送母线电压数据。给母差保护的母线三相电压采用直接光纤采样的方式，给各间隔的保护作为保护电压或者同期电压使用的母线电压，采用光纤级联至各间隔的间隔合并单元，然后由间隔合并单元整合后与间隔电流、电压一并发送给间隔的保护。

一个 220kV 线路间隔的间隔合并单元与母线合并单元二次绕组的典型使用情况如图 5-20 所示。

2. 合并单元的架构特点

合并单元由电源组件、CPU 组件、开入开出组件、交流采集组件等组成。根据互感器类型的不同，合并单元的输入形式可以是数字量或模拟量，其交流采集组件会有所不同。模拟量采集是常规互感器二次绕组输出的 1A 或 5A 的电流二次值以及 $100/\sqrt{3}$ V 或 100V 的电压二次值，经 A/D 转换后变为数字量；数字量采集是电子式互感器根据通信协议输出的数字量。CPU 对接收到的数据进行处理，经合并单元处理后输出的 SV 数据必须是 IEC61850-9-2 或 FT3 的标准格式，且电流、电压数据必须是同步的，即处于同一时间断面。开入开出组件主要用于采集隔离开关位置，从而控制电压数据的输出。典型常规互感器接

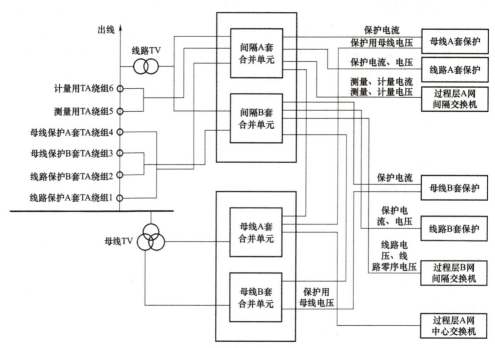

图 5-20　双母线接线方式下合并单元接线图

口的合并单元架构如图 5-21 所示。

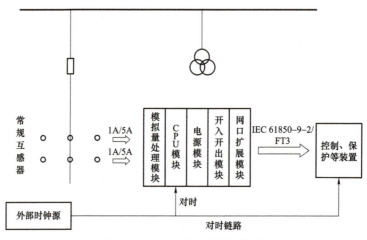

图 5-21　合并单元的典型架构

3. 合并单元采样与常规站的异同

（1）合并单元输出采样值的使用。合并单元取代了常规站由间隔层二次设备完成的采样功能，但并非意味着继电保护装置会直接使用合并单元发送的数据进行逻辑运算。合并单元一般以 4000Hz 或 12800Hz（每个周波 80 帧或 256 帧）的频率输出电流、电压的一次瞬时值，均包含了每个数据的采样品质（失步、失真、有效性、接收数据周期、检修状态等）。而继电保护装置的采样频率一般是 1200Hz 或 2400Hz（每个周波 24 帧或 48 帧），逻辑运算时是采用全周傅式等算法将瞬时值转变为有效值，因此继电保护装置对于合并单元发送的数据，需要先判断其品质是否正常，正常后根据自身的需求重新再采样计算。

除此之外，继电保护装置还需要考虑合并单元发送数据的时钟同步问题，尤其是多间隔来自不同合并单元数据的同步。在前述光纤直采的模式下，由继电保护装置根据合并单元发送的延时数据，利用插值同步法在将各合并单元数据重采样，转换至同一时刻的采样值进行计算来实现时钟同步。

（2）电压切换。在常规站中，双母线接线方式下如果分列运行，两段母线电压可能不同。因此需要将两段母线均接至各间隔保护屏，由屏内的电压切换箱经隔离开关位置辅助触点判别后，将该间隔所在母线的母线电压输出给间隔保护装置。

在智能站中，间隔合并单元集成了电压切换箱的功能，间隔智能终端将隔离开关位置以 GOOSE 信号发送给间隔合并单元，间隔合并单元经过判别后，直接输出所在母线电压的 SV 信号（三相电压或同期电压）给间隔保护装置，自动实现电压的切换输出，如图 5-22 所示。

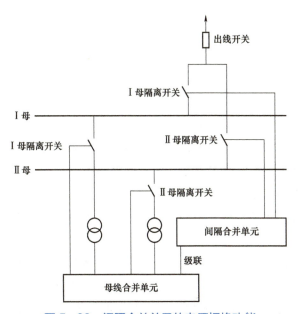

图 5-22 间隔合并单元的电压切换功能

（3）电压并列。在常规站中，双母线接线方式下如果一台母线电压互感器检修，可以通过电压并列确保各间隔二次设备不失压，该功能是由专门的电压并列装置实现的。其他间隔层二次设备接取经过电压并列后的母线电压。

在智能站中，母线合并单元集成了电压并列装置的功能，母联智能终端将母联断路器位置及隔离开关位置以 GOOSE 信号发送给母线合并单元，通过合并单元装置内部逻辑判断与强制并列把手实现母线电压并列，并将并列后的母线电压直接输出给各间隔合并单元，如图 5−23 所示。

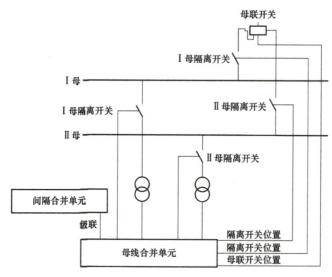

图 5−23　母线合并单元的电压并列功能

（三）智能终端

1. 智能终端的分类及其作用

实现一次设备智能化可以有两种方式：一种是内嵌智能控制模块的智能断路器，这种技术目前还不够成熟；另一种就是智能站在推广应用时采用的"常规一次设备＋智能终端"技术方案，由智能终端的接口与一次设备通过硬接点连接，转换为数字信号通过以太网通信与其他智能二次设备交互信息。

根据控制的一次设备对象不同，智能终端分为断路器智能终端和本体智能终端两大类：

（1）断路器智能终端。断路器智能终端与断路器、隔离开关及接地开关一次开关设备就近安装，完成对一次设备的信息采集和分合控制等功能，包括分相智能终端和三相智能终端。分相智能终端与采用分相机构的断路器配合使用，一般用于 220kV 及以上电压等级；三相智能终端与采用三相联动机构的断路器配合使用，一般用于 110kV 及以下电压等级。

（2）本体智能终端。本体智能终端与主变压器、高压电抗器等一次设备就近安装，应包含完整的本体信息交互功能，如非电量动作报文、调档及测温等，并可提供用于闭锁调压、启动风冷、启动充氮灭火等出口接点，同时还具备完成主变压器分接头挡位测量与调节、中性点接地开关控制、本体非电量保护等功能。非电量开入应经大功率继电器重动，非电量跳闸通过控制电缆直跳的方式实现。

无论哪种智能终端，均靠近一次设备本体就地安装在智能控制柜中，运行环境较为恶劣，为减少设备故障率，一般不配置液晶显示屏，但配备足够的指示灯显示设备位置状态并告警。此外，规程要求智能控制柜应具备温度、湿度的采集、调节功能，来确保智能终端的运行环境，并可通过智能终端 GOOSE 接口上送温度、湿度信息。

2. 智能终端的架构特点

智能终端由电源组件、CPU 组件、开入开出组件、操作回路组件、直流采集组件等组成。CPU 一方面负责 GOOSE 通信，另一方面完成动作逻辑，开放出口继电器的正电源；开入组件负责采集断路器、隔离开关等一次设备的开关量信息，再转为 GOOSE 传送给保护和测控装置；开出组件、操作回路组件负责驱动断路器跳合闸及隔离开关分合控制的出口继电器。典型智能终端的架构如图 5-24 所示。

图 5-24　智能终端的典型架构

3. 智能终端与常规站操作箱的异同

智能终端在一定程度上代替了常规站操作箱的功能，两者具有许多相似之处，如操作箱和智能终端均要求配置三相跳闸回路，均配置了跳合闸监视回路，具备直流电源监视、控制回路断线、事故总告警等功能，不配置液晶显示屏而通过指示灯指示位置状态。但除此之外，智能终端与操作箱又有一些明显的区别。

（1）智能终端的操作回路。常规站的操作箱要求能提供两组分相跳闸触点和一组合闸触点，双重化的保护也可以使用一台操作箱。而每套智能终端提供一组分相跳闸触点和一组合闸触点，220kV 及以上电压等级的智能终端按断路器双重化配置，分别接入过程层 A、B 网，两套智能终端应与各自的保护装置一一对应；两套操作回路的跳闸硬接点开出应分别对应于断路器的两个跳闸线圈，操作电源相互独立；两套合闸回路并接至合闸线圈，使用第一组操作电源。

操作箱要求应具备断路器压力闭锁回路和防跳回路，即使多数情况下使用本体的相关回路；而智能终端则直接取消防跳功能，统一由断路器本体实现。

（2）智能终端的电源配置。常规站的操作箱一般使用操作电源，无须配置单独的装置电源。但智能终端相比而言不仅具有操作回路的功能，还有遥信、通信等其他功能，因此一般分别配置装置电源、遥信电源和操作电源，操作回路使用操作电源，采集一次设备状态信息使用遥信电源。

（3）智能终端的动作时间。常规站的操作箱中最主要是出口继电器，其动作时间几乎不会对跳合闸时间产生显著影响。但智能终端由于涉及数字量与模拟量之间的转换，一旦转换过慢将严重影响跳合闸的速度，因此动作时间是智能终端最重要的技术指标之一。规程要求，对于 GOOSE 信号转为硬接点开出的动作时间不应大于 7ms；对于接收的一次设备状态信息转为 GOOSE 信号的时间不大于 10ms。

在整组动作时间方面，规程规定，对于常规站整组动作时间为不大于 20ms 的，常规采样、GOOSE 跳闸的智能站组动作时间为不大于 27ms，SV 采样、GOOSE 跳闸智能站保护为不大于 29ms。这里 7ms 的延长即考虑了智能终端的动作时间，2ms 的延长考虑了合并单元的延时。

（4）智能终端的对时。常规站的操作箱无须考虑对时。智能终端发布 GOOSE 信息时携带自身时标，真实反映外部开关量的变为时刻，为故障分析提供精确的 SOE 参考。目前多数智能终端采用光纤 B 码对时，对时接口以 ST 接口和 LC 接口为主。

（四）压板配置

常规站继电保护设备配置有功能软压板、功能（开入）硬压板、出口硬压板，以及部分功能切换把手。智能站二次设备主要配置有功能软压板、SV 接收软压板、GOOSE 接收软压板、GOOSE 发送软压板、开入硬压板、出口硬压板。
两者主要存在以下差异：

（1）功能软压板。常规站同时设置功能软压板以及功能硬压板，软压板及
硬压板通过"与"门或者"或"门的逻辑决定保护功能的投退。其中保护功能
投退类，如"投差动保护"等，通常为"与"门逻辑；状态功能类，如"停用
重合闸"等，通常为"或"门逻辑。而智能站继电保护装置只设置功能软压板，
进行相应功能的投退。常规站功能软压板通常只能就地由继电保护人员操作，
而智能站功能软压板既可以就地操作，也可以由运维人员在后台远方操作。

（2）开入硬压板。智能站取消了常规站设置的功能硬压板和出口硬压板，
仅保留"装置检修"和"远方操作"两块开入硬压板。

常规站也设置"装置检修"硬压板，投入时可将保护装置上送的软报文置
检修位，防止对监控及后台造成干扰误判，但由于常规站动作信号仍以硬接点
信号为主，因此该压板投入与否影响较小。而智能站主要的动作信号均采用软
报文上送，且检修硬压板投入后将 SV、GOOSE、MMS 报文均置检修位，对应
的检修机制将影响保护的动作行为。有关检修机制的问题将在下一节第二部分
智能站二次安全措施中进行具体介绍。

"远方操作"硬压板为智能站保护设备特有的设置，该压板与"远方投退"
"远方切换定值区""远方修改定值"三个软压板配合使用，当"远方操作"投
入且软压板投入时，运维检修人员可以在后台进行软压板投退、定值区切换、
定值修改工作；九统一装置当"远方操作"投入时，就地无法进行上述工作，
只能在远方进行；当该硬压板退出时，只能在就地进行上述工作。

（3）出口硬压板。常规站的继电保护设备出口一般均设置了出口硬压板，
与动作接点一一对应，作为二次回路的物理断开点，当二次设备从"跳闸"改
"信号"状态时，由运维人员操作退出出口硬压板。智能站继电保护设备采用
GOOSE 报文出口，不设置出口硬压板，而智能终端将 GOOSE 转为开关量输出
后，其出口回路与常规站类似，因此仍然设置出口硬压板。

需要注意的是，在常规站如果某套保护出口硬压板未投入，该套保护不能
出口跳闸，不会影响其他保护跳该断路器；但在智能站中，若智能终端的出口
硬压板未投入，无论线路保护、主变压器保护、断路器保护还是母差保护，都
将无法出口跳闸。

（4）功能切换把手。常规站部分功能开入会设置切换把手，如 3/2 接线线
路保护的边（中）断路器检修、双母线接线母差保护的模拟盘、通道切换把手、
沟通三跳切换把手等。智能站中不再设置上述切换把手，一律改为功能软压板，

如边（中）断路器强制分软压板、隔离开关位置强制分软压板、沟通三跳软压板等。

（5）SV 接收软压板、GOOSE 接收软压板、GOOSE 发送软压板。SV 接收软压板、GOOSE 接收软压板、GOOSE 发送软压板为智能站特有设置，只在间隔层二次设备中设置，合并单元、智能终端不设置，分别控制保护装置 SV 采样值报文与 GOOSE 报文的接收与发送，可以通过就地或后台退投，代替了常规站保护装置中电流电压端子连片（切换把手）、开入硬压板和出口硬压板。每种软压板的作用将在下一节第二部分智能站二次安全措施中进行具体介绍。

五、信息交互原理的差异

（一）智能站的发布/订阅机制

1. 常规站开关量的信息交互方式

常规站开关量信息传输是通过二次直流电缆传输高低电平实现的，其中高电平表示 1，低电平表示 0。其实现方式是由需要接入外部开入量的装置也就是接收侧提供电源，外部装置也就是开出侧装置提供接点，两者之间以电缆相连，当外部开出侧保护动作、接点接通或者断开使接收侧装置采集该开入量的元件（通常用光耦）感受到大于一定的电位或小于一定的电位，然后转换成对应的数字量（1 或者 0），如图 5-25 所示。

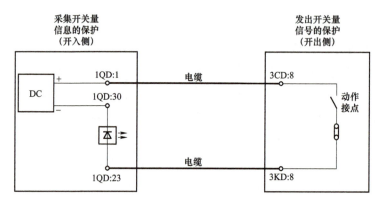

图 5-25　常规站开关量信息交互的方式

在这种方式下，一根二次电缆芯线只能传输一个开关量信息，一个无源空接点也只有用于一套装置的信号采集，不能同时用于两套及以上的装置采集，否则将可能造成寄生回路。而对于接收侧装置，一个开入信号可以同时接收来自多个装置的开出信息，如图 5-26 所示为 500kV 断路器保护接收闭锁重合闸的信号，由于其实现方式都是使得本装置光耦感受到电位，因此来自不同装置的闭锁重合闸信号没有任何差别。

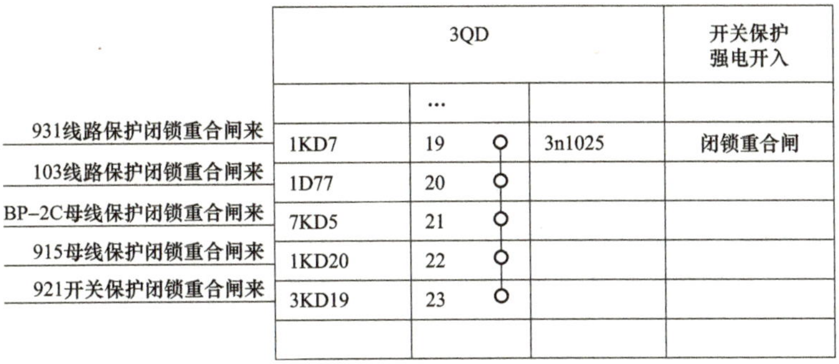

	3QD			开关保护 强电开入
	...			
931线路保护闭锁重合闸来　1KD7	19	○	3n1025	闭锁重合闸
103线路保护闭锁重合闸来　1D77	20	○		
BP-2C母线保护闭锁重合闸来　7KD5	21	○		
915母线保护闭锁重合闸来　1KD20	22	○		
921开关保护闭锁重合闸来　3KD19	23	○		

图 5-26　常规站断路器保护的闭锁重合闸开入

可以看出，常规站的信息交互是一种"一对一"发送、"多对一"接收的机制。

2. 网络信息传输中的三种模式

智能站采用 IEC 61850 中定义的面向通用对象的变电站事件（generic object oriented substation event，GOOSE）传输开关量信息，这是一种快速的以太网组播报文传输技术。与常规站相比，这种传输技术不仅在于光纤代替了二次电缆的物理介质的变化，其整体信息交互方式也有了明显变化，关键即采用这是一种"多播"传输模式。在计算机网络信息传输中，一般有三种典型的传输模式：

（1）单播：设备之间采用"一对一"通信模式，发送方和接收方均为固定，报文的目的地址为单一的接收方。这种模式的优点是信息交互个性化，如线路保护发给智能终端的跳闸信号就不会发给母差保护，发给母差保护的启动失灵也不会发给智能终端，信息之间没有互串的风险；但缺点是一方面每台设备需要根据接收方的数量建立不同的发送数据集，当接收方增加或减少时需要重新配置，改动较大；另一方面，这种传输模式需要使用大量的数据流量，尤其是组网通信下每帧报文都需要经过交换机，传输效率相对较低。常规站的信息交互类似于单播模式，这是由其采用直流电平传输的原理决定的。

（2）广播：设备之间采用"一对所有"通信模式，发送方将所有信息全部发出，交换机无条件复制转发给所有设备，类似于我们接收广播电视信号。这种模式的优点是传递效率高，每个发送方只需要发出一种类型的报文，数据流量低；但缺点造成大量报文在全网中传输，接收方需要查看每一份报文中是否有自己需要的信息。

（3）组播：又被称为多播，设备之间采用"一对一组"通信模式，发送方将所有信息全部发出，报文的目的地址为一组接收方，交换机只向对应组内设备复制转发。这种模式兼顾了发送与接收的效率，因此为智能站以太网报文传输所采用。

3. 发布/订阅传输机制

基于组播模式的 GOOSE 传输机制被称为发布/订阅传输机制，其基本传输原理为以下流程：

（1）对于发送方（开出侧）装置，将其所有需要输出的信息在一份 GOOSE 报文中一并发布出来，智能站保护装置对应一台 IED 设备应只接收一个 GOOSE 发送数据集，该数据集包含保护所需的所有信息，即任意一台 IED 设备只会发出一份保护用的 GOOSE 报文，接收时对于任意一台 IED 设备也只会接收一份 GOOSE 报文。如第三部分表 5-2 即为 220kV 线路保护所有输出信息。可以看出，这份信息中既有至智能终端的分相跳闸命令，也有至母差保护的分相启动失灵命令。当保护判断发生 A 相接地故障而动作且发送软压板投入时，1 号的跳 A 与 4 号启动 A 相失灵会同时由 0 变 1。

（2）输出的 GOOSE 报文既可以通过直采直跳的光口点对点传输至保护或智能终端，也可以通过组网光口传输至交换机。当交换机进行了组播转发配置后，交换机会将这份报文转发给已订阅该份报文的接收侧装置，对于连接在交换机上的其他装置则不予转发；若交换机未进行配置，则按广播报文转发给所有装置。

（3）对于接收方（开入侧）装置，虚端子连线为其订阅 GOOSE 信息的依据。当收到一份 GOOSE 报文后，装置根据报文性质及虚端子连线找到订阅的 GOOSE 信息，并对应刷新装置开入数据，作用于相应动作逻辑。

（二）GOOSE 报文的传输特点

1. GOOSE 发送机制

GOOSE 报文的发送采用心跳报文和变位报文快速重发相结合的机制，如图 5-27 所示。其中 T_0 称为心跳时间，在 GOOSE 数据集中的数据没有变化的情况下，装置平均每隔 T_0 时间发送一次当前状态，即心跳报文，报文中的状态序号 stNum（StateNumber 用于记录 GOOSE 数据发生变位的总次数）不变，顺序号 sqNum（SequenceNumber 用于记录稳态情况下报文发出的帧数）递增。

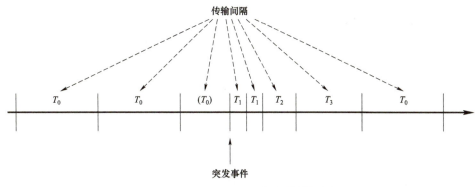

图 5-27　GOOSE 报文发送机制

当装置中有事件发生（如跳闸命令变位）时，GOOSE 数据集中的数据就发生变化，装置立刻发送该数据集的所有数据，然后间隔 T_1 发送第 2 帧及第 3 帧，间隔 T_2、T_3 发送第 4、5 帧，T_2 为 2 倍 T_1，T_3 为 4 倍 T_1，以此类推，发送 5 帧后报文再次成为心跳报文。当数据变位后的第 1 帧报文中 stNum 增加 1，sqNum 从零开始，随后报文中 stNum 不变，sqNum 递增。

工程应用中，T_0 一般设为 5s，T_1 设为 2ms。GOOSE 接收可以根据报文允许存活时间来检测链路中断，定义报文允许存活时间为 $2T_0$，接收方若超过 2 倍允许存活时间即 20s 没有收到 GOOSE 报文即判为中断，发 GOOSE 断链报警信号。这一机制可以实现二次回路状态在线监测。

2. GOOSE 接收机制

对于接收方而言，心跳报文由于数据没有变位，因此无须接收，只用来判断二次回路状态即可，只有变位报文才需要接收。这样可以简化数据刷新的数量。

当装置接收到新的 GOOSE 报文，先检查 GOOSE 报文的相关参数确实是其订阅的报文，然后比较新接收帧和上一帧 GOOSE 报文中的 StNum（状态号）参数是否相等。若两帧 GOOSE 报文的 StNum 相等，继续比较两帧 GOOSE 报文的 SqNum（顺序号）的大小关系，若新接收 GOOSE 帧的 SqNum 大于上一帧的 SqNum，丢弃此报文，否则更新接收方的数据。若两帧 GOOSE 报文的 StNum 不相等，更新接收方的数据。

（三）SV 报文的传输特点

1. SV 发送机制

在常规站中，交流电流、电压是通过二次电缆直接传输互感器二次侧模拟量至保护装置，智能站则是由合并单元输出的间隔一定的采样瞬时值。IEC61850

中提供了采样值（sampled value，SV）相关的模型对象和服务，与 GOOSE 报文同样采用发布/订阅机制，但比 GOOSE 在传输的实时性和快速性上要求更高。

最常见的采样值频率为 4000Hz，即每秒 4000 帧报文，每个周波 80 帧报文。每帧报文中有采样计数器参数 SmpCnt，在 0～3999 中翻转，以收到对时脉冲时刻为第一帧，然后逐个累加，直至下一秒翻转回 0。通过这一计数器，可以让接收方判断是否存在传输丢包的情况。

2. SV 接收机制

接收方先检查 AppID、SMVID、ConfRev 等参数是否是其订阅的 SV 报文。若判断报文配置不一致、丢帧、编码错误等异常出错情况，相应报警信号；若参数无异常，接收方根据采样值数据对应的品质中的 validity、test 位，来判断采样数据是否有效，以及是否为检修状态下的采样数据；当 SV 链路中断后，该通道采样数据清零。

（四）交换机的转发特点

交换机是一种能完成封装转发数据包功能的网络设备。在站控层网络中，无论常规站还是智能站都广泛使用交换机作为传输媒介。智能站建立了过程层网络后，除保护直采直跳的二次回路外，其余保护之间的二次回路以及测控等其他二次设备的二次回路均采用网络传输，此时主要经过的设备即为交换机。交换机拥有一条很高带宽的背板总线和内部交换矩阵，每个端口都能独享带宽，所有端口都能够同时进行通信。

当交换机从某一端口收到一个帧时，将对地址表执行两个动作。一是检查该帧的源 MAC 地址是否已在地址表中，如果没有则将 MAC 地址添加到地址列表中，这样以后就知道该 MAC 地址对应哪个端口；二是检查该帧的目的 MAC 地址是否在配置的地址列表中，如果在则将该帧发送到对应的端口，如果不在则将该帧发送到所有其他端口（源端口除外），相当于该帧是一个广播帧。工程应用中，较为常用的交换机配置技术有划分虚拟局域网（virtual local area network，VLAN）和静态组播两种。

1. 划分 VLAN

在以太网帧的基础上增加了 VLAN 头，用 VLAN ID 把交换机内的成员划分分为更小的工作组，限制不同工作组间的互访。通过这种方式可以起到限制广播流量、控制网络风暴，根据安全需求对不同成员信息相互隔离的作用。

常见的 VLAN 划分方法有以下两种：

（1）根据端口来划分。将 VLAN 交换机上的物理端口分成若干个组，每个组构成一个虚拟网，相当于一个独立的 VLAN 交换机。这种方式的配置过程简单明了，是最常用的一种方式。其缺点在于不允许移动，一旦某个端口损坏、需要将光纤改在另一个端口时，必须配置新的 VLAN。

（2）根据 MAC 地址划分。这种划分 VLAN 的方法是根据每台设备的 MAC 地址来划分，即对每个 MAC 地址都配置它属于哪个组。这种划分 VLAN 方法的最大优点就是当物理端口移动时，VLAN 不用重新配置；缺点是配置工作量大，交换机执行效率的降低，因为在每一个交换机的端口都可能存在很多个 VLAN 组的成员，这样就无法限制流量和广播包。

目前最常用的是根据端口划分 VLAN 的配置方式。考虑到如果配置得过于复杂不利于改扩建工程应用及现场缺陷处理，因此工程应用中主要对以下三类过程层交换机进行 VLAN 划分：

（1）对于 SV、GOOSE 共用的过程层交换机，需要对 SV 网络和 GOOSE 网络进行 VLAN 划分，防止两种报文互串。

（2）对于过程层 SV 间隔交换机及中心交换机，由于数据流量较大，一般会进行 VLAN 划分，将 SV 报文严格限制在本间隔所用设备中，防止出现网络风暴。

（3）对于过程层 GOOSE 交换机，百兆网口能够完全满足 5s 一帧报文的数据流量需求，因此一般不进行 VLAN 划分，或仅对中心交换机进行 VLAN 划分。

2. 静态组播

静态组播也是智能站中常用的交换机管理方式之一。该方式无须设置 VLAN，只需要打开交换机的组播过滤功能，整理交换机收到的组播地址，然后通过手动配置的交换机组播转发表来实现特定 MAC 地址向配置端口转发。对于未添加到组播表中的报文，可以根据需要配置未丢弃或按广播报文转发。

目前新建站的交换机支持通过与继电保护工程文件同样的规范格式编写的 CSD 文件进行静态组播的配置，并可由 SCD 文件自动生成，实现了交换机配置文件的标准化。

习　题

1. IEC 61850 第一版中共定义了哪四种配置文件？简述配置流程。

2. 请简述智能变电站保护设备硬压板类型。

第二节 智能站配置及调试

学习目标

1. 掌握智能站 SCD 组态配置工具。
2. 掌握智能站二次安全措施。
3. 学习智能站调试方法及调试项目。

知识点

一、SCD组态配置

组态配置工具是完全独立于继电保护设备进行继电保护工程文件配置的软件。主流的继电保护厂家依照 IEC61850 规约及国内各项补充规范开发了自己的组态配置工具，本节以较为常用的南瑞继保 PCS-SCD（图标为 ）和长园深瑞的 PRS-7007（图标为 ）为例进行介绍。

1. SCD 制作的准备工作

在开始 SCD 制作之前，通常要进行以下三项准备：

（1）获得全站各类型 IED 设备的 ICD 文件。

（2）ICD 文件正确性校验，这项工作也可在 SCD 制作添加 ICD 文件时自动进行，主要包括语法校验、模板校验（各类型 ICD 文件的数据类型模板需要统一，对于 Q/GDW 396《IEC 61850 工程继电保护应用模型》中未定义的如各厂家自行扩展的模板，需要对模板 ID 添加不同的前缀以示区别）等。

（3）通信参数规划，应提前对全站所有的 IED 进行归类统计，按照一定的标准事先规划好每台设备的 IP 地址，GOOSE、SV 的组播地址，并根据厂家要求确定插件的端口分配情况。

2. SCD 制作的基本流程

为了便于理解与掌握，以 220kV 扩建为例介绍使用 PCS-SCD 进行 SCD 制作的基本流程，其他厂家配置工具的使用方法与其类似。220kV 系统通常采用 SV 采样、GOOSE 跳闸的方式，过程层需配置 SV、GOOSE 网络，双重化的两个网络采用单套配置简化说明。

一次系统图如图 5-28 所示，本次计划扩建 220kV 梁通线路间隔。

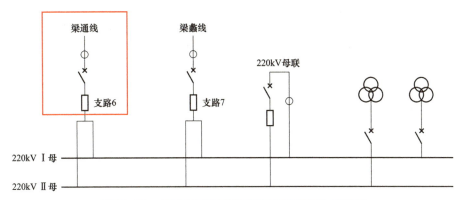

图 5-28　220kV 新增线路间隔（梁通线）示意图

（1）ICD 文件收集及通信参数划分。表 5-3 所列为 SCD 制作前收集的全站 ICD 文件情况，其中注明需新增和需配置的为本次扩建部分，包括线路保护、合并单元、智能终端及母线保护。

表 5-3　　　　　　　　　　　智能装置与 ICD 文件对照表

间隔	序号	装置描述	制造厂家	ICD 文件名	IED 命名	配置状态
梁通线间隔	1	220kV 梁通线线路合并单元 A	长园深瑞	PRS7393	ML2201A	**需新增**
	2	220kV 梁通线线路智能终端 A	长园深瑞	PRS-7789	IL2201A	**需新增**
	3	220kV 梁通线线路保护 A	长园深瑞	PRS-753A-DA-G	PL2201A	**需新增**
梁蠹线间隔	4	220kV 梁蠹线线路合并单元 A	南瑞继保	PCS-221G-G-H2	ML2202A	已配置
	5	220kV 梁蠹线线路智能终端 A	南瑞继保	PCS-222B	IL2202A	已配置
	6	220kV 梁蠹线线路保护 A	南瑞继保	PCS-931GMM-D	PL2202A	已配置
母线间隔	7	220kV 母线保护 A	长园深瑞	BP-2CA	PM2201A	**需配置**
	8	220kV 母线合并单元 A	长园深瑞	PRS7393	MM2201A	已配置

新增站智能装置均单套配置模拟双套配置 A/B 网中的 A 套，过程层及站控层均单重网络配置，过程层包含 SV 网和 GOOSE 网，其网络通信参数见表 5-4。

表 5-4　　　　　　　　　　智能装置通信配置表

序号	IED 描述	IP 地址	GOOSE MAC 地址	SMV MAC 地址
1	220kV 母线保护 A	222.111.112.1	01-0C-CD-01-00-06	
2	220kV 梁通线线路保护 A	222.111.112.2	01-0C-CD-01-00-07	
3	220kV 梁通线线路合并单元 A		01-0C-CD-01-00-08	01-0C-CD-04-00-01
4	220kV 梁通线线路智能终端 A		01-0C-CD-01-00-00	
			01-0C-CD-01-00-01	
			01-0C-CD-01-00-02	
			01-0C-CD-01-00-03	
			01-0C-CD-01-00-04	
			01-0C-CD-01-00-05	
5	220kV 母线合并单元 A		01-0C-CD-01-00-0E	01-0C-CD-04-00-02
6	220kV 梁蠡线线路合并单元 A		01-0C-CD-01-00-0C	01-0C-CD-04-00-03
7	220kV 梁蠡线线路智能终端 A		01-0C-CD-01-00-09	
			01-0C-CD-01-00-0B	
			01-0C-CD-01-00-0A	
8	220kV 梁蠡线线路保护 A	222.111.112.3	01-0C-CD-01-00-0D	

（2）增加修订历史（见图 5-29）。修订历史是任何一项 SCD 集成配置工作的第一步，修订工作的记录应翔实。操作步骤如下：

步骤 1：打开需要更新的 SCD 文件。

步骤 2：单击"修订历史"。

步骤 3：在右侧空白处右击单击，选中"新建"。

步骤 4：填写修改历史记录如下，主要内容为"修改人、修改时间、修改内容、修改原因"。

（3）添加 IED 装置。IED 装置添加工作是开展通信参数配置工作的必经步骤，基于 SCD 扩建任务开展，将收集的待扩建设备的 ICD 模型加入，其操作步骤如下：

图 5-29　增加修订历史

步骤 1：单击"装置"。

步骤 2：在右侧空白处鼠标右键单击，选中"新建"按钮；如图 5-30 所示。

图 5-30　添加 IED 装置步骤 1-2

步骤 3：单击"浏览"，然后选中模型"PRS-753A-DA-G.icd"作为梁通线线路保护。

步骤 4：装置名称默认为装置型号，为了便于工程识别与处理，将装置 IED

名称作规范处理命名为 PL2201A，添加装置为保护装置以 P 开头，第二字母 L 表示线路，2201 为线路调度编号，组成 PL2201 全称。添加 IED 装置步骤 3-4 如图 5-31 所示。

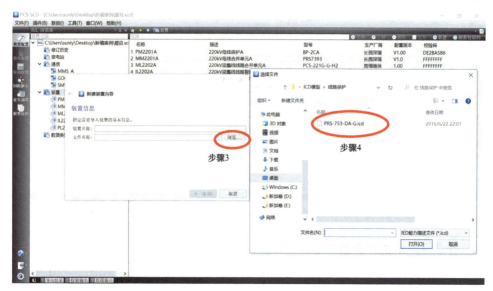

图 5-31　添加 IED 装置步骤 3-4

工程上关于 IED 装置命名的一般解释见表 5-5。其中第一位为装置类型，第二位为一次设备类型，如线路保护为 PL，主变压器保护为 PT，开关智能终端为 IB，线路测控为 CL 等。

表 5-5　　　　　　IED 装置命名规则

装置类型	特征单词	装置类型	特征单词
保护装置	P	合并单元	M
线路	L	智能终端	I
主变压器	T	断路器	B
母线	M	测控	C

步骤 5：IED 设备标准化命名完成后，下一步完成通信参数的初始化工作。通信参数初始化工作即为建立 ICD 文件通信子网与 SCD 通信子网的关联关系，MMS 网络对应到站控层网络的 MMS，GOOSE 网络对应到过程层网络的 GOOSE，SV 网络对应到过程层 SV 网络。

步骤 6：网络选择完成后，软件自动进行 ICD 模型数据类型模板校验，同步解决 IED 初始模型与 SCD 配置工具的冲突问题。

步骤 7：重复步骤 2～步骤 6，依次添加智能终端 ICD 文件和合并单元 ICD 文件。

（4）配置通信参数。

步骤 1：通信参数配置工作第一步检查网络参数初始化的正确性，由于不同厂家提供的 ICD 文件通信接口与 SCD 配置工具未必完全契合，可能会出现少量错误。配置通信参数如图 5-32 所示，应保证 GOOSE 控制块地址仅出现在 GOOSE 网络中。当然，采样控制块地址仅出现在 SMV 网络中，站控层地址仅出现在 MMS 网络中。

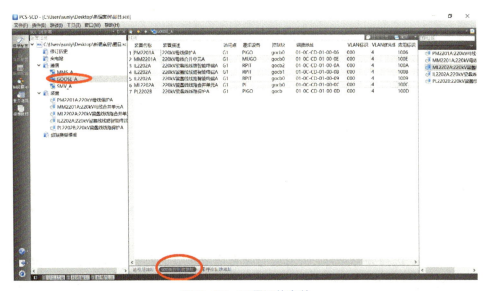

图 5-32　配置通信参数

步骤 2：配置站控层 MMS 网络通信参数，IP 地址根据通信配置表填写，需注意不可重复配置同个 IP 地址。

步骤 3：配置过程层 GOOSE 网络通信参数，组播地址根据通信配置表填写，注意必须符合 GOOSE 组播地址的规范要求（01-0C-CD-01 开头），APPID 为 10 加上组播地址后两个字节，其他栏目根据现场实际需求填写。

步骤 4：配置过程层 SV 网络通信参数，组播地址根据通信配置表填写，主要涉及的是间隔合并单元，注意必须符合 SV 组播地址的规范要求（01-0C-CD-04 开头）。

（5）虚回路连线。虚回路连线是 SCD 制作工作的核心。根据第一节中介绍的智能站二次回路原理，所有的虚回路都是配置在接收侧装置中。这里着重说明虚回路连接过程中应注意的技巧及易错点。

步骤 1：选择需虚回路连接的物理设备。

步骤 2：选中虚端子连接。

步骤 3：选择 LD，GOOSE 虚回路选 PIGO，SV 虚回路选 PISV，若错选 LDO，会导致虚回路无法通信的情况，相当于将过程层二次回路错误配置在站控层，虚回路无法实现通信。虚回路连线（内外部信号）如图 5－33 所示。

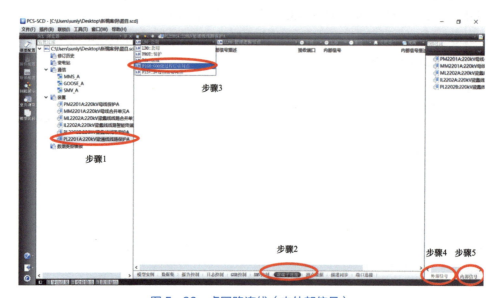

图 5－33 虚回路连线（内外部信号）

步骤 4：选择外部信号，外部信号装置需要接收的对侧设备的 GOOSE 输出虚端子，连接到 DA 一级。

外部信号以 PL2201A 为例,其需要接收 IL2201A 智能终端 A/B/C 三相位置和闭重、压力低闭重信号，以及母差保护的远跳和闭重信号，共计 7 个虚回路，每个虚回路均需要单独寻找并添加，如图 5－34 所示。

同一数据集中的相同类型虚回路，可以通过 Ctrl＋多个选中，同步配合右键"附加选中的信号"按钮提高外部回路建立效率。

步骤 5：选择内部信号，内部信号即为本装置内部接收外部信号的 GOOSE 输入虚端子。以 PL2201A 线路保护接收的 7 个信号为例，匹配过程需要逐条连接，右键单击"附加选中的信号"按钮或拖动至指定位置。

步骤 6：选择内部信号的端口，为了确保二次回路联系的准确性，必须指定内部信号的对应端口，智能终端指定为直跳端口，母差保护指定为组网端口。虚回路连线－配置内部信号及端口配置如图 5－35 所示。

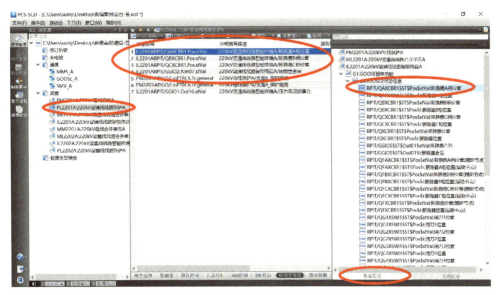

图 5-34 虚回路连线-配置外部信号

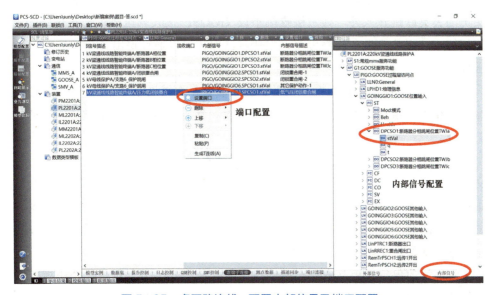

图 5-35 虚回路连线-配置内部信号及端口配置

步骤 7：在完成 SCD 配置后，可利用配置工具本身校验 SCD 文件的语法准确性，然后即可导出 CCD 文件及 CID 文件下装。

二、智能站二次安全措施

（一）智能站的隔离措施

在常规站中，二次安全隔离措施主要依靠物理断开点，通过断开电流、电压回路的端子连片、断开硬压板和二次电缆芯线的方式实现二次安全隔离。

在智能站中，各装置之间信息交互变为 SV、GOOSE、MMS 报文，无法保证依靠物理链路的断开实现检修设备和运行设备隔离，但智能站在设计时已经考虑了二次安全隔离的问题，即通过逻辑隔离——控制装置对特定数据的发出或不发出，或带上特定的标识，来实现有效隔离。

智能站二次安全隔离主要通过 GOOSE 接收软压板、GOOSE 发送软压板、SV 接收软压板（间隔接收软压板）、检修压板、智能终端出口硬压板、光纤。

（1）GOOSE 接收软压板。负责控制本装置是否接收来自对侧某一智能二次设备的 GOOSE 开入，相当于常规站保护装置的开入硬压板。当 GOOSE 接收软压板退出时，将对应装置发送来的全部 GOOSE 开入均不作逻辑处理。

按照新六统一设计规范，除母线保护的启动失灵开入、母线保护和变压器保护的失灵联跳开入外，其余接收端不设 GOOSE 接收软压板，与常规站的设计相统一。因此，只有联跳母差、主变压器保护可以通过退出 GOOSE 接收软压板实施二次安全隔离。

（2）GOOSE 发送软压板。负责控制本装置是否发送某一个或一组 GOOSE 信号，相当于常规站保护装置的出口硬压板。软压板退出时，不发送相应的保护指令。

GOOSE 发送软压板是建立在过程层接口的出口跳闸逻辑节点，并不控制报文的输出与否，只是控制报文里部分数据的变位与否。因此与 GOOSE 接收软压板屏蔽全部报文信息不同，GOOSE 发送软压板可以控制个别数据的逻辑输出。当退出 GOOSE 发送软压板后，GOOSE 报文依然正常发送，只是不再发送该数据的变位报文。

常规站的出口压板是串在对应回路里的，一个开出节点对应一个压板。而智能站的 GOOSE 发送软压板单独建模，和 GOOSE 输出数据不是一一对应的关系。比如跳闸 GOOSE 发送软压板，可以同时控制 A、B、C 分相跳闸命令。一般同一类出口命令使用一个 GOOSE 发送软压板，至不同的断路器分别使用不同的 GOOSE 发送软压板。

（3）SV 接收软压板（间隔接收软压板）。负责控制本装置接收来自某个合并单元的采样值信息，相当于常规站的电流电压回路短接退出切换压板。软压板退出时，相应采样值显示为 0，不参与保护逻辑运算。但部分早期的智能站保护装置根据当时规程要求，软压板退出时电流电压仍然显示，因此当 SV 接收软压板退出后在装置采样菜单里仍然可以看到数据。

另外，将母差保护的原有的 SV 接收软压板更改为间隔接收软压板，两者主要功能是类似的，但间隔接收软压板退出后，整个间隔的 SV 和 GOOSE 接收信号均退出。

（4）检修压板。投入后，本装置的 GOOSE 报文置 test 位，SV 报文全部数据品质 test 位置 1，MMS 报文置检修位。接收端设备将收到的报文检修品质标识与自身检修硬压板状态进行一致性比较判断，做"异或"逻辑判断，两者一致时，对报文做有效处理。

（5）智能终端出口硬压板。安装于智能终端出口节点与断路器跳合闸线圈之间的电气回路中，与常规站的出口压板类似，可作为明显断开点，实现相应二次回路的物理通断。出口硬压板退出时，保护装置无法通过智能终端实现对断路器的跳、合闸。

（6）光纤。继电保护和合并单元、智能终端之间的连接均通过光纤直接连接。断开装置间的光纤能够实现物理上的可靠隔离。但断开光纤的应用场景相对有限，对于经组网传输的失灵联跳等信号，由于断开光纤后无论是运行设备还是检修设备的组网传输都中断，因此在工作中有时无法通过该方法实现安全隔离。

（二）检修机制

常规站保护装置检修硬压板用于保护试验时屏蔽软报文和闭锁遥控，不影响保护动作、就地显示和打印等功能。而智能站保护装置的检修硬压板是将检修设备从运行系统中可靠隔离的有效手段，是用于实施安全隔离措施的重要方法之一，在各类型改造、检验、消缺等工作中，一般都应投入装置的检修压板。保护装置、合并单元和智能终端都设有检修硬压板，不同的智能设备之间检修压板投/退的组合会有不同的动作行为。

1. SV 检修机制

SV 报文中，检修是作为数据通道的一个品质位。当合并单元投入检修压板时，其发送的所有采样值品质 q 中的 test 位置 true，否则为 false。若间隔合并单元本身未投入检修压板，但其级联的母线合并单元投入检修压板，则间隔合并单元发送的 SV 报文仅对母线电压数据通道的 test 位置 true，其余本间隔数据通道的 test 位仍然为 false。

当装置接收到 SV 报文后，将与装置自身检修压板状态进行比较，两者一致时将该采样值用于保护逻辑运算。两者不一致时，若装置未投入检修压板，则按相关通道采样异常进行处理，检修不一致闭锁异常电流、电压数据对应的所有保护功能。如母差保护收到某个间隔 SV 报文检修不一致时，闭锁差动保护和该间隔的失灵保护，保留其余正常运行间隔的失灵保护。但若装置投入检修压板时，对于非检修态的 SV 报文数据不参与逻辑运算，只根据检修一致的采样值进行逻辑运算。SV 检修机制的处理见表 5-6。

表5-6   SV 检修机制的处理

保护装置"检修态"硬压板	合并单元"检修态"硬压板	结　　果
投入	投入	合并单元发送的采样值参与保护装置逻辑运算
投入	退出	合并单元发送的采样值不参与保护装置逻辑计算，不闭锁相关保护功能
退出	投入	合并单元发送的采样值不参与保护装置逻辑运算； 对于电流采样检修不一致，应闭锁相关保护功能； 对于电压采样检修不一致，保护处理同 TV 断线，即闭锁与电压相关的保护，退出方向元件
退出	退出	合并单元发送的采样值参与保护装置逻辑运算

2. GOOSE 检修机制

GOOSE 报文中，检修是作为整份报文的品质标识。当保护、智能终端投入检修压板时，其发送的 GOOSE 报文中 test 位置 true，否则为 false。也就是说，不会存在 SV 报文中部分数据检修、部分数据非检修的情况。

当装置接收到 GOOSE 报文后，将与装置自身检修压板状态进行比较，两者一致时将该报文数据用于保护逻辑运算；两者不一致时则报文数据视为无效，不参与逻辑运算，但不会闭锁保护功能。这是因为采样值直接关系到装置的功能运算，而部分开入量的异常时功能仍然可以正常动作。

在检修不一致时，对于状态信息，如断路器位置等，保持检修不一致的前状态；对于动态信息，如启动失灵等，则直接清零。保护装置与智能终端 GOOSE 检修机制的处理原则见表 5-7。

表 5-7　　　　　　　　　　　　GOOSE 检修机制的处理

保护装置"检修态"硬压板	智能终端"检修态"硬压板	智能终端处理机制	保护装置处理机制
投入	投入	对应保护装置动作时，智能终端执行相关跳合闸指令	GOOSE 开入量参与逻辑运算
投入	退出	对应保护装置动作时，智能终端舍弃其报文，不执行相关跳合闸指令	动态类 GOOSE 开入量无效清零；静态类"断路器位置""压力降低"等开入量保持检修不一致前状态
退出	投入	对应保护装置动作时，智能终端舍弃其报文，不执行相关跳合闸指令	动态类 GOOSE 开入量无效清零；静态类"断路器位置""压力降低"等开入量保持检修不一致前状态
退出	退出	对应保护装置动作时，智能终端执行相关跳合闸指令	GOOSE 开入量参与逻辑运算

目前许多九统一的智能保护装置设有"GOOSE 输入"与"保护开入"两个开关量输入界面，其中"GOOSE 输入"界面中会显示报文判别前 GOOSE 输入的实际值及检修状态，"保护开入"界面则显示经过报文判别后真实用于逻辑运算的数值。如保护不投检修压板，在智能终端投检修压板后将断路器合上，GOOSE 输入中会显示跳闸位置为 0，而保护开入中则显示为 1。

3. MMS 检修机制

当装置检修压板投入时，本装置上送的所有 MMS 报文中信号的品质 q 的 test 位置 true。客户端（后台机、远动机）判断报文是否为检修报文并作出相应处理。当报文为检修报文，报文内容应不显示在简报窗中，不发出音响告警。检修报文应存储，并可通过单独的检修报文窗口进行查询。

（三）二次安全措施的实施顺序

在常规站执行二次安全措施时，通常按照同一屏柜内先出口回路、后电流电压回路、最后信号回路的顺序，将出口回路放在最前，主要是防止执行二次安全措施时误出口；将信号回路放在最后，可监测执行过程中出现的信号。恢复二次安全措施按执行时相反的顺序进行。

在智能站实施二次安全措施时，总体上仍然是按照这一顺序要求来执行和恢复，同时还要注意运行设备与检修设备、检修压板、光纤的实施顺序。如果常规站未按照规范的顺序实施二次安全措施，由于多数情况下设备已经一次停役或保护改信号，一般不一定会造成严重后果；但智能站在顺序上更为重要，一旦未按顺序实施，有可能造成保护误动作、保护功能闭锁等严重后果。为此，GB/T 40091—2021《智能变电站继电保护和电网安全自动装置安全措施要求》、调继〔2015〕92 号《智能变电站继电保护和安全自动装置现场检修安全措施指导意见（试行）》及相关规程规范都对智能站二次安全措施的顺序予以了明确规定。

1. 一次设备停役时二次安全措施顺序

一次设备停役时进行继电保护检验、消缺等工作是最常见的现场工作，此时二次安全措施应当按照以下顺序原则执行：

（1）退出相关运行保护装置中该间隔的 SV 接收软压板或间隔接收软压板。如 220kV 线路间隔停役时，将运行母差保护该间隔接收软压板退出。

（2）退出相关运行保护装置中该间隔的 GOOSE 接收软压板。如 220kV 线路间隔停役时，将运行母差保护该间隔的启动失灵 GOOSE 接收软压板退出。

（3）投入相关运行保护装置的强制分软压板。如 220kV 线路间隔停役时，投入运行母差保护上的该间隔的隔离开关强制分软压板，500kV 线路或主变压器间隔停役时，投入同一串另一条运行线路间隔保护装置上的中断路器强制分软压板。

（4）退出检修间隔保护装置中至运行设备的 GOOSE 发送软压板。如 220kV 线路间隔停役时，退出线路保护上的启动失灵 GOOSE 发送软压板；500kV 线路或主变压器间隔停役时，退出断路器保护上失灵联跳相邻运行母差及串内运行间隔的 GOOSE 发送软压板。

（5）退出检修间隔智能终端出口硬压板。

（6）投入检修间隔保护装置、智能终端、合并单元检修压板。

（7）断开电流、电压回路端子连片。

（8）断开信号公共端。

需要特别注意的是，一定要先退出运行设备的压板，后投入检修设备的检修压板，否则若先投入合并单元检修压板，将造成母差保护装置因检修不一致而差动保护闭锁。

2. 一次设备不停役时二次安全措施顺序

一次设备不停役进行保护、智能终端消缺时，二次安全措施应当按照以下顺序原则执行：

（1）保护装置消缺时，应先退出对侧保护装置的 GOOSE 接收软压板，如 220kV 线路保护消缺将运行母差保护该间隔的启动失灵 GOOSE 接收软压板退出；然后退出本装置的 GOOSE 发送软压板，投入检修压板；最后根据需要缺陷性质确认是否需将该线路保护 TA 短接并断开、TV 回路断开，以及是否需要断开纵联光纤通道及其他背板光纤。

（2）智能终端消缺时，应先退出智能终端的出口硬压板，防止误出口；然后投入智能终端的检修压板；最后根据需要可投入运行保护装置的断路器、隔离开关强制分软压板、解开至另外一套智能终端闭锁重合闸回路，以及断开背板光纤。

需要特别注意的是，运行的保护装置的 SV 接收软压板或间隔接收软压板不能随意操作；确需操作的，应在 GOOSE 发送软压板均退出、检修压板投入的状态下进行，否则可能造成母差、主变压器差动保护部分间隔电流不计入差动回路而误动。

（四）二次安全措施的注意事项

1. 光纤插拔的原则

（1）尽量减少光纤插拔：由于在常规站中，都是通过断开物理回路的方式实施二次安全措施的，因此在智能站现场工作中部分继电保护人员仍然不信任逻辑隔离，而热衷于采用断开光纤的物理隔离方式实施二次安全措施。但考虑到断开光纤的安全措施存在装置光纤接口使用寿命缩减、试验功能不完整等问题，因此规程要求，在保证安全的前提下应尽量减少采用断开光纤的安全措施。当无法通过退出两侧软/硬压板可靠隔离或相关二次设备处于非正常工作的紧急状态时，方可采取拔出 GOOSE、SV 光纤的隔离方式，但不得影响其他保护设备正常运行。

（2）注意是否有异常告警：对于确需采用插拔光纤的方法实施二次安全措施的，应核对所拔光纤所属屏柜、插件、端口、回路、光缆编号，同时检查监控后台的信号是否符合预期。如果运行中的二次设备产生了在预期范围内的、不会影响现有运行状态的告警，则可以继续开展工作。如智能站线路保护装置消缺，拔掉线路保护至智能终端的直跳光纤，此时智能终端运行且发"与线路保护链路中断"的告警，但不影响智能终端的运行（母差保护跳智能终端仍然正常）。但如果出现了不在预期范围内的告警，如上述操作后若发出"与母差保护链路中断"则属于影响正常运行的告警，应立即将光纤恢复原始状态并查明原因。

恢复光纤时，应根据装置面板及后台的信号的变化来确认光纤确已可靠恢复。如，恢复智能站保护装置至智能终端的直跳光纤时，装置面板上"与智能终端 GOOSE 链路中断"的告警信息从有变为无；后台"与智能终端 GOOSE 链路中断"的光字牌从点亮变为消失。

（3）做好明确标记和保护措施：对于拔出的光纤，应盖上防尘帽，盘好放置，做好标识，并确保光纤的弯曲程度符合相关规范要求，防止折损或恢复时插错。此外，还应采取防止激光对人眼造成伤害的防护措施。恢复光纤时按照执行时的标记将光纤恢复为原始状态。

2. 装置异常处理的原则

（1）双重化配置的二次设备中，单一装置异常时，现场应急处置可首先尝试重启装置，若异常消失，将装置恢复到正常运行状态，若异常未消失，应保持该装置重启时的状态，并申请停役相关二次设备，必要时申请停役一次设备。

（2）合并单元异常或故障时一般不单独投退，应根据影响程度确定相应保护装置的投退。双重化配置的合并单元单台消缺时，可不停役相关一次设备，但应退出对应的线路保护、母线保护等接收该合并单元采样值信息的保护装置；单套配置的合并单元消缺时需停役相关一次设备。一次设备停役，合并单元校验、消缺时，应退出对应的运行保护等相关装置内该间隔的软压板。母线合并单元校验、消缺时，相关保护按母线电压异常处理。

（3）双重化配置的智能终端单台消缺时，可不停役相关一次设备，但应退出该智能终端出口压板，退出重合闸功能，同时根据需要退出受影响的相关保护装置。单套配置的智能终端校验、消缺时，需停役相关一次设备。一次不停电时进行第一套智能终端消缺，断路器、隔离开关远方操作功能无法实现（测控一般只采用过程层 A 网），因此尽可能结合一次设备停役开展。

（4）网络交换机异常或故障时一般不单独投退，可根据影响程度确定相应保护装置的投退。

三、智能站调试方法

（一）智能站调试与常规站的异同

智能站保护调试的流程和方法总体与常规站是类似的，在进行保护功能调试方面没有任何差别。但是由于光纤取代了常规站的电缆连接，二次回路传输原理上的差异以及新增了合并单元和智能终端，导致与常规站在试验对象、内容及方法上存在一定的差异，主要体现在以下几个方面：

1. 调试仪器的不同

在常规站中，使用常规测试仪，以模拟量的方式输出电压、电流信号，以硬接点的方式进行开关量输入和输出。而在智能站中，进行保护调试时往往需要输入 SV 采样以及 GOOSE 开关量信号，这些信号必须通过数字测试仪才能输出。此外，模拟量的电流、电压、直流信号都是通用的，但数字量报文都具有

"身份识别"信息，如果给不同装置加相同的电流 SV 采样是无法都正确动作的。因此，智能站调试必须使用可以读取变电站 SCD 文件，并根据装置的配置不同加入对应数字量的数字测试仪。

2. 调试方法的不同

在常规站中，如果调试中发现二次回路上存在问题，可以使用万用表测量电压、监视电位的变化、测量电阻判断回路的通断，对于电流回路还可以使用钳形电流表测量电流的幅值相位。而在智能站中，合并单元、智能终端与一次设备之间如果发现问题仍然采用类似的方法，但如果保护与合并单元、智能终端之间发现问题，如保护动作了但智能终端不动作，就需要根据装置输出的 SV、GOOSE 报文来判断，因此需要利用报文分析仪（又称光数字万用表）进行处理。

3. 调试项目的不同

在常规站中，调试项目一般包括二次电缆绝缘、采样值检验、开入开出检验、装置功能检验、屏间及控制回路试验、信号核对等。而在智能站中，除了上述项目以外，还增加了一些特有的调试项目，如检验检修机制，是否满足安全隔离的要求；检验 SV 数据品质异常时保护能否正确判断；检验装置之间的通信断续。此外，增加的合并单元、智能终端也有一些特定的检验项目。

（二）智能站数字测试仪的特点

1. 光数字继电保护测试仪

为适应由常规站到智能站的转变，在常规测试仪的基础上，各大测试仪厂家纷纷研发出了适应智能站调试需求的光数字继电保护测试仪。它与常规测试仪的区别主要表现三个方面：

（1）光数字继电保护测试仪没有功率输出单元。常规测试仪以模拟量的方式输出电压、电流信号，因此需要将运算结果通过功率输出单元转换成电压、电流信号输出。而光数字继电保护测试仪数据运算完毕后经过 CPU 按照一定的格式组成数字报文发送即可，省去了功率输出单元。

（2）光数字继电保护测试仪基本配置与常规测试仪不同。常规测试仪可以很直观地观测到模拟量的传输路径，切换输出路径时只需要调整测试仪接线即可，光数字继电保护测试仪在切换时需要改配内部报文参数。

（3）光数字继电保护测试仪需要包含特定的测试模块。除了常规测试仪所包含的测试模块外，还包含针对智能变电站测试需求的模块，如报文异常测试、智能终端动作时间测试等。

光数字继电保护测试仪分为传统式、便携式两种。传统式数字测试仪其造型与常规测试仪类似，接口齐全、测试模块完善，但是体积较大、需要外接电源供电。便携式数字测试仪则刚好相反，体积小、自带电池供电，但是接口少、测试模块不全、人机界面操作受限。

2. 数模一体继电保护测试仪

由于光数字继电保护测试仪不能输出模拟量，在进行合并单元测试时，还需要使用专门的合并单元测试仪。而且常规采样、GOOSE 跳闸变电站越来越多，光数字继电保护测试仪无法完成输出模拟量信号并开入开出 GOOSE 信号的测试。于是数模一体测试仪应运而生，这种测试仪既可以对常规站二次设备进行全功能测试，也可以输入输出数字报文，包括加入模拟量测试 GOOSE 动作时间等，已经成为目前继电保护测试仪的主流产品。

（三）智能保护装置的调试

1. 调试前的通用配置

常规站将电压、电流测试线两端分别接在测试仪与保护屏试验端子后，设定测试仪输出数值即可开始调试工作。但开展智能站保护装置调试时，如果仅将光纤接在保护装置的 SV 输入光端口上，测试仪输出的电压、电流是无法加入装置中的。因为该光纤的对侧装置原本为合并单元，必须要进行通用配置，让测试仪模拟该合并单元的输出，装置才能识别并应用于逻辑运算。这是进行智能站调试与常规站最大的区别之一。

通用配置的基本步骤如下：

（1）根据调试项目的需要，拔下 SV 光纤、GOOSE 直跳/组网光纤，插入测试仪光纤。此时装置通常会报出"与合并单元 SV 链路中断""与智能终端 GOOSE 链路中断"等告警。

（2）将变电站 SCD 文件拷入到光数字或数模一体测试仪中。

（3）在测试仪的通用配置（或系统配置等）模块中，导入该 SCD 文件。

（4）测试仪识读 SCD 文件结束后，在 IED 设备列表中选择被调试的设备，如 220kV 梁通线第一套线路保护 PL2201A（可根据 IED 名称、厂家及描述等信息进行查找）。

（5）选择导入 IED，此时相当于将测试仪的 SV 输出模拟该 IED 对侧的合并单元，将测试仪的 GOOSE 发布模拟该 IED 对侧的智能终端或其他保护，测试仪的 GOOSE 订阅为被调试设备的 GOOSE 输出。

（6）进行 SV 系统参数设置，主要包括电流互感器、电压互感器变比、报文类型等，如图 5-36 所示。

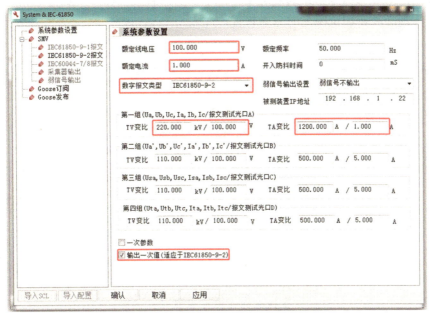

图 5-36　测试仪系统参数设置

（7）进行 SV 输出相关配置。选择要模拟的具体合并单元 SV 控制块，配置输出光口（即测试仪该光纤对应的光口）；配置数据的品质 q，如是否为检修态、同步态、有效态等，如果被调试设备投入了检修压板，必须配置为检修态，否则装置会认为检修不一致而显示为 0。检修态的品质 q 为 0x00000800，也就是品质 q 的 bit11（测试位）设置为 1。

（8）进行 GOOSE 发布相关配置。选择要模拟的具体保护或智能终端的GOOSE 控制块，配置输出光口。GOOSE 发布的信号可以选择预置为 0 或 1，也可以选择关联到测试功能里的虚拟开出节点，在测试功能里具体控制其闭合或断开。如果被调试设备投入了检修压板，GOOSE 发布也必须配置为检修态。GOOSE 发布无数据品质，直接将测试设为 true 即可。如图 5-37所示。

（9）进行 GOOSE 订阅相关配置。根据订阅菜单里被调试设备发出的GOOSE 命令，选择要订阅的信号，如"跳断路器 A 相出口"，然后在数据类型中关联到虚拟开入节点。GOOSE 订阅无须考虑被调试设备是否处于检修态，因为其接收方是测试仪，不存在检修机制的问题。

（10）上述内容配置完成后，可选择下装（应用）配置。若配置无误，在拔下光纤时装置报出的告警信息会立即恢复，因为此时测试仪已经能够通过正确的配置向装置发出心跳报文。对于个别厂家不具备正常运行时发心跳报文的测试仪，则必须在加试验量时方能恢复。

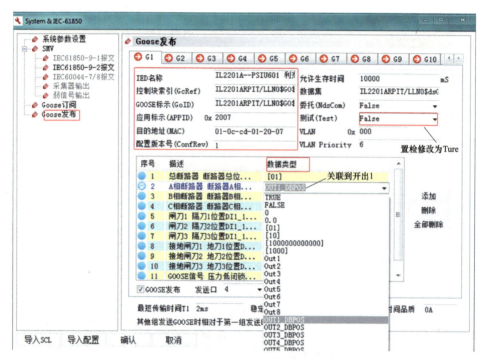

图5-37 测试仪 GOOSE 发布设置

2. 采样值检验

智能站保护装置的采样值检验项目包括交流量精度检查、采样值品质位无效测试、采样值畸变测试、采样值传输异常测试等。其中交流量精度检查与常规站相同，主要是检查零漂、电流电压输入的幅值和相位精度检验、同步性检验等。其他的检验项目则是智能站特有的。

（1）采样值品质位无效测试。通过测试仪按不同的频率将采样值中部分数据品质位设置为无效，模拟合并单元发送采样值出现品质位无效的情况。此时当采样值无效标识累计数量或无效频率超过保护允许范围，可能误动的保护功能应瞬时可靠闭锁、延时报警，与该异常无关的保护功能应正常投入，采样值恢复正常后被闭锁的保护功能应及时开放。可对电流采样无效、电压采样无效分别检验。

（2）采样值畸变测试。通过数字继电保护测试仪模拟电子式互感器双 A/D 采样，并对其中一路采样值部分数据进行畸变放大，畸变数值大于保护动作定值，同时品质位有效。此时保护装置不应误动作，同时发告警信号。

（3）采样值传输异常测试。通过调整数字继电保护测试仪采样值数据发送延时、采样值序号等方法模拟保护装置接收采样值通信延时增大、发送间隔抖动大于10μs、合并单元间采样序号不连续、采样值错序及采样值丢失等异常情况，并模拟保护区内外故障。此时相应保护功能应可靠闭锁，以上异常未超出保护设定范围或恢复正常后，保护区内故障保护装置应可靠动作并发送跳闸报文，区外故障保护装置不应误动。

3. 通信断续检验

通信断续是检验装置二次回路监测功能的完好性，包括 SV 通信断续和 GOOSE 通信断续。

（1）逐个拔掉 SV 光纤，合并单元与保护装置之间 SV 通信中断后，保护装置应可靠闭锁，保护装置液晶面板应提示 SV 断链并指示出具体断链的合并单元，如"与梁通线合并单元 ML2201A SV 链路中断"，点亮告警灯，同时后台应接收到 SV 断链告警信号。在通信恢复后，保护功能应恢复正常，保护装置液晶面板及后台的 SV 断链报警消失。

（2）逐个拔掉 GOOSE 直跳、组网光纤，保护装置与智能终端或其他保护装置的 GOOSE 通信中断后，保护装置不应闭锁，保护装置液晶面板应提示 GOOSE 断链并指示出具体断链的装置，如"与母差保护 PM2201A GOOSE 链路中断"，点亮告警灯，同时后台应接收到 GOOSE 断链告警信号。当保护装置与智能终端的 GOOSE 通信恢复后，保护装置不应误动作，保护装置液晶面板及后台的 GOOSE 断链信号应消失。

4. 开入开出及软压板检验

该项目与常规站的开入开出及硬压板检验类似，主要包括 SV 接收、GOOSE 开入、GOOSE 输出及其软压板、保护功能及其他压板的检验。保护功能软压板与常规站相同，其他压板主要为沟通三跳软压板、断路器强制分软压板等，这些软压板在常规站保护装置一般采用硬压板或切换把手，检验方法类似。

（1）SV 接收软压板检验：该项目与常规站的开入开出及硬压板检验类似。通过测试仪输出 SV 至保护，投入 SV 接收软压板，保护显示 SV 数值及功能应正常；退出 SV 接收软压板，保护应不处理 SV 数据。

（2）GOOSE 接收软压板检验：通过测试仪输出 GOOSE 至保护，投入对应的 GOOSE 接收软压板，保护显示 GOOSE 数据应正确；退出 GOOSE 开入软压板，保护开入中不显示测试仪输出的数据（清零或保持原始状态），GOOSE 开入栏显示测试仪输出的数值。

（3）GOOSE 发送软压板检验：通过测试仪使保护动作后开出 GOOSE 信号，用报文分析仪或测试仪 GOOSE 订阅接至保护输出端口监视开出动作情况；投入 GOOSE 发送软压板，相应发出的跳闸等 GOOSE 信号由 0 变 1 再变 0；退出 GOOSE 发送软压板，保护不会发出 GOOSE 变位的信号。

5. 二次虚回路及检修机制检验

该项目与常规站二次回路检验类似，主要是检查虚端子连线的正确性及检修机制的正确性。

（1）二次虚回路检验：通过测试仪使保护动作后开出 GOOSE 信号，根据对侧智能终端的信号灯点亮情况、保护装置的"保护开入"检查 GOOSE 信号是否正确从被调试设备发出、经过光纤最终被接收侧设备正确接收。

（2）检修状态检验：保护装置检修压板投入后，应点亮装置面板上的检修灯，面板应有显示，发送的 MMS 和 GOOSE 报文检修品质应置位，在对侧装置、后台均可以看到其变化。检修压板退出后，上述情况消失。

（3）GOOSE 检修机制检验：在二次虚回路检验时，通过投退两侧装置上的检修压板，分别试验均不投、均投、发送侧投、接收侧投 4 种情况，根据对侧智能终端的信号灯点亮情况、保护装置的"保护开入"检查是否检修一致是 GOOSE 信号被正确接收，检修不一致时不参与逻辑运算，同时不影响其他运行设备的正常运行。

（4）SV 检修机制检验：通过投退两侧装置上的检修压板，分别试验均不投、均投、发送侧投、接收侧投 4 种情况，同时通过测试仪使保护达到动作条件，根据保护的动作行为检查检修不一致时不参与逻辑运算且报警并闭锁，检修一致时正确动作。

除了上述检验项目外，智能站保护装置同样需要开展整定值的整定检验、保护 SOE 报文检查、整组试验等，这些检验项目的检验方法及要求与常规站相同。

6. 调试中常见问题的处理

进行智能保护装置调试时，可能出现无采样或采样数据不对应，GOOSE 开入开出异常等问题，通常原因是第 1 项中的通用配置未正确设置，可按步骤重新进行配置。部分常见问题及处理方法见表 5-8。

表5-8 常见问题及处理方法

常见问题	处理方法
装置无采样数据	（1）光纤收发接反，或者光纤损坏，检查光纤接线是否正确或完好，重新接线。 （2）测试仪 SV 配置光口映射错误，检查配置 SV 配置光口映射，重新配置。 （3）SCD 文件间隔导入错误，检查对应设备，重新选择。 （4）装置未投入 SV 接收软压板，检查装置软压板配置，设置正确软压板。 （5）SCD 文件配置错误，需抓包分析
装置采样值不对应	（1）SV 虚端子的映射问题，检查 SV 虚端子的映射，重新配置。 （2）测试仪变比设置不一致，检查变比设置，重新设置
测试仪 GOOSE 开入异常	（1）GOOSE 订阅未设置，或未绑定，或光口未设置。检查 GOOSE 订阅配置及光口设置，重新设置。 （2）GOOSE 出口压板没有投入，检查装置 GOOSE 出口压板，重新设置。 （3）对于某些保护，应检查装置跳闸矩阵或软压板，重新设置
保护装置开入异常	（1）在 GOOSE 数据集中改变 GOOSE 位置时数据类型选择错误，例：双点型"01""10"选为单点型 true、false。 （2）GOOSE 发布配置错误

（四）合并单元、智能终端的调试

1. 合并单元调试

合并单元的调试项目主要包括发送 SV 报文检验、失步再同步性能检验、检修状态测试、电压切换功能检验、电压并列功能检验、准确度检验和传输延时测验。

（1）发送 SV 报文检验。将合并单元输出 SV 报文接入网络记录分析仪、故障录波器等具有 SV 报文接收和分析功能的装置，分析 SV 报文的丢帧率，10min 内应当不丢帧；分析 SV 报文完整性，序号应从 0 连续增加到 $50N-1$（N 为每周波采样点数），再恢复到 0，任意相邻两帧 SV 报文的序号应连续；分析 SV 报文发送频率，应每一个采样点一帧报文；分析 SV 报文发送间隔离散度，10min 内任意帧间隔时间差应在 $\pm10\mu s$ 之内；分析 SV 报文品质位，在互感器工作正常时，SV 报文品质位应无置位，在互感器工作异常时，SV 报文品质位应不附加任何延时正确置位。

（2）失步再同步性能检验。将合并单元的外部对时信号断开，过 10min 再将外部对时信号接上，过程中，SV 报文抖动时间应小于 $10\mu s$。

（3）电压切换功能检验。在母线电压合并单元上分别施加 50V 和 40V 两段母线电压，母线电压合并单元与间隔合并单元级联。模拟Ⅰ母和Ⅱ母隔离开关位置，按照间隔合并单元电压切换逻辑表依次变换信号，观察间隔合并单元输出的 SV 报文中母线电压通道的实际值，并依此判断切换逻辑。观察在隔离开关为同分或者同合的情况下，间隔合并单元是否报警"同时动作""同时返回"情况。观察在隔离开关位置异常时，是否保持原有状态，同时报警"隔离开关位置异常"。典型的检验结果见表 5-9。

表 5-9　　　　　　　　　典型的电压切换逻辑表

| 序号 | Ⅰ母隔离开关 | | Ⅱ母隔离开关 | | 母线电压输出 | 报警说明 |
	合	分	合	分		
1	0	0	0	0	保持	延时 1min 以上报警"隔离开关位置异常"
2	0	0	0	1	保持	
3	0	0	1	1	保持	
4	0	1	0	0	保持	
5	0	0	1	1	保持	
6	0	0	1	0	Ⅱ母电压	
7	0	1	1	0	Ⅱ母电压	
8	1	0	1	0	Ⅰ母电压	报警"同时动作"
9	0	1	0	1	电压输出为 0，状态有效	报警"同时返回"
10	1	0	0	1	Ⅰ母电压	延时 1min 以上报警"隔离开关位置异常"
11	1	1	1	0	Ⅱ母电压	
12	1	0	0	0	Ⅰ母电压	
13	1	0	1	1	Ⅰ母电压	
14	1	1	0	0	保持	
15	1	1	0	1	保持	
16	1	1	1	1	保持	

（4）电压并列功能检验。用测试仪给母线电压合并单元加入两组不同的母线电压，然后施加母联断路器位置信号，分别切换母线合并单元把手至"Ⅰ母强制用Ⅱ母"或"Ⅱ母强制用Ⅰ母"状态，查看报文中的Ⅰ母、Ⅱ母电压。

（5）准确度检验。在合并单元的施加不同百分比的额定交流电流、定交流电压，对于电压电流模拟量同时接入的合并单元，应同时施加电压量和电流量。根据合并单元点输出的 SV 报文，记录幅值误差和相位误差，并在继电保护和安全自动装置菜单中检验采样值，误差应满足相关规程要求。检验多台合并单元之间的同步性，额定值下的多台合并单元之间的相位误差不大于 1°。

（6）传输延时测试。用测试仪为合并单元施加交流电流、电压，合并单元测试仪或故障录波器同时接收合并单元输出数字信号与继电保护测试仪输出模拟信号，计算出合并单元传输延时，延时应与合并单元本身输出的额定延时一致。

2. 智能终端调试

智能终端的调试项目主要包括动作时间测试、开入开出检测、检修机制和 SOE 分辨率测试等。其中动作时间测试是智能终端最重要的调试项目，其目的是检验智能终端 GOOSE 开入转硬触点开出、硬触点开入转 GOOSE 开出的传输延时。

将测试仪的光口的其中一对连接至智能终端 GOOSE 输入口，同时其硬触点开入连接至智能终端的硬触点开出，如图 5-38 所示。

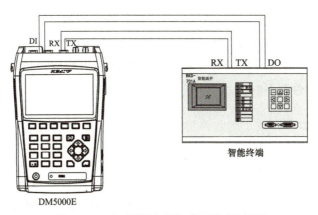

图 5-38　智能终端动作时间测试连接图

（1）检查智能终端响应 GOOSE 命令的动作时间不应大于 7ms。在测试仪中，根据 SCD 文件配置好 GOOSE 发送，进入智能终端延时测试功能，模拟保护输出 GOOSE 跳闸报文，接收智能终端的跳闸硬触点信号，测试结束后从开关量动作列表可读取智能终端接收保护跳闸 GOOSE 转为硬触点开出的延时值，记录报文发送与硬接点动作的时间差；连续测试 5 次取平均值作为动作时间。智能终端动作时间测试如图 5-39 所示。

(a) 测试界面　　　　　　　　　　(b) 测试结果

图 5-39　智能终端动作时间测试

（2）检查智能终端通过 GOOSE 报文准确传送开关量信息，开入延时不大于 10ms。检验方法与（1）相反，通过测试仪分别输出相应的硬接点分、合信号给智能终端，再接收智能终端发出的 GOOSE 报文，解析相应的虚端子开关量信号，检查是否与实端子信号一致；记录硬接点动作与 GOOSE 开关量动作的时间差，连续测试 5 次取平均值作为开入延时。

（3）SOE 分辨率测试。用时钟源为智能终端对时，同时将 GPS 对时信号接到智能终端的开入，通过 GOOSE 报文观察智能终端发送的 SOE，分辨率不应大于 1ms。

（4）检修机制。投退智能终端检修压板，查看智能终端发送的 GOOSE 报文，同时由测试仪分别发送"test"为 1 和"test"为 0 的 GOOSE 跳闸、合闸报文。检修机制检验与保护的检修机制一并开展，当检修一致时应响应保护的 GOOSE 报文，否则不响应。

习　题

1. 智能变电站进行虚端子配置时，保护虚端子的特点是（　　）。

A. 可以一输出对多输入　　　　　　B. 可以多输出对一输入

C. 不可以一输出对多输入　　　　　D. 不可以多输出对一输入

2. 虚端子是用以标识（　　）及其之间联系的二次回路信号，等同于常规变电站的屏端子。

A. 过程层　　　　　　　　B. 间隔层　　　　　　　　C. 站控层

3. 智能终端的检修压板投入时，（　　）。

A. 发出的 GOOSE 品质位为检修　　B. 发出的 GOOSE 品质位为非检修

C. 只相应品质位为检修的命令　　　D. 只相应品质位为非检修的命令

4. 根据 Q/GDW 11359—2014《智能变电站继电保护和安全自动装置现场工

作安保规定》，合并单元及智能终端相关二次回路安全措施的编制、执行、恢复参照常规变电站执行。请简述智能变电站二次安全措施执行的补充规定。

5. SCD 配置文件检查时应检查 SCD 配置文件（　　　）等通信参数设置应正确。

A. IP 地址
B. MAC 地址
C. APPID
D. GOID

第三节　智能站异常处理及典型案例分析

学习目标

1. 基于智能站案例分析，巩固掌握的智能变电站相关基础知识。
2. 掌握智能站运维过程中常见的异常现象及处理方法。
3. 掌握智能站验收过程出现的典型缺陷。

案例分析

一、智能站运维常见异常及处理方法

常规站采用电缆连接的二次回路，如果发生接触不良、松动甚至开路，装置是无法直接判断出来的。而智能站采用光纤二次回路后，依靠装置自身的监测功能，可以迅速判断出二次回路出现问题，这是智能站的主要优点之一。但同时，智能站在日常运维中就存在两种特殊的异常类型：GOOSE 链路中断和 SV 短路中断。

（一）GOOSE 链路异常

1. 异常介绍

智能站各装置之间依靠定时发送 GOOSE 报文以检测通信链路状态，即装置在一定时间内未收到订阅的 GOOSE 报文就会报 GOOSE 链路中断。装置在 2 倍报文允许生存时间内没有收到下一帧 GOOSE 报文时判断为中断。允许生存时间作为 GOOSE 报文的一个可配置量，通常配置为 10s，在装置配置完成后是不变的。因此，通常 20s 没有接收到所需的 GOOSE 报文则判断为此链

路中断。

GOOSE 链路中断时，装置面板上告警灯点亮，装置液晶面板显示 GOOSE 链路中断，后台监控显示 GOOSE 链路中断。对于完全独立双重化配置的设备，GOOSE 链路中断最严重的将导致一套保护拒动，但不影响另一套保护正常快速切除故障；对于单套配置的设备，特别是单套智能终端报出的 GOOSE 链路中断，可能导致保护拒动。以 3/2 接线为例，常见 GOOSE 链路中断异常情况见表 5-10。

表 5-10　　　　　3/2 接线 GOOSE 链路中断异常情况列表

间隔设备	GOOSE 链路	影响范围
线路保护	与智能终端	本套保护无法接收断路器变位
	与断路器保护	本套保护无法启动失灵，断路器失灵无法启动本套保护远传
主变压器保护	与断路器保护	本套保护无法启动高压侧失灵，本套保护无法接收高压侧失灵联跳主变压器信号
	与 220kV 母线保护	本套保护无法启动中压侧失灵，本套保护无法接收中压侧失灵联跳主变压器信号
母线保护	与断路器保护	本套保护无法启动失灵，本套保护无法接收断路器失灵启动母线跳闸信号
断路器保护	与线路/主变压器/母线/断路器保护	本套保护无法接收启动失灵、闭锁重合闸信号，对本套失灵和重合闸功能有影响
	与智能终端	本套保护无法接收断路器变位，某些装置在断链的情况下重合闸会放电，导致无法选相跳闸
智能终端	与线路/主变压器/母线/断路器保护	本套智能终端无法接收跳闸、重合闸信号
	与测控	无法接收测控的遥控命令、联锁信号
测控	与智能终端/合并单元	无法接收本间隔遥信变位和设备告警
	与其他测控	无法接收其他间隔位置信号，影响跨间隔五防

2. 原因分析

（1）判断 GOOSE 链路异常的三个关键点：

1）GOOSE 链路中断告警是由 GOOSE 接收方判断并告警，而本装置的 GOOSE 发送有可能是正常。

2）装置的 GOOSE 链路是指逻辑链路，并不是实际的物理链路，一个物理链路中可能存在多个逻辑链路，因此一个物理链路中断可能导致同时出现多个 GOOSE 链路告警信号。

3）装置根据业务不同可能存在多个 GOOSE 链路，装置面板及站内监控后台具有每个 GOOSE 链路的独立信号，可定位到每一个 GOOSE 链路；而监控中心 GOOSE 链路中断信号可能是装置全部 GOOSE 链路中断信号的合成信号，只能定位到装置。

（2）GOOSE 链路中断主要有物理链路异常和逻辑链路异常两方面原因。物理链路异常可分为：

1）发送端口异常：发送端口光功率下降、发送端口损坏、发送光纤未可靠连接。

2）传输光纤异常：光纤弯折角度过大或折断、光纤接头污染。

3）交换机异常：交换机端口故障、交换机参数配置错误。

4）接收端口异常：接收端口损坏或受污染、接收光纤未可靠连接。

（3）逻辑链路异常可分为：

1）配置错误：发送方或接收方的 MAC、APPID 等参数配置错误、发送数据集与配置文件不一致。

2）装置异常：发送方未正确发送 GOOSE、接收方未能正确接收 GOOSE。

3）传输异常：网络丢包、GOOSE 报文间隔过大。

（4）处理方法。当出现 GOOSE 链路异常信号后首先检查中断原因，一般可按以下步骤检查：

1）首先确定 GOOSE 链路的传输路径，包括发送装置、传输环节、该 GOOSE 所有接收装置。

2）检查该 GOOSE 所有接收方的告警信号，初步确定是 GOOSE 发送方原因还是接收方原因，以缩小检查范围，若该 GOOSE 所有接收方都有链路中断信号，则一般为发送方异常或公共物理链路异常；若为该 GOOSE 接收方中只有某一些装置存在链路中断信号，则一般为接收方异常或非公共物理链路异常。

3）根据（2）中的判断，检查物理回路，测试相关装置的发送光功率、接收光功率或光纤光衰耗，根据测试结果判断是否为物理回路异常。

4）若物理回路正常，进一步检查逻辑链路，检查 GOOSE 收、发双方的检修硬压板是否一致；另外，从网络报文分析仪中检查该 GOOSE 报文，并与 SCD 文件配置比较，确定 GOOSE 报文的正确性；若 GOOSE 报文正确，则检查接收方能否接收到该 GOOSE 报文，若能接收到 GOOSE 报文，则需检查接收方的配置，若未能接收到 GOOSE 报文，则检查交换机配置或发送装置的点对点口是否发出 GOOSE 报文；若 GOOSE 报文不正确，则检查发送方的配置。

通过上述排查，根据查找出的原因做进一步处理，更换光纤、光接口或修

改接收方、发送方、交换机的配置，直至 GOOSE 链路异常信号复归。

（二）SV 链路异常

1. 异常介绍

与 GOOSE 类似，装置在一定时间内未收到 SV 报文，也会报 SV 链路通信中断。不同的是，SV 为周期性报文，报文频率一般为 4kHz，当装置未收到 1～3 个 SV 报文（不同装置判断有差别）即会判断为此链路中断。这一点与 GOOSE 链路异常需要 20s 判断不同。

当 SV 收、发双方配置不一致或检修不一致时，装置也不能正确处理 SV 报文，也会判断为 SV 链路异常。

SV 链路异常时，装置面板上告警灯点亮，相关保护被闭锁，装置液晶面板显示 SV 链路中断，后台监控显示 SV 链路中断。

2. 原因分析

SV 链路异常是有接收方判断并告警，SV 链路可以分为逻辑链路和物理链路，装置根据业务不同也可能存在多个 SV 链路，站内监控后台具有每个 SV 链路的独立信号，可明确定位每一个 SV 链路，而监控中心 SV 链路中断信号则是装置全部 SV 链路中断信号的合成信号，只能定位到装置。

SV 链路异常主要有物理链路异常和逻辑链路异常两方面原因，其中物理链路异常原因与 GOOSE 物理链路异常原因相同，逻辑链路异常原因除了与 GOOSE 逻辑链路异常相同的配置错误、装置异常和传输异常外，还有以下两种可能：

（1）检修不一致：SV 收、发双方检修状态不一致。

（2）SV 延时变化：运行过程中 SV 报文的额定延时发生变化。

3. 处理方法

SV 链路中断的检查方法与 GOOSE 链路中断相似，首先确定 SV 链路的传输路径；然后确定是 SV 发送方原因还是接收方原因，缩小检查范围；接着判断是否为物理回路异常，若物理回路正常，进一步检查逻辑链路。具体步骤这里不再赘述。

二、智能站典型案例分析

案例一：软压板投退不当引起保护误动分析

1. 故障情况

（1）某日，某 220kV 智能变电站进行 220kV 分段合并单元更换，在恢复

220kV 母线保护的过程中，Ⅰ、Ⅱ母母线保护动作，跳开母联、2 条线路和 1 台主变压器，事件没有造成负荷损失。

（2）故障前，该 220kV 智能变电站运行方式如图 5-40 所示。

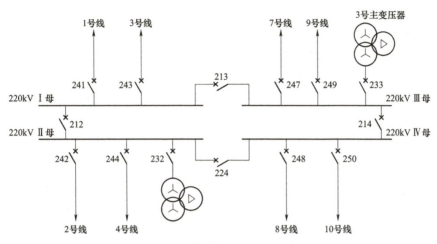

图 5-40　故障前一次接线示意图

1）220kV 系统采用双母线双分段接线，运行出线 8 回，主变压器 2 台。

2）1 号线、3 号线运行于Ⅰ母；2 号线、4 号线、2 号主变压器运行于Ⅱ母；7 号线、9 号线、3 号主变压器运行于Ⅲ母；8 号线、10 号线运行于Ⅳ母。

3）母联 212 断路器、母联 214 断路器、分段 213 断路器运行，分段 224 断路器检修。

2. 保护动作情况及原因分析

（1）保护动作情况。该 220kV 智能变电站进行Ⅱ、Ⅳ母分段 224 断路器合并单元及智能终端更换、调试工作，224 断路器处于检修状态。按现场工作需要和调度令，站内退出 220kVⅠ/Ⅱ段母线及Ⅲ/Ⅳ段母线 A 套差动保护。现场工作结束后，运行人员根据调度令开始操作恢复 220kVⅠ/Ⅱ段母线及Ⅲ/Ⅳ段母线 A 套差动保护，按以下顺序开展操作：

1）首先，退出Ⅰ/Ⅱ段母线 A 套差动保护检修压板。

2）第二步，操作批量投入各间隔的"GOOSE 发送软压板"。

3）第三步，操作批量投入各间隔的"间隔投入软压板"。

在投入"间隔投入软压板"时，Ⅰ/Ⅱ母母线保护动作，跳开Ⅰ/Ⅱ母母联 212 断路器、2 号主变压器 232 断路器、1 号线 241 断路器以及 2 号线 242 断路器，3 号线 243 断路器和 4 号线 244 断路器由于"间隔投入软压板"还未投入，未跳开，事件没有造成任何损失。

（2）原因分析。在恢复 220kV Ⅰ/Ⅱ母母线 A 套差动保护过程中，运行人员先将母线保护检修压板提前退出，使得母差保护与智能终端的检修状态具备了一致性；然后投入了 Ⅰ/Ⅱ 段母线上各间隔的"GOOSE 发送软压板"，这使母线保护具备了跳闸出口条件；在投入"间隔投入软压板"过程中，已投入"间隔投入软压板"的支路电流参与母线保护计算，而未投入"间隔投入软压板"的支路电流不参与母线保护计算，因此 Ⅰ、Ⅱ 段母线上运行的支路有些参与差流计算，有些未参与差流计算，这势必导致出现差流，当投入 1 号线、2 号线和 2 号主变压器间隔后，差流达到动作门槛，差动保护动作，跳开所有已投入"间隔投入软压板"的支路。

3. 改进措施和建议

（1）智能变电站安全措施应按第二节第二部分介绍的二次安全措施顺序执行，第一步应退出"GOOSE 出口软压板"，然后进行其他操作；恢复安全措施时，应按相反的顺序恢复，最后一步投入"GOOSE 出口软压板"。

（2）现场工作应时刻监视设备的运行状态，现场进行设备操作过程中，当设备有异常告警时应立刻停止操作，在该变电站进行母线保护"间隔投入软压板"投入操作时，及时检查差动保护的差流大小，在投入第一个"间隔投入软压板"时，差流比较小，未达到差动动作值，若及时发现可以避免误动。

（3）开展智能站设备原理、性能及异常处置等专题性培训，使现场运维人员对智能变电站工作机理具有深入理解，熟练掌握设备的日常操作，提升智能变电站运维管理水平。

案例二：检修不一致造成的线路保护拒动分析

1. 故障情况

（1）某日，某 330kV 智能变电站 330kV 甲线发生异物短路 A 相接地故障，线路双套保护闭锁，未及时切除故障，引起故障范围扩大，导致站内两台主变压器高压侧后备保护动作跳开三侧断路器，330kV 乙线路由对侧线路保护零序 Ⅱ 段动作切除，最终造成该智能站全停，所带的 8 座 110kV 变电站、1 座 110kV 牵引变电站和 1 座 110kV 水电站失压，损失负荷 17.8 万 kW。

（2）故障前运行方式。

故障前，330kV 甲智能变电站接线方式如图 5–41 所示。

1）330kV Ⅰ、Ⅱ母，第 1、3、4 串合环运行。

2）330kV 甲线、乙线及 1、3 号主变压器运行。

3）3320、3322 断路器及 2 号主变压器检修。

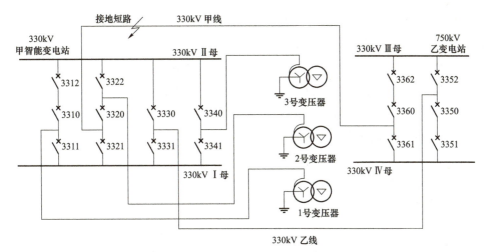

图 5-41 故障前一次接线示意图

2. 保护动作行为及原因分析

（1）保护动作行为。330kV 甲智能变电站进行 2 号主变压器及三侧设备智能化改造，改造过程中，330kV 甲线 11 号塔发生异物引起的 A 相接地短路故障，330kV 甲变电站保护动作情况如下：

1）330kV 甲线两套线路保护未动作，330kV 乙线两套线路保护未动作。

2）3321 开关失灵保护未动作。

3）1 号主变压器、3 号主变压器高压侧后备保护动作，跳开三侧断路器。

750kV 乙变电站保护动作情况如下：

1）330kV 甲线两套保护距离Ⅰ段保护动作，跳开 3361、3360 断路器 A 相，3361 断路器保护经 694ms 后，重合闸动作，合于故障，84ms 后重合后加速动作，跳开 3361、3360 断路器三相。

2）330kV 乙线路零序Ⅱ段重合闸加速保护动作，跳开 3352、3350 断路器三相。

应当动作但未动作的保护有：

1）甲站 330kV 甲线两套线路保护的主保护、距离保护。

2）甲站 3321 开关保护的跟跳，在故障未切除的情况下包括失灵保护。

3）乙站 330kV 甲线两套保护的主保护。

（2）原因分析。2 号主变压器及三侧设备智能化改造过程中，现场人员在未退出 330kV 甲线两套线路保护中的 3320 断路器 SV 接收软压板的情况下，投入 3320 断路器汇控柜合并单元 A、B 套"装置检修"压板，发现 330kV 甲线 A 套保护装置"告警"灯亮，面板显示"3320A 套合并单元 SV 检修投入报警"；

330kV 甲线 B 套保护装置"告警"灯亮，面板显示"中电流互感器检修不一致"，但运维检修人员未处理两套线路保护的告警信号。

事实上，根据第二节介绍的检修机制原理，330kV 甲线两套线路保护自身的检修压板状态退出，而 3320 断路器合并单元的检修压板投入，SV 报文数据中 test 位置位，导致线路保护与 SV 报文的检修状态不一致，而此时并未退出线路保护中 3320 断路器的 SV 接收软压板，因此保护装置将 3320 断路器的 SV 按照电流采样异常处理，闭锁相关保护功能，而对侧线路保护的差动功能由于本侧保护闭锁而退出，其他保护功能不受影响。

因此，330kV 甲线发生异物引起的 A 相接地短路时，330kV 甲线区内故障，两侧差动保护退出而不动作，甲变电站侧线路保护功能全部退出，不动作；3321 开关保护未收到跳闸信号，跟跳或失灵都不满足动作逻辑；乙变电站侧线路保护距离I段保护动作，跳开 A 相，切除故障电流，3361 断路器和 3360 断路器进入重合闸等待，3361 断路器保护先重合，由于故障未消失，3361 断路器重合于故障，线路保护重合闸后加速保护动作，跳开 3361 和 3360 断路器三相。

对于 330kV 乙线，属于区外故障，在甲变电站侧保护的反方向、在乙变电站侧保护的正方向，因此甲变电站侧乙线线路保护未动作，乙变电站侧乙线线路保护零序Ⅱ段重合闸加速保护动作，跳开 3352、3350 断路器三相。

故障前，330kV 甲智能变电站的 1、3 号主变压器运行，故障点在主变压器差动保护区外，在高压侧后备保护区内，因此 1、3 号主变压器差动保护未动作，高压侧后备保护动作，跳开三侧断路器。

3. 改进措施和建议

（1）规范智能变电站二次设备各种告警信号的含义。案例中两个厂家的告警信息不统一，分别为"SV 检修投入报警""电流互感器检修不一致"，容易造成现场故障分析判断和处置失误。装置指示灯、开入变位、告警信号等应符合现场运维检修习惯，直观表示告警信号的严重程度，如上述保护装置判断出 SV 检修不一致后，宜明确报出"保护闭锁"告警。为此，后续在继电保护"六统一"基础上出台了"九统一"继电保护装置，进一步统一了信号含义和面板操作等方面，便于现场按统一的理解运维检修。

（2）对智能站二次设备开展异常告警信息的技术培训，规范二次安全措施的实施顺序和操作行为，在操作完相应检修压板后，查看装置指示灯、人机界面变位等情况，核对相关运行装置是否出现异常信息，确认无误后执行后续步骤。

附录一　工作前准备、安全技术措施和其他危险点分析及控制

一、工作前准备

（1）开工前一天，准备好作业所需仪器仪表、相关材料、工器具。要求仪器仪表、工器具应试验合格，满足本次作业的要求，材料应齐全。

仪器、仪表及工器具：组合工具 1 套，电缆盘（带漏电保安器，规格为 220V/10A）1 只，计算器 1 只，1000V、500V 绝缘电阻表各 1 只，微机型继电保护测试仪 2 套，钳形相位表 1 只，试验线 1 套，数字万用表 1 只，模拟断路器箱 2 只。

备品备件：电源插件 1 块、管理板 1 块、通信板 1 块。

材料：绝缘胶布 1 卷，自黏胶带 1 卷，小毛巾 1 块，中性笔 1 支，口罩 3 只，手套 3 双，毛刷 2 把，酒精 1 瓶，电子仪器清洁剂 1 瓶，1.5、2.5mm 单股塑铜线各 1 卷，微型吸尘器 1 台。

（2）图纸资料。技术说明书、相关图纸、定值清单、上次检验报告、调试规程等资料。

（3）最新整定单、相关图纸、上一次试验报告、本次需要改进的项目及相关技术资料。要求图纸及资料应与现场实际情况一致。

主要的技术资料有：线路保护图纸、线路成套保护装置技术说明书、线路成套保护装置使用说明书、线路成套保护装置校验规程。

（4）根据现场工作时间和工作内容填写工作票（第一种工作票应在开工前一天交值班员）。要求工作票填写正确，并按《国家电网公司电力安全工作规程（变电部分）》执行。

二、安全技术措施

以下分析 220kV 线路微机保护装置调试现场工作危险点及控制。

1. 人身触电

（1）误入带电间隔：工作前应熟悉工作地点、带电部位。检查现场安全围栏、安全警示牌和接地线等安全措施。

（2）接（拆）低压电源。

控制措施：必须使用装有剩余电流动作保护器的电源盘。螺钉旋具等工具金属裸露部分除刀口外包上绝缘。接（拆）电源时至少有两人执行，一人操作，一人监护。必须在电源开关拉开的情况下进行。临时电源必须使用专用电源，

禁止从运行设备上取得电源。

（3）保护调试及整组试验。

控制措施：工作人员之间应相互配合，确保一、二次回路上无人工作。传动试验必须得到值班员许可并配合。

2. 机械伤害

主要指坠落物打击。控制措施：工作人员进入工作现场必须戴安全帽。

3. 高空坠落

主要指在线路上工作。控制措施：正确使用安全带，工作鞋应防滑。在线路上工作必须系安全带由专人监护。

4. 防"三误"事故的安全技术措施

（1）现场工作前必须作好充分准备，内容包括：

了解工作地点一、二次设备运行情况，本工作与运行设备有无直接联系（如备自投、联切装置等）。

工作人员明确分工并熟悉图纸与检验规程等有关资料。

应具备与实际状况一致的图纸、上次检验记录、最新整定通知单、检验规程、合格的仪器仪表、备品备件、工具和连接导线。

工作前认真填写安全措施票，特别是针对复杂保护装置或有联跳回路的保护装置，如母线保护、变压器保护、断路器失灵保护等的现场校验工作，应由工作负责人认真填写，并经技术负责人认真审批。

工作开工后先执行安全措施票，由工作负责人负责做的每一项措施要在"执行"栏做标记；校验工作结束后，要持此票恢复所做的安全措施，以保证完全恢复。

不允许在未停用的保护装置上进行试验和其他测试工作；也不允许在保护未停用的情况下，用装置的试验按钮（除闭锁式纵联保护的启动发信按钮外）做试验。

只能用整组试验的方法，即由电流及电压端子通入与故障情况相符的模拟故障量，检查保护回路及整定值的正确性。不允许用卡继电器触点、短路触点等人为手段作保护装置的整组试验。

在校验继电保护及二次回路时，凡与其他运行设备二次回路相连的连接片和接线应有明显标记，并按安全措施票仔细地将有关回路断开或短路，做好记录。

在清扫运行中设备和二次回路时，应认真仔细，并使用绝缘工具（毛刷、吹风机等），特别注意防止振动，防止误碰。

严格执行风险分析卡和继电保护作业指导书。

（2）现场工作应按图纸进行，严禁凭记忆作为工作的依据。如发现图纸与实际接线不符时，应查线核对。需要改动时，必须履行如下程序：

先在原图上作好修改，经主管继电保护部门批准。

拆动接线前先要与原图核对，接线修改后要与新图核对，并及时修改底图，修改运行人员及有关各级继电保护人员的图纸。

改动回路后，严防寄生回路存在，没用的线应拆除。

在变动二次回路后，应进行相应的逻辑回路整组试验，确认回路极性及整定值完全正确。

（3）保护装置调试的定值，必须根据最新整定值通知单规定，先核对通知单与实际设备是否相符（包括保护装置型号、被保护设备名称、变比、版本号和 CRC 码等）。定值整定完毕要认真核对，确保正确。

三、其他危险点分析及控制

危险点分析及控制见附表 1-1。

附表 1-1　　　　　　　　危险点分析及控制

序号	危险点	安全控制措施	安全控制措施的原因
1	直流回路工作	工作中使用带绝缘手柄的工具。试验线严禁裸露，防止误碰金属导体部分	直流回路接地造成中间继电器误出口，直流回路短路造成保护拒动
2	装置试验电压接入	断开交流二次电压引入回路。并用绝缘胶布对所拆线头实施绝缘包扎	防止交流电压短路，误跳运行设备、易发生电压反送事故或引起人员触电
3	装置试验电流接入	短接交流电流外侧电缆，打开交流电流连接片；在端子箱将相应端子用绝缘胶布实施封闭	防止运行 TA 回路开路运行，防止测试仪的交流电流倒送 TA。二次通电时，电流可能通入母差保护，可能误跳运行断路器
4	拆动二次线，易发生遗漏及误恢复事故	拆动二次线时要做好记录。并用绝缘胶布对拆头实施绝缘包扎	拆动二次线时要做好记录是为防止施工图纸与设计图纸不一致时，二次接线误接或漏接线。对拆头实施绝缘包扎是防止二次回路误碰
5	带电插拔插件	防止频繁插拔插件	易造成集成块损坏；频繁插拔插件，易造成插件插头松动
6	人员、物体越过围栏	现场设专人监护	易发生人员触电事故
7	保护传动配合不当，易造成人员伤害及设备事故	传动时设专人通知和监护	保护传动配合不当，易造成人员伤害及设备事故

序号	危险点	安全控制措施	安全控制措施的原因
8	失灵启动压板未断开	检查失灵启动压板须断开并拆开失灵启动回路线头，用绝缘胶布对拆头实施绝缘包扎。检查 220kV 母差保护本间隔失灵启动压板应在退出位置，查清失灵回路及至旁路保护的电缆接线，并在端子排处用绝缘胶布将其包好封住，以防误碰；如线路处于旁代方式中，将保护屏背面通道装置的电源开关用红布遮住，将保护屏前面的切本线或旁路的切换把手用红布遮住，以防误碰	线路保护可能误启动失灵
9	母线保护端子严格标示	在端子箱将相应端子用绝缘胶布实施封闭	电流回路二次导通试验，电流可能误进入母线保护回路
10	光纤差动保护单侧试验	光纤通道置于自环状态	引起对侧误动
11	试验中误发信号	断开信号正电源；断开故障录波信号正电源；记录各切换把手位置	造成监控后台频繁报 SOE
12	安全措施执行与恢复	工作开工后先执行安全措施票，由工作负责人负责做的每一项措施要在"执行"栏做标记；校验工作结束后，要持此票恢复所做的安全措施，以保证完全恢复	防止遗漏安全措施；防止保护设备状态完全恢复

附录二 调试前装置常规检查

一、检查与清扫

对保护装置端子连接、插件焊接、插件与插座固定、切换开关、按钮等机械部分检查并清扫。要求连接可靠、接触良好、回路清洁。

（1）保护屏后接线、插件外观检查。

（2）保护硬件跳线检查。

（3）保护屏上压板检查。检查压板端子接线是否符合反措要求、压板端子接线压接是否良好、压板外观检查情况。

（4）屏蔽接地检查。检查保护引入、引出电缆是否为屏蔽电缆，检查全部屏蔽电缆的屏蔽层是否两端接地，检查保护屏底部的下面是否构造一个专用的接地铜网格，保护屏的专用接地端子是否经大于 6mm² 的铜线连接到此铜网格上，检查各接地端子的连接处连接是否可靠。

二、回路绝缘检查

（1）直流回路绝缘检查。确认直流电源断开后，将 CPU 插件、MON I 插件、开入插件拔出，对地用 1000V 绝缘电阻表全回路测试绝缘。要求绝缘大于 10MΩ。

（2）交流电压回路绝缘检查。将交流电压断开后，在端子排内部将电压回路短接，拔出 A/D 插件，对地用 500V 绝缘电阻表全回路测试绝缘。要求绝缘大于 20MΩ。

（3）交流电流回路绝缘检查。确认各间隔交流电流已短接退出后，在端子排内部将电流回路短接，拔出 A/D 插件，对地用 500V 绝缘电阻表全回路测试绝缘。要求绝缘大于 20MΩ。

三、检查基本信息

通入试验电源，检查保护基本信息（版本及校验码）并打印。版本满足网省公司统一版本要求。

四、装置直流电源检查

（1）快速拉合保护装置直流电源，装置启动正常。

（2）缓慢外加直流电源至 80%额定电压，要求装置启动正常。

（3）逆变稳压电源检测。

五、装置通电初步检查

（1）保护装置通电后，先进行全面自检。自检通过后，装置运行灯亮。除可能发"TV 断线"信号外，应无其他异常信息。此时，液晶显示屏出现短时的全亮状态，表明液晶显示屏完好。

（2）保护装置时钟及 GPS 对时，保护复归重启检查。

1）检查保护装置时钟及 GPS 对时，要求装置时间与 GPS 时间一致。

2）改变装置秒数，检查装置硬对时功能正常。要求对时功能正常。

3）检查保护复归重启。要求功能检查正常。

（3）检验键盘正常。

（4）检查打印机与保护联调正常。进行本项试验之前，打印机应进行通电自检。将打印机与微机保护装置的通信电缆连接好。将打印机的打印纸装上，并合上打印机电源。保护装置在运行状态下，按保护柜（屏）上的"打印"按钮，打印机便自动打印出保护装置的动作报告、定值报告和自检报告，表明打印机与微机保护装置联机成功。出厂设置为：打印机的串行通信速率为 4800bit/s，数据长度为 8 位，无奇偶校验，一个停止位。

六、交流回路校验

（1）在端子排内短接电流回路及电压回路并与外回路断开后，检查保护装置零漂。

（2）在电压输入回路输入三相正序电压，每相 50V，检查保护装置内电压精度。误差要求小于 3%。

（3）输入三相正序电流，每相 5A，检查保护装置内电流精度、相角误差要求小于 3%。

七、开入量检查

（1）投退功能压板。开入均正确。

（2）检查其他开入量状态。开入均正确。

八、开出量检查

投入主保护等压板，定值中"投多相故障闭重""投三相故障闭重"置 0，压板定值中"投主保护压板""投距离保护压板""投零序保护压板"置 1，"投三跳闭重压板"置 0。每次试验在充电灯亮后再加入故障量。

（1）在 A、B、C 相瞬时接地故障，单重方式时，检查信号灯及屏上的输出接点。

（2）在相间永久故障，单重方式时，检查信号灯及屏上的输出接点。

（3）交流电压回路断线，加两相电压，检查信号灯及屏上的输出接点。

（4）断开直流逆变电源开关，检查屏上的输出接点。

九、定值及定值区切换功能检查

（1）核对保护装置定值。现场定值与定值单一致。

（2）检查保护装置定值区切换，功能切换正常。

（3）检查各侧 TA 变比系数，要求与现场 TA 变比相符。

参 考 文 献

［1］ 国家电力调度控制中心. 电力系统继电保护规定汇编（第三版）通用技术卷（上、中、下册）. 北京：中国电力出版社，2014.

［2］ 国家电力调度通信中心. 国家电网公司继电保护培训教材（上、下册）. 北京：中国电力出版社，2009.

［3］ 江苏省电力公司. 电力系统继电保护原理与实用技术. 北京：中国电力出版社，2006.

［4］ 陈庆. 智能变电站二次设备运维检修知识. 北京：中国电力出版社，2018.

［5］ 陈庆. 智能变电站二次设备运维检修实务. 北京：中国电力出版社，2018.

［6］ 国家电力调度控制中心，国网浙江省电力有限公司. 智能变电站继电保护技术问答. 北京：中国电力出版社，2013.